智能系统与技术丛书

邵浩 张凯 李方圆 张云柯 戴锡强 著

从零构建知识图谱

技术、方法与案例

Knowledge Graph from Scratch

Techniques, Methods and Cases

机械工业出版社
China Machine Press

图书在版编目（CIP）数据

从零构建知识图谱：技术、方法与案例/邵浩等著． -- 北京：机械工业出版社，2021.7
（2024.7 重印）
（智能系统与技术丛书）
ISBN 978-7-111-68683-5

I. ①从… II. ①邵… III. ①人工智能 ②知识管理 IV. ① TP18 ② G302

中国版本图书馆 CIP 数据核字（2021）第 140585 号

从零构建知识图谱：技术、方法与案例

出版发行：机械工业出版社（北京市西城区百万庄大街 22 号　邮政编码：100037）
责任编辑：董惠芝　李 艺　　　　　　　　责任校对：殷　虹
印　　刷：三河市骏杰印刷有限公司　　　　版　　次：2024 年 7 月第 1 版第 7 次印刷
开　　本：186mm×240mm　1/16　　　　印　　张：21.75
书　　号：ISBN 978-7-111-68683-5　　　　定　　价：99.00 元

客服电话：（010）88361066　68326294

推　荐　序

　　近年来，知识图谱技术及应用受到了广泛的关注。作为人工智能时代从感知跨越到认知的桥梁，知识图谱以图网络的形式连接人类丰富的知识，并尝试解决推理和理解问题。越来越多的学者和工业界人士投身于知识图谱的研究和落地，基于知识图谱的智能搜索、问答以及推荐也得到了推广和应用。

　　知识图谱相关技术发展迅速，应用也非常广泛，但仍然有很多问题需要解决。从理论研究方面，知识图谱的基础技术仍然需要进一步推进，一些问题，例如语言歧义性、长尾知识获取、时序知识获取、多模态知识的融合、复杂推理，还没有较好的解决办法。而从工业实践上来看，由于数据源繁多，数据规模庞大，异构数据质量参差不齐，高质量通用知识图谱的构建还有很长的路要走。

　　因此，很多公司将目光转向特定领域的知识图谱应用，也催生了诸如医疗、法律、公安、电商等基于行业的知识图谱。知识图谱的发展已经进入下半场，由于技术和工具的不断成熟，构建完整的知识图谱也不再是巨头的专利，具备一定基础的技术人员也能够将知识图谱技术应用于自身业务中。

　　如何将理论化为应用，是一线从业人员最为关注的问题。虽然构建知识图谱的要求很高，但门槛已经大大降低。各行各业对知识图谱的关注度都在提升，知识图谱相关的课程、教材也已面世。但在理论之外，从业人员更需要一本能够结合工业实践将知识图谱落地的指南。

　　本书正是这样一本面向实战的知识图谱指南，不仅有基础的知识图谱技术介绍，还用大量的篇幅阐述如何快速构建和应用知识图谱。本书作者都是长期深耕于自然语言处理与知识图谱领域的一线研究人员和工程师，为国内的知识图谱开源社区 OpenKG 贡献了很多有价值的数据和工具。他们从实践角度，通过浅显易懂的解析以及开源的代码，对知识图谱的理论基础、相关工具、构建步骤进行了详细的阐述。相信无论是知识图谱从业人员还是研究学者，都可以通过本书了解知识图谱的全流程构建方法，并能够将其应用到实际项目和业务中。

　　王昊奋　同济大学特聘研究员，OpenKG 联合创始人，CCF SIGKG 主席

前　言

知识图谱，是近年来最火热的研究方向之一，被认为是实现认知智能的核心基础技术。知识图谱以图的形式表现客观世界中的实体、概念及其之间的关系，致力于解决认知智能中的复杂推理问题。

随着大数据时代的红利逐渐消失，以深度学习为基础的感知智能逐步触碰到天花板，理论突破也越来越难。而在认知智能的前进道路上，基于统计概率的深度学习模型仍然无法真正实现和人类相同的推理和理解能力。

充分有效地利用人类社会中海量的知识是可行的解决路径之一。而知识图谱将人类知识表示为图的形式，可以让机器更好地利用知识，实现一定程度的"智能化"。然而，虽然知识图谱被寄予厚望，可以实现人工智能从感知到认知的跨越，但通用知识图谱的建立和完善是一个漫长的过程。在现阶段，知识图谱还是大量应用在简单场景和垂直场景上，例如搜索引擎、智能问答、语义理解、决策分析、智慧物联等。

构建知识图谱是一个系统工程，涉及知识的表示、获取、存储、应用以及自然语言处理等各项技术，如何全面掌握知识图谱的构建，成为很多同学和从业者最为关注的问题。纵观目前市场上的知识图谱书籍，我们发现，大多数的书都是以理论介绍为主，虽然内容充分翔实，但缺乏应用性的梳理和阐述。

写这本书的初衷，就是希望将我们在实践中构建知识图谱的经验，包括踩坑的教训，以文字的形式做出总结，同时分享给各位奋战在一线的知识图谱从业人员。书中不仅对知识图谱的概念和理论做了详细介绍，同时用开源代码的形式阐述了落地细节。书中代码资源下载地址为 https://github.com/zhangkai-ai/build-kg-from-scratch。

本书一共分为 8 章。第 1 章给出了知识图谱的概览，第 2 章围绕知识图谱的整体技术体系，详细阐述了知识的表示与建模、抽取与挖掘、存储与融合，以及检索与推理。第 3 章以具体的实例介绍了各种知识图谱工具的使用。第 4 章和第 5 章从实战的角度带领读者从零到一构建通用知识图谱和领域知识图谱，并配以详细的代码解读。第 6 章给出了知识图谱的具体应用。第 7 章也是从实战的角度对知识图谱的问答系统做了详尽阐述。最后第 8 章给出了知识图谱的总结和展望。

知识图谱领域仍然有很多问题需要解决，需要各位同人一起努力。希望本书能够为读者解决问题提供些许帮助。

由于种种原因，本书成稿过程颇有波折。我们要特别感谢机械工业出版社的各位编辑，他们对本书出版提供了大力支持。

CONTENTS

目　　录

第 1 章

知识图谱概览

本章将首先介绍知识图谱的历史,随后引出知识图谱的基本概念,接着在 1.3 节和 1.4 节中为大家介绍知识图谱的模式(Schema)以及为什么需要用知识图谱。最后介绍知识图谱的典型应用和技术架构。

1.1 知识图谱序言

2009 年 5 月,NBA 西部半决赛正在进行,刚刚接触篮球不久的阿楠惊叹于火箭队的中国大个儿——姚明的表现,于是尝试搜索姚明的臂展。他打开 Google 搜索引擎,将"姚明臂展"作为关键字进行搜索,得到一整页与姚明相关的网页链接,在尝试打开若干个链接之后,阿楠终于找到一个关于姚明的介绍,里面提到姚明的臂展是 7 英尺 5 英寸。然后,他又搜索尺寸转换标准,计算出姚明的臂展足足有 226.1 厘米。可以看到,在当时,想要通过搜索引擎获取一个问题的答案,可能要经过很多步骤,即便 Google 已经在 2009 年 3 月开始支持更长的查询和初步的语义功能,想要从搜索直接获得答案仍是一件基本不可能的事情。

那么十多年后的今天,如果阿楠想得到同样的答案,会有什么不一样吗?答案是肯定的,如今在 Google 搜索引擎中搜索"姚明"(读者可自行尝试),会在搜索页面的右侧出现一个包含很多信息的方框,里面除了姚明的代表性图片,还有其基本信息,同时也给出了其他用户感兴趣的搜索项。搜索结果中优先给出了姚明的百科信息链接(维基百科和百度百科),还给出了姚明的相关视频及新闻。可谓内容丰富,图文并茂。

甚至,阿楠还可以用一种更简单的方法,通过在 Google 搜索引擎中搜索"姚明的臂展,厘米"直接得到答案。

"让搜索通往答案"正是 Google 搜索引擎的目标之一。而这一切都基于 2012 年 Google

发布的知识图谱（Knowledge Graph）。Google 知识图谱通过从各种来源搜集信息，来增强搜索引擎结果的准确性。同时，这些不同来源的信息会被添加到搜索引擎右侧的信息框（Infobox）中。Google 知识图谱在发布后的几个月内，就已覆盖了超过 5.7 亿个实体（Entity）以及 180 亿条事实（Fact），并回答了在 2016 年 5 月 Google 搜索引擎中接近三分之一的问题（问题搜索总量约为 1000 亿）⊖。

　　利用 Google 知识图谱，如果用户想要搜索文艺复兴时期的达·芬奇，就会得到如图 1-1 所示的结果，包括不同的实体以及这些实体是如何连接在一起的。我们不仅可以看到达·芬奇的生卒年月（1452—1519），还可以看到他和他的作品（蒙娜丽莎）、他和他的出生地（意大利）之间的联系。通过发掘这样相互联系的结果，用户可以了解实体更深层次的信息，并进行关联信息的查询。

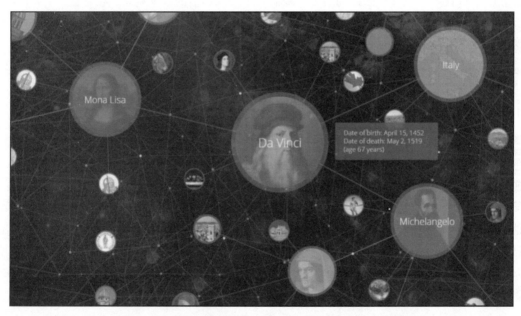

图 1-1　Google 知识图谱中"达·芬奇"的可视化搜索结果

　　通过以上的例子，我们可以直观地感受到，知识图谱是一种具有图结构的知识库，其结点通过一些边连接在一起，也可以看到知识图谱在搜索引擎上的强大应用。知识图谱可以看作一类语义网络（Semantic Network）。语义网络是一种表示网络中概念（Concept）之间语义关系的知识库，通常是一个有向或无向图，由表示概念的结点和表示概念之间语义关系的边组成。在图 1-1 中，达·芬奇是一个结点，而达·芬奇和蒙娜丽莎的关系就是一条边。

⊖　https://en.wikipedia.org/wiki/Knowledge_Graph。

可以看到，Google 通过一个强大的知识图谱，提高了用户的搜索体验。实际上，Google 是站在巨人的肩膀上做了一个拓展，这个巨人就是当时世界上最大的知识图谱之一——Freebase知识库。

Freebase 是一个大型的众包知识库，其数据源自维基百科、NNDB、MusicBrainz等，同时通过开源免费吸引用户贡献数据，在运行 3 年之后，被 Google 纳入麾下，成为其知识图谱的重要基石。可惜的是，Freebase 官方网站已经在 2016 年 5 月关闭，用户目前仅能通过 Google API 下载其历史数据文件。图 1-2 是 Freebase 官方网站在关闭之前的截图。

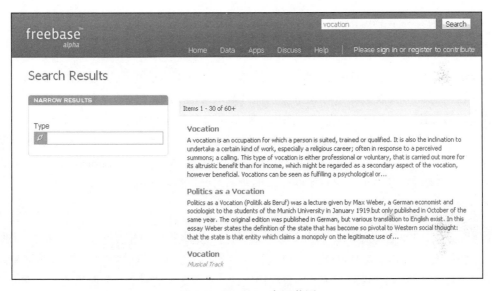

图 1-2　Freebase 官网截图

1.2　知识图谱基本概念

结合上文的例子，相信读者对基于知识图谱的搜索有了一定的了解，本节将详细阐述知识图谱的基本概念，包括知识图谱的背景、定义以及典型示例。

1.2.1　知识图谱背景

在给出知识图谱的定义之前，我们先分开讨论一下什么是知识，什么是图谱。

○　https://developers.google.com/freebase。

○　https://www.wikipedia.org/。

○　https://www.nndb.com/。

四　https://musicbrainz.org/。

首先看一下什么是知识。有读者可能会提出这样的问题，在大数据时代，人类拥有海量的数据，这是不是代表人类可以随时随地利用无穷无尽的知识呢？答案是否定的。

知识是人类在实践中认识客观世界（包括人类自身）的成果，它包括事实、信息、描述以及在教育和实践中获得的技能。知识是人类从各个途径中获得的经过提升、总结与凝炼的系统的认识。

因此，可以这样理解，知识是人类对信息进行处理之后的认识和理解，是对数据和信息的凝炼、总结后的成果。

让我们来看一下 Rowley 在 2007 年提出的 DIKW 体系 [1]，如图 1-3 所示，从数据、信息、知识到智慧，是一个不断凝炼的过程。

举一个简单的例子，226.1 厘米，229 厘米，都是客观存在的孤立的数据。此时，数据不具有任何意义，仅表达一个客观事实。而"姚明臂展 226.1 厘米""姚明身高 229 厘米"是事实型的陈述，属于信息的范畴。知识，则是对信息层面的抽象和归纳，把姚明的身高、臂展，及其他属性整合起来，就得到了对于姚明的一个认知，也可以进一步了解到姚明的身高是比普通人高的。对于最后的智慧层面，Zeleny 提到的智慧是指知道为什么（Know-Why）[2]，感兴趣的读者可以自行了解，本书暂不对此进行深入探讨。

那么什么是图谱？图谱的英文是 Graph，直译过来就是"图"的意思。在图论（数学的一个研究分支）中，图表示一些事物（Object）与另一些事物之间相互连接的结构。一张图通常由一些结点（Vertice 或 Node）和连接这些结点的边（Edge）组成。"图"这一名词是由詹姆斯·约瑟夫·西尔维斯特在 1878 年首次提出的 [3]。图 1-4 是一个非常简单的图，它由 6 个结点和 7 条边组成。

图 1-3　DIKW 体系

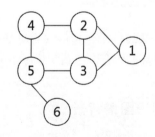

图 1-4　由 6 个结点和 7 条边组成的图示例

从字面上看，知识图谱就是用图的形式将知识表示出来。图中的结点代表语义实体或概念，边代表结点间的各种语义关系。

　　我们再将姚明的一些基本信息，用计算机所能理解的语言表示出来，构建一个简单的知识图谱。比如，<姚明，国籍，中国>表示姚明的国籍是中国，其中"姚明"和"中国"是两个结点，而结点间的关系是"国籍"。这是一种常用的基于符号的知识表示方式——资源描述框架（Resource Description Framework，RDF），它把知识表示为一个包含主语（Subject）、谓语（Predicate）和宾语（Object）的三元组 <S,P,O>，至于如何从非结构化文本中抽取三元组，我们会在后面的章节详细说明。

1.2.2　知识图谱的定义

　　上一节对知识图谱给出了一个具象的描述，即它是由结点和边组成的语义网络。那么该如何准确定义知识图谱呢？这里我们可以先回顾一下其概念的演化历程。

　　知识图谱概念的演化历程如图 1-5 所示。

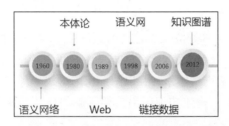

图 1-5　知识图谱概念的演化历程

　　语义网络由剑桥语言研究所的 Richard H. Richens 提出，前文中已经简单介绍了语义网络的含义。它是一种基于图的数据结构，是一种知识表示的手段，可以很方便地将自然语言转化为图来表示和存储，并应用在自然语言处理问题上，例如机器翻译、问答等。到了20 世纪 80 年代，研究人员将哲学概念本体（Ontology）引入计算机领域，作为"概念和关系的形式化描述"，后来，Ontology 也被用于为知识图谱定义知识体系（Schema）。

　　而真正对知识图谱产生深远影响的是 Web 的诞生。Tim Berners-Lee 在 1989 年发表的" Information Management: A Proposal"[4] 中提出了 Web 的愿景，Web 应该是一个以"链接"为中心的信息系统（Linked Information System），以图的方式相互关联。Tim 认为"以链接为中心"和"基于图的方式"，相比基于树的固定层次化组织方式更加有用，从而促成了万维网的诞生。我们可以这样理解，在 Web 中，每一个网页就是一个结点，网页中的超链接就是边。但其局限性是显而易见的，比如，超链接只能说明两个网页是相互关联的，而无法表达更多信息。

　　1994 年，在第一届国际万维网大会上，Tim 又指出，人们搜索的并不是页面，而是数据或事物本身，由于机器无法有效地从网页中识别语义信息，因此仅仅建立 Web 页面之间的链接是不够的，还应该构建对象、概念、事物或数据之间的链接。

随后在 1998 年，Tim 正式提出语义网（Semantic Web）的概念。语义网是一种数据互连的语义网络，它仍然基于图和链接的组织方式，但图中的结点不再是网页，而是实体。通过为全球信息网上的文档添加"元数据"（Meta Data），让计算机能够轻松理解网页中的语义信息，从而使整个互联网成为一个通用的信息交换媒介。我们可以将语义网理解为知识的互联网（Web of Knowledge）或者事物的互联网（Web of Thing）。

2006 年，Tim 又提出了链接数据（Linked Data）的概念，进一步强调了数据之间的链接，而不仅仅是文本的数据化。后文还会介绍链接开放数据（Linked Open Data，LOD）项目，它也是为了实现 Tim 有关链接数据作为语义网的一种实现的设想。随后在 2012 年，Google 基于语义网中的一些理念进行了商业化实现，其提出的知识图谱概念也沿用至今。

可以看到，知识图谱的概念是和 Web、自然语言处理（NLP）、知识表示（KR）、数据库（DB）、人工智能（AI）等密切相关的。所以我们可以从以下几个角度去了解知识图谱。

- ❑ 从 Web 的角度来看，像建立文本之间的超链接一样，构建知识图谱需要建立数据之间的语义链接，并支持语义搜索，这样就改变了以前的信息检索方式，可以以更适合人类理解的语言来进行检索，并以图形化的形式呈现。
- ❑ 从 NLP 的角度来看，构建知识图谱需要了解如何从非结构化的文本中抽取语义和结构化数据。
- ❑ 从 KR 的角度来看，构建知识图谱需要了解如何利用计算机符号来表示和处理知识。
- ❑ 从 AI 的角度来看，构建知识图谱需要了解如何利用知识库来辅助理解人类语言，包括机器翻译问题的解决。
- ❑ 从 DB 的角度来看，构建知识图谱需要了解使用何种方式来存储知识。

由此看来，知识图谱技术是一个系统工程，需要综合利用各方面技术。国内的一些知名学者也给出了关于知识图谱的定义。这里简单列举了几个。

电子科技大学的刘峤教授给出的定义是：

知识图谱，是结构化的语义知识库，用于以符号形式描述物理世界中的概念及其相互关系，其基本组成单位是"实体–关系–实体"三元组，以及实体及其相关属性–值对，实体之间通过关系相互联结，构成网状的知识结构[5]。

清华大学的李涓子教授给出的定义是：

知识图谱以结构化的方式描述客观世界中概念、实体及其关系,将互联网的信息表示成更接近人类认知世界的形式,提供了一种更好地组织、管理和理解互联网海量信息的能力[6]。

浙江大学的陈华钧教授对知识图谱的理解是：

知识图谱旨在建模、识别、发现和推断事物、概念之间的复杂关系，是事物关系的可计算模型，已经被广泛应用于搜索引擎、智能问答、语言理解、视觉场景理解、决策分析等领域。

东南大学的漆桂林教授给出的定义是：

知识图谱本质上是一种叫作语义网络的知识库，即一个具有有向图结构的知识库，其中图的结点代表实体或者概念，而图的边代表实体/概念之间的各种语义关系[7]。

当前，无论是学术界还是工业界，对知识图谱还没有一个唯一的定义，本书的重点也不在于给出理论上的精确定义，而是尝试从工程的角度，讲解如何构建有效的知识图谱。在剩下的章节中，也会有一些常见概念，这里列举如下。

- ❑ 实体：对应一个语义本体，例如"姚明""中国"等。
- ❑ 属性：描述一类实体的特性（例如"身高"：姚明的身高是229厘米）。
- ❑ 关系：对应语义本体之间的关系，将实体连接起来（例如"国籍"：姚明的国籍是中国）。

有些学者也将属性定义为关系，属于属性关系的一种。但本书将属性和关系作为两种不同的概念区别对待。

1.2.3　典型知识图谱示例

本节将列举几个典型的知识图谱项目。图 1-6 给出了具有代表性的知识图谱项目的发展历史。

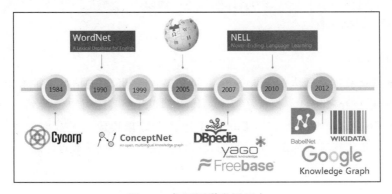

图 1-6　知识图谱发展历史

从 20 世纪 80 年代开始的 CYC 项目，到 Google 2012 年提出的知识图谱，再到现在不同语种、不同领域的知识图谱项目大量涌现，知识图谱已经被深入研究并广泛应用于各个行业。例如，WordNet 是典型的词典知识库，BabelNet 也是类似于 WordNet 的多语言词典知识库，YAGO 集成了 Wikipedia、WordNet、GeoNames 三个源的数据，NELL 则持续不断从互联网上自动抽取三元组知识。由于这些项目的相关资料较为丰富，本书仅挑选若干具有代表性的知识图谱项目加以介绍。

（1）CYC [⊖]

CYC 项目开始于 1984 年，最初目标是建立人类最大的常识知识库，将上百万条知识编码成机器可用的形式。根据维基百科数据，CYC 包含 320 万条人类定义的断言，涉及 30 万个概念和 15000 个谓词。1986 年，Douglas Lenat 推断要构建这样庞大的知识库需设计 25 万条规则，同时需要 350 个人年才能完成。这个看似疯狂的计划之所以能够推进，和当时的历史背景是不可分开的。

在 CYC 中，大部分工作是以知识工程为基础，且大部分事实都是通过手动添加到知识库上的。CYC 主要由两部分构成，第一部分是作为数据载体的多语境知识库，第二部分是系统本身的推理引擎。比如，通过"每棵树都是植物"和"植物最终都会死亡"的知识，推理引擎可以推断出"树会死亡"的结论。1994 年图灵奖获得者爱德华·费根鲍姆曾称："CYC 是世界上最大的知识库，也是技术论的最佳代表。"

（2）ConceptNet [⊜]

ConceptNet 是一个利用众包构建的常识知识图谱，起源于麻省理工大学媒体实验室的 Open Mind Common Sense（OMCS）项目，它免费开放并且具有多语言版本。其英文版本自 1999 年发布以来，由 15000 个贡献者积累了超过 100 多万个事实。ConceptNet 的一大特点是它的知识描述是非形式化的，更加贴近自然语言的描述。图 1-7 给出了 ConceptNet 的一个组织架构。这里列举了一些更为具体的描述，例如："企鹅是一种鸟""企鹅出现在动物园""企鹅想要有足够的食物"等。

（3）DBpedia [⊜]

DBpedia 是指数据库版本的 Wikipedia，是从 Wikipedia 中的信息框抽取出的链接数据库。英文版本的 DBpedia 包含 600 万实体，其中 510 万个实体可以链接到本体上。并且，DBpedia 还和 Freebase、OpenCYC、Bio2RDF 等多个数据集建立了数据链接。截至目前，DBpedia 是链接开放数据（LOD）中最大的具有代表性的开放链接数据库之一。

⊖ https://www.cyc.com/。
⊜ https://conceptnet.io/。
⊜ https://wiki.dbpedia.org/。

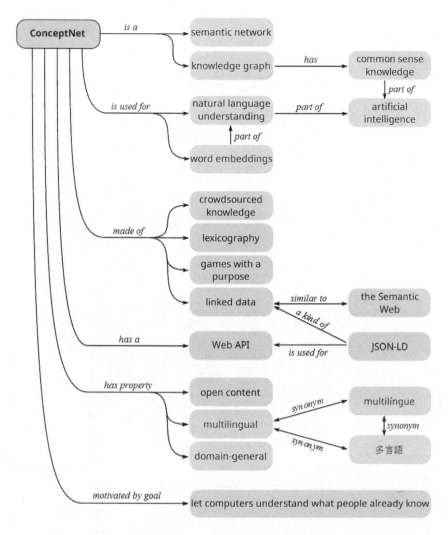

图 1-7　ConceptNet 的组织架构示例

（4）LOD[⊖]

上文提到，LOD 的初衷是实现 Tim 有关链接数据作为语义网的一种实现的设想。其遵循四个原则：使用 URI 进行标识；使用 HTTP URI，以便用户可以像访问网页一样查看事物的描述；使用 RDF 和 SPARQL 标准；为事物添加与其他事物的 URI 链接，建立数据关联。截至 2020 年 7 月，LOD 有 1260 个知识图谱，包含 16187 个链接。图 1-8 给出了 LOD 统计的知识图谱的示意图，它按照不同的颜色将知识图谱分为 9 个大类，其中社交媒体、政府、出版和生命科学四个领域的数据占比之和超过 90%。

⊖　https://lod-cloud.net/。

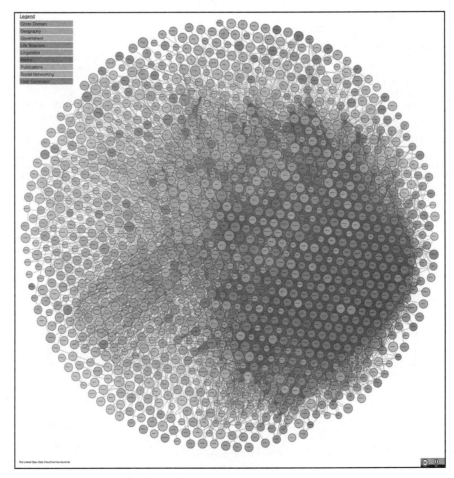

图 1-8   LOD 知识图谱概览

1.3   知识图谱的模式

前文一直在实际数据的层面谈论知识图谱，也谈到了本体被用于为知识图谱定义模式。作为知识图谱中的重要概念，本节我们将深入讨论知识图谱的知识体系——模式的含义和构建。

人类一直在探寻世间真理，尝试建立知识体系。从亚里士多德开始，就有很多人对世间的万事万物进行分类。比如亚里士多德将元素分为土、水、火、空气和以太（构成天体的神圣物质），在中国最早的古汉语辞书《尔雅》中则将世间万物分为了天地山水、草木鸟兽等 19 个门类，并对每一个门类都进行了详细的讲解。例如在"释兽"中有这样的描述："狗四尺为獒"。也就是说，獒是狗的一种，而且是身长四尺以上的狗。

上文我们提到，在知识图谱的图结构表示中，结点代表语义实体或概念，边代表结点间的各种语义关系。那么，实体和概念又该如何区分呢？

举一个简单的例子。在三元组 < 姚明，国籍，中国 > 中，"姚明"和"中国"是两个实体，而姚明是一个人（Human）或者篮球运动员（Basketball Player），中国是一个地点（Location）或者一个国家（Country）。这里，人、篮球运动员、地点、国家，都可以看作概念。前文提到，由概念组成的体系称为本体，本体的表达能力比模式强，且包含各种规则（Axiom），而模式这个词汇则来源于数据库领域，可视为一个轻量级的本体。实体和概念之间通常是"是"的关系，也就是"isA"关系，比如"中国是一个国家"。而概念和概念之间通常是子集关系，如"subClassOf"，比如"篮球运动员是人的一个子集"，"国家是地点的一个子集"。一个简单的由本体所描述的模式如图 1-9 所示。

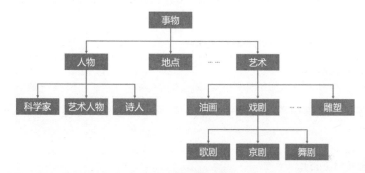

图 1-9　模式示例

总体来看，本体强调了概念之间的相互关系，描述了知识图谱的模式，而知识图谱是在本体的基础上增加了更丰富的实体信息。通俗来讲，模式是骨架，而知识图谱是血肉。有了模式，我们可以更好地推理和联想。例如，树是一种植物，柳树是树的一种实例化，则可以推断出"柳树是植物"。

接下来我们谈一下由 Google、Microsoft 和 Yahoo! 三大巨头于 2011 年推出的模式规范体系：Schema.org ⊖。这个规范体系是一个消费驱动的尝试，其指导数据发布者和网站构建者在网页中嵌入并发布结构化数据，当用户使用特定关键字搜索时，可以免费为这些网页提升排名，从而起到搜索引擎优化（SEO）的作用。Schema.org 支持各个网站采用语义标签（Semantic Markup）的方式将语义化的链接数据嵌入网页中。它的核心模式由专家自顶向下定义，截至目前 ⊖，这个词汇本体已经包含 700 多个类和 1300 多种属性，覆盖范围包括个人、组织机构、地点、时间、医疗、商品等。通过 SEO 的明确价值导向，Schema.org 得到了广泛应用，目前全互联网有超过 30% 的网页增加了基于它的数据体系的数据标注。

⊖　https://schema.org/。

⊖　截至 2021 年 4 月 30 日。

举一个简单的例子，对于一个电影门户网站的站长来说，如果现在一位用户正在搜索电影《八佰》，该站长希望能够通过 SEO 提升自己网站的排名，从而让用户更加倾向点进站内的相关电影界面。传统的 HTML 标签只会告诉浏览器如何渲染网页上的信息，例如 <h1>The Eight Hundred</h1> 仅仅告诉浏览器以大标题形式显示文本文字"The Eight Hundred"，没有明确给出这些文本文字的信息。而 Schema.org 可以理解为一份共享词汇表，一种语义化的网页结构标记。对于搜索引擎而言，使用 Schema.org 规范，可以让搜索更准确，生成丰富的网页摘要。采用 Schema.org 规范的网页标签示例如下：

```
1.  <div itemscope itemtype="http://schema.org/Movie">
2.   <h1 itemprop="name">The Eight Hundred</h1>
3.   <div itemprop="director" itemscope itemtype="http://schema.org/Person">
4.   Director: <span itemprop="name">Hu Guan</span>
5.  (born <time itemprop="birthDate" datetime="1968-08-01">August 01, 1968</time>)
6.   </div>
7.   <span itemprop="genre">War</span>
8.   <a href=" ../trailer/the-eight-hundred-trailer.html"itemprop="trailer">Trailer</a>
9.  </div>
```

无论是程序员、搜索引擎还是网络爬虫，都可以很轻松地通过 Schema.org 获取到结构非常清晰的信息：

类型：电影（Movie）

名称：八佰（The Eight Hundred）

导演姓名：管虎（Hu Guan）

导演生日：1968 年 08 月 01 日

影片类型：战争片（War）

当然，Schema.org 也有体系覆盖度不足、局限于英文、细致化不足等缺点。尤其是在构建特定领域模式的过程中，经常需要融合多种知识体系。由于这些不同体系关于类别、属性的定义并不统一，例如 GeoNames、DBpedia Ontology、Schema.org 等都有各自独特的体系定义，因此，体系融合也是一个非常大的难题。在工业实践中，开发人员一般会根据一个成熟的知识体系，结合特定需求，构建适合自身需求的模式。例如，狗尾草智能科技有限公司推出的百科知识图谱"七律" ⊖ 及其相应的模式，就是基于 AI 虚拟生命开发的知识体系，如图 1-10 所示。

图 1-10　狗尾草知识图谱——七律示例

⊖　https://ai.gowild.cn/kg。

1.4 为什么需要知识图谱

上文中我们介绍了知识图谱的基础知识，尤其可以看到知识图谱在搜索方面的重要作用。可能有读者会问，和传统数据库相比，知识图谱有哪些独特优势？要回答这个问题，我们先来聊一聊人工智能目前的发展情况。

随着硬软件的发展，自 2012 年以来，深度学习在各领域，尤其是感知层面，都掀起了技术革命。

在计算机视觉领域，微软在 2015 年提出的深度学习算法[9]，已经在 ImageNet2012 ⊖分类数据集中将错误率降低到 4.94%，首次低于人眼识别的错误率（约 5.1%）。在语音合成技术领域，DeepMind 公司在 2017 年 6 月发布了最新的 WaveNet 语音合成系统⊖，是当时世界上文本到语音环节最好的生成模型。在语音识别领域，通过引入深度学习，大大提到了语音识别的准确性。2017 年 8 月，微软语音识别系统错误率由之前的 5.9% 进一步降低到5.1%，大幅刷新原先记录，可与专业速记员比肩[8]。

而在预训练语言模型方面，OpenAI 的语言模型 GPT-2 ⊜在多项任务上均超越了 BERT，成为当时新的标杆。2020 年，GPT-3 ⑭横空出世，其参数比 GPT-2 多 100 倍。该模型经过了将近 0.5 万亿个单词的预训练，可以在不进行微调的情况下，在多个 NLP 基准上达到最优质的性能。

在应用领域，有很多人们所熟知的具有代表性的案例。2011 年，IBM Waston 在综艺节目《危险边缘》（Jeopardy!）中击败了人类最优秀的选手。在 2016年，Google 的 AlphaGo 打败了人类最顶尖的围棋选手李世石。在星际争霸 2 中，Google 的 AlphaStar 打败了人类的专业选手，而在 Dota2 比赛与人类的对战中，OpenAI 也取得了不俗的战绩。同时，IBM 的Project Debater，在与人类的辩论赛中也开始崭露头角。甚至在人类最后的堡垒艺术方面，人工智能也取得了令人瞩目的突破。2018 年 10 月，一幅名为《爱德蒙·贝拉米的肖像》的画作（如图 1-11 所示）拍出了 43.25 万美金的高价，远超 7000 到 1 万美元

图 1-11 人工智能画作《爱德蒙·贝拉米的肖像》

⊖ http://image-net.org/challenges/LSVRC/2012/。

⊖ https://deepmind.com/blog/article/wavenet-generative-model-raw-audio。

⊜ https://github.com/openai/gpt-2。

⑭ https://github.com/openai/gpt-3。

的预期。而这幅画作，是用了 1.5 万张图片，结合生成对抗模型得到的结果。

人工智能在感知层面的应用突飞猛进，伴随着深度学习的发展，在各个领域都取得了超越人类的成绩。但迄今为止，这些突破都是基于海量的训练数据，通过强大的计算能力得到的。例如，基于 Transformer 的 GPT-2，拥有 15 亿参数和 40GB 网络数据的测试集，在算法发布时的训练价格是每小时 2048 美元，使用了 256 块 Google TPU v3。GPT3 的参数量更是达到了惊人的 1750 亿，并使用了 45GB 的数据进行训练。

众所周知，人工智能一共有三个代表性学派，如图 1-12 所示。其中，符号学派强调模拟人的心智，连接学派强调模拟脑的结构，行为学派强调模拟人的行为。

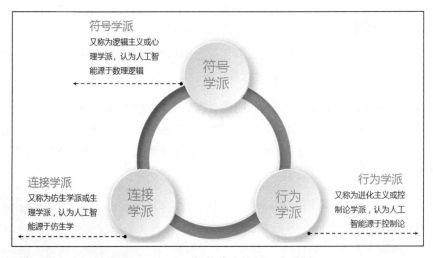

图 1-12　人工智能代表性的三个学派

以深度学习为代表的连接学派，主要解决了感知问题，也引领了这一轮人工智能的发展热潮。但是在更高层次的认知领域，例如自然语言理解、推理和联想等方面，还需要符号学派的帮助。知识图谱是符号学派的代表，可以帮助我们构建更有学识的人工智能，从而提升机器人推理、理解、联想等功能。而这一点，仅通过大数据和深度学习是无法做到的。多伦多大学的 Geoffrey Hinton 教授也提出，人工智能未来的发展方向之一就是深度神经网络与符号人工智能的深入结合。

近两年，市场上出现了大量聊天机器人产品，提供各种各样的功能，比如情感陪伴、个人助理、儿童教育、生活购物等。但从实际的效果来看，绝大部分产品只能完成简单的问答和对话，远未达到媒体上宣传的效果，更不要说进行真正的思考和推理，就好像是绿野仙踪里的铁皮人，缺少了具有"生命感"的那颗心。同时，在对常识的理解上，人工智能系统的理解能力还非常稚嫩，对于人类而言非常容易的问题，如"鸡蛋放到篮子里，是鸡蛋大还是篮子大"以及"啤酒杯掉到地毯上会不会碎"等问题，则很难判断。究其原因，大数据并不等于知识，人类在长期生活实践中所积累的经验和知识，也无法快速传递给人工智能系统。

综上所述，知识图谱是实现通用人工智能（Artificial General Intelligence，AGI）的重要基石。在从感知到认知的跨越过程中，构建大规模高质量知识图谱是一个重要环节。当人工智能可以通过更结构化的表示理解人类知识，并进行互联时，才有可能让机器真正实现推理、联想等认知功能。不过，对于 AI 拥有了全部人类知识后是否能够形成独立思考的能力，则需要专家学者进一步研究。

1.5　知识图谱的典型应用

我们在前文中已经接触到了知识图谱对搜索引擎的成功应用。知识图谱为搜索提供了丰富的结构化结果，体现了信息和知识的关联，可以通过搜索直接得到答案。除了通用搜索引擎之外，在一些特定领域中，知识图谱也发挥着重要作用，例如同花顺公司的问财系统[一]、文因互联的文因企业搜索[二]等。

在医疗领域，为了降低发现新药的难度，Open Phacts[三]联盟构建了一个发现平台，通过整合来自各种数据源的药理学数据，构建知识图谱，来支持药理学研究和药物发现。IBM Waston[四]通过构建医疗信息系统，以及一整套的问答和搜索框架，以肿瘤诊断为核心，成功应用于包括慢病、医疗影像、体外检测在内的九大医疗领域。其第一步商业化运作是打造了一个肿瘤解决方案（Waston for Oncology），通过输入纪念斯隆·凯特琳癌症中心[五]的数千份病例、1500 万页医学文献，可以为不同的肿瘤病人提供个性化治疗方案，连同医学证据一起推荐给医生。

在投资研究领域，成立于 2010 年的 AlphaSense[六]公司打造了一款新的金融知识引擎。与传统的金融信息数据平台不同，这款知识引擎并不仅仅局限在金融数据的整合和信息平台的范围，而是通过构建知识图谱，加上自然语言处理和语义搜索引擎，让用户可以更方便地获取各种素材并加工再使用。另外一款非常具有代表性的金融知识引擎是 Kensho[七]。它

[一]　http://www.iwencai.com/。

[二]　http://search.memect.cn/。

[三]　https://www.openphacts.org/。

[四]　https://www.ibm.com/watson-health。

[五]　https://www.mskcc.org/。

[六]　https://www.alpha-sense.com/。

[七]　https://www.kensho.com/。

通过从各种数据源搜集信息，构建金融知识图谱，并关注事件和事件之间的依赖，以及对结果的关联和推理，从而可为用户提供自动化语义分析、根据特定行情判断走势等功能。

在政府管理和安全领域，一个具有代表性的案例是 Palantir[⊖]，因通过大规模知识图谱协助抓住了本·拉登而声名大噪。其核心技术是整理、分析不同来源的结构化和非结构化数据，为相关人员提供决策支持。例如在军事情报分析系统中，将多源异构信息进行整合，如电子表格、电话、文档、传感器数据、动态视频等，可以对人员、装备、事件进行全方位实时的监控分析，使调度人员第一时间掌握战场态势，并做出预判。除了协助抓住本·拉登，Palantir 的另外一项赫赫有名的成就是协助追回了前纳斯达克主席麦道夫金融欺诈案的数十亿美金。

在电商领域，阿里巴巴生态积聚了海量的商品和交易数据，它以商品、产品、品牌和条码为核心，构建了百亿级别的商品知识图谱，可以广泛应用于搜索、导购、平台治理、智能问答等业务，同时保持每天千万级别的恶意攻击拦截量，极大提升了消费者的购物体验。

在聊天机器人领域，具有问答功能的产品，例如 Siri、微软小冰、公子小白、琥珀·虚颜、天猫精灵、小米音箱，背后均有大规模知识图谱的支持。例如在琥珀·虚颜中，除了有通用百科知识图谱——"七律"的支持，还有子领域，例如动漫知识图谱、美食知识图谱、星座知识图谱的支持。图 1-13 给出了公子小白在多类别知识图谱融合后的一个问答对话示例。

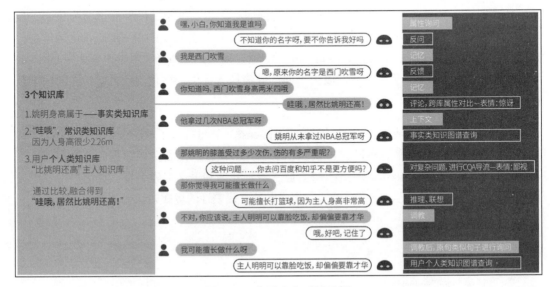

图 1-13　公子小白对话示例

⊖ https://www.palantir.com/。

1.6　知识图谱的技术架构

本节将简要介绍知识图谱的技术架构，更多知识图谱的技术和工程实践细节将在后文详细阐述。构建知识图谱是一个系统性工程。图 1-14 给出了一个典型的知识图谱构建与计算的架构。

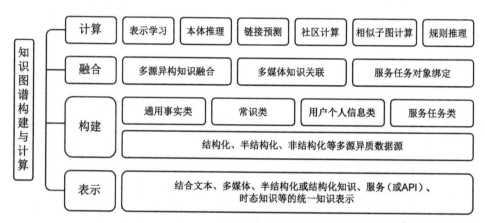

图 1-14　知识图谱的构建与计算

知识图谱的构建与计算，不仅需要考虑如何结合文本、多媒体、半结构化、结构化知识、服务或 API，以及时态知识等的统一知识表示，还需要进一步考虑如何结合结构化（如关系型数据库）、半结构化（HTML 或 XML）和非结构化（文本、图像等）多源异质数据源来分别构建通用事实类（各种领域相关实体知识）、常识类、用户个人记忆类和服务任务类知识库等。针对不同类型的数据和知识，有不同的构建技术，如针对结构化数据的知识映射、针对半结构化知识的包装器（Wrapper），以及针对非结构化知识的文本挖掘和自然语言处理。文本挖掘充分利用 Web 和大规模语料库的冗余信息来发现隐含的模式；而自然语言处理更多是在开放或者确定的 Schema 下做各种知识抽取。为了得到融合的图谱，我们除了需要考虑离线的多源异构的知识融合，还需要额外考虑服务任务类动态知识的对象绑定。这项工作往往是在线完成的，相当于根据不同的交互，在线动态扩充知识图谱并实例化的过程。

最后还需要考虑知识图谱的存储。既然有了知识，就必须用一定的手段去存储。但这里谈到的存储，不仅仅是建立一个知识库，还包括存储之后的应用效率等。传统型关系数据库，例如 MySQL，以及一些 NoSQL 数据库，例如 MongoDB，能不能存储 KG 呢？答案是肯定的，但从直观上说，考虑到知识是互联、庞大的，且联系是数据的本质所在，而传统型数据库对于数据联系的表现比较差，所以在知识图谱的存储上，关系型数据库没有图数据库灵活。尤其是涉及多跳关联查询时（例如姚明的妻子的国籍是什么），图数据库的效率会远比关系型数据库高。

参考文献

[1] Rowley, Jennifer. The Wisdom Hierarchy: Representations of the Dikw Hierarchy[J]. Journal of Information and Communication Science, 2007, 33 (2): 163-180.

[2] Zeleny, Milan. Management Support Systems: Towards Integrated Knowledge Management[J]. Human Systems Management, 1987, 7 (1): 59-70.

[3] J. J. Sylvester. On an Application of the New Atomic Theory to the Graphical Representation of the Invariants and Covariants of Binary Quantics[J]. American Journal of Mathematics, Pure and Applied, 1878, 1 (1) : 64-90.

[4] Berners-Lee, Timothy J. Information management: A proposal[J]. No. CERN-DD-89-001-OC. 1989.

[5] 刘峤 , 等 . 知识图谱构建技术综述 [J]. 计算机研究与发展 , 2016, 53 (3):582-600.

[6] 李涓子 , 侯磊 . 知识图谱研究综述 [J]. 山西大学学报 (自然科学版), 2017 (2017 年 03): 454-459.

[7] 漆桂林 , 高桓 , 吴天星 . 知识图谱研究进展 [J]. 情报工程 , 2017, 3(1): 4-25.

[8] Xiong W, Wu L, Alleva F, Droppo J, Huang X, Stolcke A, The Microsoft 2017 Conversational Speech Recognition System[R]. Microsoft Technical Report MSR-TR-2017-39, arXiv:1708.06073v2, 2017.

[9] He K, Zhang X, Ren S, Sun J. Delving Deep into Rectifiers: Surpassing Human-Level Performance on ImageNet Classification,arXiv:1502.01852v1, 2015.

第 2 章

知识图谱技术体系

当前，人工智能技术的发展速度之快已经超出了所有人的想象，以至于总会有人不断将现有人工智能的表现与人类相比较。然而，在经过不同层面的对比之后，不难得出一个结论：尽管目前人工智能技术在一些特定任务上有比较好的表现，但在一些开放性的任务上往往不尽如人意。换言之，利用深度学习和大数据，目前的人工智能系统足够"聪明"，虽可以在计算密集型任务上超越人类，却远未达到"有学识"的程度，无法和人一样进行复杂的推理和联想等。而知识图谱被认为是让人工智能系统做到"有学识"的关键，它通过诸如 RDF、图形式等存储各种各样的结构化知识，成为人工智能的"大脑"。

然而知识图谱并不是单一技术，而是一整套数据加工、存储及应用流程。本章将会围绕知识图谱的整体技术体系进行阐述，具体分为四个主要部分：知识表示与知识建模、知识抽取与知识挖掘、知识存储与知识融合、知识检索与知识推理。通过阅读本章，读者能够建立对知识图谱技术栈的整体认知。

2.1 知识表示与知识建模

对现有知识进行表示和建模是构建知识图谱的基础和准备工作，也是完整构建有价值的知识图谱的前提。本节将对知识表示与知识建模的概念及常用方法进行详细介绍。

2.1.1 知识表示

通过将知识按照一定的方法进行表示和存储，才能让计算机系统更高效地处理和利用知识。实际上，知识表示是人工智能领域一个较为核心的问题。对于知识表示的准确定义目前仍旧没有一个完美的答案。Davis 等人在论文"What is knowledge representation"[1] 中给出了知识表示的五种角色，具体如下所示。

- ❑ 真实世界中知识的抽象替代
- ❑ 本体论的集合
- ❑ 不完整的智能推理理论
- ❑ 高效计算的媒介
- ❑ 知识的中间体

以上内容可以看作是对知识表示的定义较为全面的一种阐述，那么，这五种角色的定义，分别是为了解决什么问题呢？

首先，知识表示可以看作真实世界中知识的一种抽象替代，而且这种替代是按照计算机可以理解的方法来实现的。这种解释来源于，任何希望对于所处环境有所认知的智能体都会遇到一个问题，即需要了解的知识全部属于外部知识。举例来说，当人类还处在婴儿阶段时，需要对外界进行学习和认知。在这种情况下，人类必须将外界的实物（如汽车、苹果等）转化成大脑中一种抽象的表示，才可以真正学习到这个知识。现在如果希望计算机能够学习到真实世界中的知识，就需要在计算机中建立抽象替代。然而，这就会引出一个问题，即对现实世界的知识进行抽象表示无法完全做到无损。

为了解决这个问题，引入了知识表示的第二个角色：一组本体论的集合。本体论将真实世界中的概念和实体抽象成类和对象，从某种程度上达到了与知识表示相同的目的。将真实世界抽象成类和对象的优势在于，使用者可以只关注自己想关注的重点并仅对其进行抽象和表示，避免了知识表示作为真实世界抽象替代无法做到无损的问题。关注事物的重点，实际上是人类（包括人工智能）在做出判断和决策时所使用的捷径，这是因为在真实世界中的事物包含的信息量过大，而系统必须关注对其有用的信息。

除此之外，知识表示还是一个不完整的智能推理理论，这也是知识表示的第三个角色。这个角色来源于，最初知识的概念和表示的产生都是由于智能体需要进行推理而驱使的。认知能力对判断一个物体是否智能起着至关重要的作用，而拥有认知能力即代表智能体可以储存知识，并使用其进行推理后得到新的知识。但仅仅存在知识的表示理论是不够的，需要配合推理方法等其他理论形成完整的推理理论，所以知识表示可以看作一个不完整的智能推理理论。

知识表示的第四个角色：一种高效计算的媒介。这是因为单纯从机器的角度看，计算机中的推理是一种计算过程。如果想要得到推理结果，必须对已有的表示进行高效的计算，而知识表示抽象整合了真实世界当中的知识，在推理时可以对知识进行直接利用，达到高效计算的目的。

与之较为类似的，知识表示同样可以看作一种知识的中间体。根据字面意思，知识表示代表了我们对真实世界的描述，人类可以将已有的知识作为中间体来传播和表达知识（向机器或人类）。这种表示可以反映在现实生活中的很多方面，最浅显的如书本就是一种对知识的表示，而书本正是人类传播和描述知识的中间体。

综合以上五种知识表示的角色，我们可以将知识表示理解为对真实世界的一种不完整的抽象描述，只包含人类或计算机想要关注的方面，同时也可以把它作为计算和推理的中间件。在了解了知识表示的概念后，接下来就需要了解知识是如何被表示的。在计算机系统中，知识表示的方法和形式化语言有很多种，不同的表示方法会带来不同的表示效果。这就使得我们需要一种公认的描述方法来对需要表示的知识进行描述，这种方法必须足够简洁并且具有较强的可扩展性以适应现实世界知识的多样性，这就引出了接下来将会介绍的描述逻辑与描述语言。

1. 描述逻辑

描述逻辑是指一系列基于逻辑知识形式化的表示方法，这些表示方法能够以一种结构化的、易于理解的方式对知识进行表示和推理。描述逻辑建立在概念和关系之上，概念即为知识图谱中的类和实体，而关系可以理解为实体之间的关系。实际上，描述逻辑是一阶谓词逻辑的一个可判定子集。正如名称所表示的，描述逻辑可以通过推理的方法基于原子概念对其他概念进行表示与描述。描述逻辑中主要包含两类知识：术语知识（TBox）和断言知识（ABox）。其中术语知识主要指领域知识中的类、属性和关系，例如公司、地点等元素可以作为领域知识中的类；而断言知识是指与实例有关的知识，例如 < 小米公司，法定代表人，雷军 > 即可作为一个断言知识。在描述逻辑中，概念（Concept）表示类和实体，角色（Role）表示性质，个体（Individual）表示概念断言和常数，运算符（Operator）用于构建概念或角色的复杂表达。例如，雷军 = 小米公司 $\wedge$ 董事长，即可作为使用描述逻辑表示的最简单的一条知识。描述逻辑作为知识表示和知识建模的基础，被多种描述语言和描述框架所使用，目前标准的知识描述语言正是由描述逻辑不断演化得到的。但相比传统的描述逻辑，知识描述语言的扩展性更好，对于人和机器而言可读性更强。

2. 描述语言

在知识表示的过程中，除了需要逻辑来描述知识外，还需要一种合适的语言来基于规定的逻辑对知识进行描述并传递信息。根据 W3C 标准，通常使用资源描述框架（RDF）及网络本体语言（OWL）对知识进行描述，且两者都使用可扩展标记语言（Extensible Markup Language，XML）作为核心语法。本节会针对以上规范分别进行介绍，并给出对应的例子。

（1）XML

XML 描述了 XML 类型的一系列数据对象，也描述了处理它们的计算机程序行为。XML 是一种格式整齐、易于使用并可扩展的标记语言，允许使用者创建独一无二的标签来描述内容。XML 是由 XML 工作组（最初称为 SGML 编辑审查委员会）开发的，该工作组于 1996 年由万维网联盟（W3C）主持成立。XML 的主要任务是以纯文本格式存储和交换数据，这种方法提供了独立于软件和硬件的存储方式，方便传输和共享数据。一个完整的 XML 文档由称为实体或元素（下文中称为元素）的存储单元组成，而每个元素又由字符组成，在所有字符中，一部分作为字符数据，另一部分则作为标记，用于标记对文档的存储布局和逻辑结构。同时 XML 还提供了一种对存储布局和逻辑结构施加约束的机制，使得 XML 的结构和布局更加整洁。使用 XML 可以使原系统的扩展或升级变得更加容易，并且不会丢失数据。在设计 XML 时，目标和原则主要涉及以下几点。

1）XML 需要能直接在互联网上使用。

2）XML 需支持各种应用程序。

3）XML 应与 SGML（标准通用标记语言，国际定义的电子文档和内容标准）兼容。

4）编写处理 XML 文档的难度应降到最低。

5）XML 中可选功能的数量应保持绝对最小，理想情况下为零。

根据以上内容，不难看出 XML 遵循简单、易用、可扩展的原则。在 Web 中，由于 XML 与应用无关，并且格式相对方便阅读，所以常常用于存储元数据。然而由于 XML 支持自定义标签，所以两个计算机系统只能在互相已知文件中的所有标签时才能进行 XML 数据交换。需要注意的是，与 RDF 和 OWL 不同，XML 不是一种知识表示语言，但它的核心语法能够被迁移到多种描述语言中，包括 RDF 和 OWL。以下是一段 XML 文件示例，该示例描述了一个记录公司信息列表的 XML 文件，展示了小米公司的信息，包括名称、法人、公司种类和地址等属性，从示例中也可以看到 XML 的一些格式规范和使用方法。

```
1.  <?xml version="1.0" encoding="UTF-8"?>
2.  <NOTE>
3.  <company_list>
4.      <company>
5.      <name>Xiaomi </name>
6.      <represent >Lei Jun</represent>
7.      <category> Sole proprietorship enterprise </category >
8.      <address>Beijing</address>
9.      </company>
10.     <company>
11.     ......
12.     </company >
13. </company_list >
14. <NOTE>
```

根据上述代码，可以看出 XML 文件的主要结构是一种树形结构。其中包括由 <> 组成的字段以及不包含 <> 字符的字段，由包含 <> 的字段嵌套不包含 <> 的字段共同构成了 XML 文件的基本单元元素。由 <> 组成的字段称为元素的标签，即示例中的 <NOTE>、<company_list> 等，其中所有元素都可以自定义名称。而不包含 <> 的字段即要存储的字符数据，为元素的值。同时，从以上示例中可以看出，在每个 XML 文档的开头都需要添加 XML 的序言，用于告诉解析 XML 的工具或浏览器应该按照什么样的规范对 XML 文件进行解析。在上述示例中，第一行即该 XML 文件的序言，指定了该 XML 文件的编码方式和使用的 XML 版本。除了序言之外，XML 文件必须包含根元素，即例子中的 <NOTE> 元素，其他所有元素都必须是该元素的子元素。同时 XML 元素必须包含标签的起始符和终结符，比如以 <company_list> 作为起始符，以 </company_list> 作为终结符。值得注意的是，XML 中的字符是大小写敏感的，同时元素的命名不能以数字或标签开头，且不能以 "xml" 或 "XML" 开始。

（2）RDF

在了解了 XML 文件的语法和格式后，还需要掌握使用 XML 作为核心语法的常用知识表示方法，包括 RDF 和 OWL，下面将主要介绍 RDF。RDF 是由 W3C 于 2004 年发布的一种表示 Web 中信息的标准。RDF 由 RDF 核心工作组开发，是 W3C Web 语义方向工作的一部分。开发 RDF 的目的是为 Web 提供元数据模型和开放信息模型，即希望开发一种框架，用于描述和表示 "描述数据的数据" 的元数据，并通过组合多个应用程序的数据来获取新信息，以允许软件自动处理 Web 中的有效信息。除此之外，RDF 允许在不同应用程序之间公开和共享结构化和半结构化数据。由于 RDF 的开放性和扩展性，使得它成为目前最常用的知识存储和表示框架之一，在使用时，可以按照 RDF 的方法定义对其知识进行定义和表示。RDF 是语义网与本体等结构的基础层，对于人和计算机来说都有较好的可读性。在 RDF 中，知识以三元组的形式编码，其中每个三元组由一个主语、一个谓词（或一个属性）和一个宾语组成，可以方便地将 RDF 转化为自然语言。其中 RDF 的主语、宾语均可以是一个空白结点或用来唯一标识资源的国际化资源表示符（Internationalized Resource Identifier, IRI），谓词则必须是一个 IRI。下面通过具体代码了解 RDF 的使用方法和具体语法。

```
1.  <?xml version="1.0 "?>
2.  <rdf:RDF xmlns:rdf= "http://www.w3.org/1999/02/22 - rdf - syntax - ns#"
3.      xmlns:ab= "http://www.about.com/"
4.      xml:base= "http://www.base.com/">
5.  <rdf:Description rdf:ID= "Lei Jun"
6.      ab:work= "CEO"
7.      ab:age= "40">
8.      <ab:friend rdf:nodeID= "s3fo" />
9.  </rdf:Description>
10. <rdf:Description rdf:nodeID= "s3fo"
11.      rdf:ID= "Lin Bin"
12.      ab:age= "40">
13. </rdf:Description>
14. </rdf:RDF>
```

通过以上代码段可以看出，RDF 的核心语法为 XML，RDF 的使用方法与 XML 也有类似之处。在 RDF 文件的起始位置，同样需要加入 XML 序言，序言指定了使用的 XML 版本。不过，RDF 作为一种全新的框架，除了需要优先指定 XML 序言之外，还需要为整个 RDF 文件指定语法的命名空间，该操作通过示例中的第 2 行与第 3 行代码实现。在指定了命名空间后，还需要指定该文件的基链接（即 xml:base）。基链接可以是一个 IRI，在指定基链接后，在该 RDF 文件中定义的所有实体都可以在基链接的基础上进行扩展并唯一标识。在本例中，我们假设基链接为 www.base.com。在定义了 RDF 文件的全局信息后，即可根据 RDF 语法在其中添加需要描述的信息。在上述代码中，我们添加了名为 Lei Jun 的实体，建立了名为 work 的关系，并且根据该关系为实体添加了名为 job 的宾语，以及名为 age 的属性，还为其添加了一个由 friend 关系连接的实体，该实体同样拥有 age 属性，名称为 Lin Bin。上面的例子根据三元组可以表示为图 2-1 所示结构。

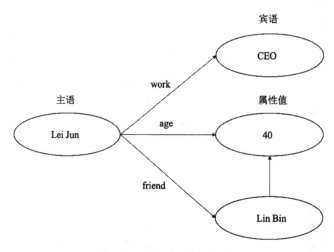

图 2-1　RDF 表示的三元组

在确定了命名空间后，在三元组中定义的关系以及属性的资源标识都将属于该命名空间。并且根据前面提到的定义，若定义主语的宾语结点为空，对于 RDF 语法而言也是合法的。实际上，RDF 可以看作对 XML 的扩充和简化。相比于 XML 要求的严格树形数据结构，RDF 使用了更加简单且接近自然语言的三元组形式，语义信息相对明确，可以更好地对知识进行表示和对元数据进行描述，也更容易理解。

（3）OWL

OWL 是 W3C Web 本体工作组设计的一种知识表示语言，旨在对特定领域的知识进行表示、交换和推理，经常被用于对本体知识进行表示。OWL 作为一种基于计算逻辑的语言，其表示的知识可以很容易地被计算机所理解与应用。与 RDF 相同，OWL 也是 2004 年被 W3C 组织推荐作为 Web 中的知识表示和知识储存语言。OWL 的前身是美国国防高级研究计划局（DARPA）开发的代理标记语言＋本体推理层（DAML＋OIL）。不过，目前常提到的 OWL 一般指 W3C OWL 工作组于 2009 年提出的 OWL 2。OWL 2 是对 OWL 最初版本的扩展和修订，在 OWL 的基础上增加了一些新操作，提升了语言的整体表达能力。在后续的内容中，如不做特殊说明，我们提到的 OWL 均指 OWL 2。

与 XML 和 RDF 相比，OWL 提供了更丰富的推理方法和词汇表，其中包括但不限于类之间的关系、基数、更丰富的属性特征和枚举类等。同时，为了适应不同场景，OWL 拥有三个不同级别的方案，分别是 OWL Lite、OWL DL 和 OWL Full。

- ❏ OWL Lite 支持用于构造分类法和叙词表的简单约束和分类层次结构，类的基数（类中属性的数量）限制为 0 和 1。
- ❏ OWL DL 在保持计算完整性和可判定性的同时，提供了最大的表达能力，并且 OWL DL 类之间的基数不限于 0 和 1。
- ❏ OWL Full 包含 OWL 的完整特性，并且对 RDF 有很好的支持。

图 2-2 描述了 OWL Lite 、OWL DL 与 OWL Full 的关系。

在进一步了解 OWL 之前，首先需要了解下 OWL 中的一些基本概念。

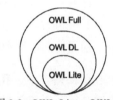

图 2-2　OWL Lite、OWL DL 与 OWL DL 的关系

- ❏ 类：对现实世界中同类事物的抽象。
- ❏ 实体：指代现实世界中事物的元素。
- ❏ 属性：类中包含的属于该类的特征，该值可以是一个常量，也可以是另一个类。
- ❏ 表达式：由基本的实体组成的复杂描述。

正如在对知识表示进行介绍时提到的，尽管 OWL 被用于表示本体和知识，但 OWL 无法表示现实世界知识的所有方面，使用者可以根据需求选择较为重要的方面使用 OWL 进行表示。下面的代码片段展示了 OWL 的使用方法和具体语法。

```
1.  <rdf:RDF
2.      xmlns:rdf="http://www.w3.org/1999/02/22 - rdf - syntax - ns#"
3.      xmlns:rdfs="http://www.w3.org/2000/01/rdf - schema#"
4.      xmlns:owl="http://www.w3.4org/2002/07/owl#"
5.      xmlns:xsd="http://www.w3.org/2001/XMLSchema#"
6.      xmlns:dc="http://www.w3.org/TR/2004/REC - owl - guide - 20040210/#DublinCore">
7.  <owl:Ontology rdf:about="">
8.          <owl:imports rdf:resource="http://www.example.org/company_ontology"/>
9.          <rdfs:label>Company Ontology</rdfs:label>
10. </owl:Ontology>
11. <owl:Class rdf:ID="Company">
12.         <owl:Restriction>
```

```
13.          <owl:minCardinality rdf:datatype="&xsd ;string">1
14.          </owl:minCardinality>
15.             </owl:Restriction>
16. </owl:Class>
17.
18. <owl:ObjectProperty rdf:ID= "representFor ">
19.          <rdfs:domain rdf:resource="#People"/>
20.          <rdfs:range rdf:resource="#Company "/>
21. </owl:ObjectProperty>
22.
23. <owl:DatatypeProperty rdf:ID= "companyName ">
24.          <rdfs:domain rdf:resource="#Company "/>
25.          <rdfs:range rdf:resource="&xsd; string "/>
26. </owl:DatatypeProperty>
```

根据上面的代码片段,可以比较清晰地看到 OWL 与 RDF 类似,OWL 也使用 XML 作为核心语法,并且还使用了一些 RDF 中的定义。不过,OWL 在 RDF 的三元组表示基础之上对类和属性等元素的表示更加清晰,扩展性也更好。比如上面第 8 ~ 10 行代码导入了一个已经创建好的本体,并且后续的操作都是基于该本体,从而大大提升了知识表示的扩展性。在此基础上,第 11 ~ 16 行代码对 Company 类进行了定义并约束基数(即类中的属性数)为 1。同时第 18 ~ 21 行代码与第 23 ~ 26 行代码分别定义了类中的两种不同属性,这两种不同属性的区别和联系将在下一章详细介绍。

在前面内容中,我们对知识表示的概念与方法分别进行了介绍,并且对知识表示的主流方法进行了详细介绍与举例,表 2-1 是对这几种知识表示方法的简单对比。

表 2-1   知识表示方法对比

知识表示方法	特点
XML	格式整齐,扩展性强,知识表示的核心语法
RDF	三元组形式,可读性强
OWL	本体描述语言,结构清晰

从整体的角度看,XML 作为知识表示的核心语法和语言,在不同知识表示语言中都起着举足轻重的作用。在 XML 的基础上,RDF 将知识转化为三元组的形式,并且使用 IRI 作为不同知识的唯一标识符,使得知识对于计算机和人而言都更具可读性。而 OWL 在 RDF 的基础上,利用类和实体的概念,将知识进一步抽象成本体的表示,使现实世界的知识得以更完整、更有层次地表示。在了解了知识表示方法的基础上,需要更进一步明确采用什么样的建模方法对知识进行建模。

2.1.2   知识建模

知识建模是指建立计算机可解释的知识模型的过程。这些模型可以是一些通用领域的知识模型，也可以是对于某种产品的解释或规范。知识建模的重点在于，需要建立一个计算机可存储并且可解释的知识模型。通常，这些知识模型都使用知识表示方法来存储和表示。知识建模的主要过程分析如下。

1）知识获取：根据知识系统的要求从多个来源使用不同方法获取知识，然后对获取到的知识进行判别并分类保存。

2）知识结构化：使用不同方法（比如基于本体的建模方法）对非结构化的知识进行表示和存储，以达到建模的目的。然后通过已经建立的知识库，实现知识建模后的标准化和规范化。

实际上，在任何情况下，没有一种绝对"好"的建模方案，只有相对适合的方案。所以根据不同场景进行实践得到的结论，是对知识建模最好的指南。本节首先对知识建模的流程进行介绍，然后以一种常见的知识模型——本体为例介绍知识建模的详细过程。

知识获取是通过多种数据源以及人类专家，为知识库系统获取和组织需要的知识的过程。在知识获取阶段，首先需要明确建立知识模型的目的，根据目的来确定其中的知识所覆盖的领域与范围。当发现需要建立的知识模型覆盖的领域与范围过大时，也可以先从其中一部分入手，如对某个领域的子领域进行建模，再对子领域的模型进行集成，最终达到知识模型所要完成的目标。在选择领域与覆盖范围时，尽可能地选择整体知识结构相对稳定的领域，一个不稳定的领域会造成大量数据的删减和重构，增加知识模型的维护成本，同时降低构建的效率。通常来讲，目前常用的知识来源主要包含两方面：以 Web 数据为数据源和以专家知识为数据源。根据不同的数据源，可以使用不同的方法来获取数据。

以从 Web 获取数据为例，这种方法的核心在于使用增量方法针对特定领域不断获取相关数据。在整个过程中，知识的获取是自动进行的，并且直接从整个 Web 以完全无监督和独立的方式执行。在获取阶段通常希望尽可能多地获取相关知识，而 Web 环境由于其规模和异构性成为知识获取的最佳选择。同时由于 Web 环境规模相对较大，在获取时需要轻量级的分析技术才能获得良好的可伸缩性和执行效率。在从 Web 获取知识的过程中，通常会在不同领域确定关键词，并基于这些关键词对大量网站进行分析，得到需要的知识。在网页分析的过程中，无须专家监督语言模板，也无须特定分析领域的预定义知识（例如领域本体，是知识获取的关键技术之一）。

另一方面，知识同样可以通过人类专家来获取，其中主要的方式包括但不限于由知识工程师手动将知识输入计算机中，或对领域专家进行采访等。在获取了足够的知识后，需要判别有效性并尽可能地对知识进行分类保存。

值得注意的是，经过上述步骤，获取到的信息更多是非结构化或半结构化的信息，这样的信息实际上是无法被计算机直接利用的，所以在完成上述步骤后，还需要对已获取到的知识进行结构化。结构化的核心目标是将非结构化的数据结构化，并使用计算机可读的知识表示方法进行表示。该阶段的任务可以分为两部分：知识抽取和知识结构化的表示。知识抽取部分主要负责对非结构化或半结构化的知识（通常为自然语言或接近自然语言）进行抽取，并为后续的知识表示提供便利。根据我们对 RDF 与 OWL 等知识表示语言的了解，通常可以将自然语言以三元组的结构重新组织，这样既方便了人的阅读，也降低了后续将知识通过 RDF 与 OWL 表示的难度。关于知识抽取的具体方法与使用可参阅后续章节。

在知识抽取得到结构化数据后，我们还需要将其转换成计算机可读的形式，一种常见的做法是构建本体，并将知识保存为 RDF 或 OWL 文件。在本节中我们将给出一种本体构建的方法，并在后续的章节中介绍如何具体实现本体构建。

前面第 1 章提过，本体的概念最早起源于哲学领域，主要研究与哲学意义上的"存在"直接相关的概念，以及与"存在"相关的关系。而在计算机和人工智能领域，一种简短的对本体的解释是，本体是一种对于现实世界概念化的规范，即知识的一种抽象模型，抽象了不同实体的特征并将其泛化成不同类和关系。在本体的构建方面，比较经典的方法包括 METHONTOLOGY 法 [4]、七步法 [17] 等，这些方法的产生通常来源于具体的本体开发项目。

下面我们就以 METHONTOLOGY 法为例，简要介绍本体构建的流程，在第 3 章中我们会使用七步法构建本体。整个本体构建过程将从产生非正式的规范开始，随着本体的不断演进最终发展出可被计算机理解的本体模型。在演进过程中，本体的形式化水平逐渐提高，最终可由机器直接理解。建立本体的第一步是确定建立本体的目的，包括本体的预期用户、使用场景及本体涉及的范围等要素。这一步的重要性在于从多个维度确定了构建本体的条件与前提。在第一步完成后，通常会输出一个描述本体规范的文档。在当前阶段，这样的规范可以是任何形式，包括正式的或非正式的，并且可以使用自然语言描述。在规定了本体的目的和范围等要素后，第二步则需要进行知识获取。通常情况下，这些知识可以来源于互联网，也可以来源于专家或其他途径。在大多数情况下，知识获取可以和第一步同时进行，即在设计本体的同时根据设计方案尽可能多地获取数据，当本体规范文档输出后，再根据该文档筛选出对本体构建至关重要的数据。在 METHONTOLOGY 法的第三步，需要对本体进行概念化。这一步的目的是组织和结构化外部源获取到的知识。根据第一步指定的规范，在这一步需要进一步对获取到的外部知识进行抽象和汇总，提取出概念、类、关系等抽象关系作为知识的中间表示，可以使用基于表格或图形的方法对这些中间表示进行存储和展现。这些中间表示需要同时被领域专家和开发人员理解。第四步，为了使得当前构建的本体与其他本体融合与共享，需要尽可能集成已有本体。在集成过程中，可以借鉴已有本体的某些定义，使新建立的本体与已有本体保持一致。第五步，使用形式化语言实现该本体,即使用形式化语言进行表示。举例来说,可以使用前文提到的 RDF 与 OWL 等形式化语言表示本体。在这一步中输出的本体形式化表示应当是可被计算机理解和存储的。当完成本体的形式化表示后,需要对构建好的本体进行评估,这是 METHONTOLOGY 法构建本体的第六步。这一步的重要性在于识别本体中存在的冗余、不完备与不一致,以便对本体进行优化来提升本体的质量。接下来即可将上述每一步的成果整理成文档并保存,这也是 METHONTOLOGY 法构建本体的最后一步。通过将构建本体的过程文档化,可以对整个本体构建过程进行反思与复盘,以便在后续需要维护时快速进入本体的下一个生命周期。

2.2 知识抽取与知识挖掘

本节我们也将从概念及常用方法入手,介绍知识抽取与知识挖掘的相关内容。

2.2.1 知识抽取

知识抽取是指从不同来源、不同结构的数据中,利用实体抽取、关系抽取、事件抽取等抽取知识的技术。知识抽取技术是知识图谱构建的基础,也是大数据时代的自然产物。随着互联网信息爆炸式增长,人们需要这样一种从原始数据中提取高价值信息的方法,而知识抽取技术在其中发挥了重要作用。知识抽取的应用领域非常广泛,例如恐怖袭击预警、空难事故调查、疾病爆发预测等。以恐怖袭击预警为例,通过知识抽取,可以抽取出恐怖事件的详细信息,包括时间、地点、嫌疑人、受害人、袭击目标、武器装备等,从而构建反恐语料库,为预测未来可能发生的恐袭提供参考。

1. 知识抽取数据来源

知识图谱的数据来源按照结构的不同,可以分为三大类,分别是结构化数据、半结构化数据和非结构化数据,不同类型的数据,知识抽取方法也不同。

图 2-3 给出了针对不同数据类型采用的不同抽取方法,下面分别加以介绍。

（1）结构化数据的抽取

结构化数据主要分为两类,分别是关系数据库和链接数据。针对关系数据库,可以采用标准化方法,如直接映射⊖和 R2RML ⊜,将其映射为 RDF 格式数据。直接映射的本质是通过编写启发式规则,把关系数据库中的表转换为 RDF 格式三元组;R2RML 是一种将关系

⊖ https://www.w3.org/TR/rdb-direct-mapping/。
⊜ https://www.w3.org/TR/r2rml/。

数据库数据映射到 RDF 数据的语言，可以定制映射，因此更为灵活。抽取关系数据库的难点在于对复杂表数据的处理，如嵌套表。针对链接数据，需要从中（通常是已有的通用知识图谱）抽取出一个子集，形成领域知识图谱。主要实现方式是图映射，即将通用知识图谱映射到定义好的领域知识图谱模式上，该方法的难点是数据对齐问题。表 2-2 展示的是部分人物的结构化数据表。

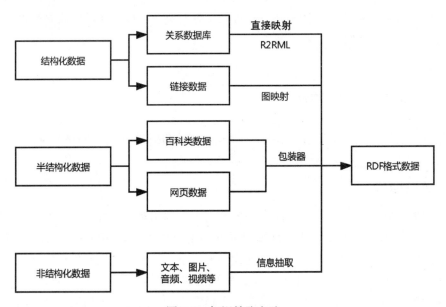

图 2-3 知识抽取方法

表 2-2 结构化数据示例

姓名	国籍	民族	出生地	职业
雷军	中国	汉族	湖北省仙桃市	企业家
林斌	中国	汉族	广东省广州市	企业家
马云	中国	汉族	浙江省杭州市	企业家
马化腾	中国	汉族	广东省	企业家
李彦宏	中国	汉族	山西省阳泉市	企业家

直接映射的映射方式，是将关系数据库中的表转换成一个 RDF 类，表中的每个字段（列）转换成一个 RDF 属性，表中的每一行转换成一个 RDF 资源，表中的单元格转换成一个字面值，因此表 2-2 可以转换成一个"人物"类，"姓名""国籍""民族"等字段可以转换成人物类的属性，每一行描述人物的所有属性，而每一行中具体的值就表示相应的属性值，如人物"雷军"，包含"职业"属性，属性值就是"企业家"。

R2RML 映射分为三元组映射（TriplesMap）、主语映射（SubjectMap）、谓语宾语映射（PredicateObjectMap），其中谓语宾语映射又分为谓语映射（PredicateMap）、宾语映射（ObjectMap）和引用宾语映射（RefObjectMap），一个三元组映射也可包含图映射（GraphMap）。三元组映射将结构数据表中的每一行映射成一系列 RDF 三元组，如三元组（雷军，国籍，中国），（雷军，职业，企业家）等；主语映射从结构化数据表中生成三元组的主语，如雷军、林斌、马云等，谓语映射从结构化数据表中生成三元组的宾语，如姓名、国籍、民族等，宾语映射从结构化数据表中生成三元组的宾语，如中国、汉族、企业家。

（2）半结构化数据的抽取

半结构化数据主要分为两类，分别是百科类数据和普通网页数据。

对于百科类数据，例如维基百科、百度百科，其知识结构较为明确，一般以"键值对"的形式出现，易于抽取。在百度百科中检索"小米科技"的半结构化数据结果如图 2-4 所示。基于这类数据，已经形成较为成熟的知识图谱，例如 DBpedia ⊖ 和 Zhishi.me ⊖，其中 DBpedia 抽取了维基百科的知识，Zhishi.me 则融合了百度百科、互动百科和中文版维基百科页面的知识。

公司名称	北京小米科技有限责任公司 [9]	年营业额	1749.2亿元（2018年）[7]
外文名称	MI	员工数	约14000人（2017年）[11]
所属行业	互联网	董事长兼CEO	雷军
总部地点	北京市西二旗中路西侧，小米科技园	总　裁	林斌
成立时间	2010年3月	市　值	4309.64亿 [12]
经营范围	电器，数码产品及软件	股票代码	01810 [12]
公司类型	有限责任公司	企业类型	民营企业
公司口号	探索黑科技，小米为发烧而生 [10]	世界500强	468（2019年）[8]

图 2-4　半结构化数据示例

对于普通网页数据，通用的抽取方法为包装器。包装器是一类能够将数据从 HTML 网页中抽取出来，并将其还原为结构化数据的技术。包装器的实现方式主要有三种，分别是手工方法、包装器归纳和自动抽取。使用包装器提取结构化数据的流程如图 2-5 所示，其中，包装器归纳是一种监督学习方法，可以从已标注的数据集中学习抽取规则，应用于具有相同标记或者相同网页模板的数据抽取。自动抽取方法是先对一批网页进行聚类，得到具有相似结构的若干个聚类群，再针对每个群分别训练一个包装器，其他的待抽取网页经过包装器后会输出结构化数据。

⊖ https://wiki.dbpedia.org/。

⊖ http://zhishi.me/。

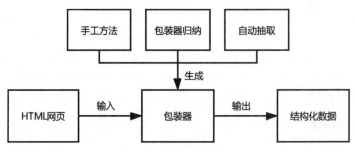

图 2-5　包装器数据提取流程

（3）非结构化数据的抽取

非结构化数据，典型的有文本、图片、音频、视频等，它们占据了互联网数据中的绝大部分。在百度百科中检索"小米科技"的非结构化数据结果如图 2-6 所示。现阶段，我们更多是从文本这类非结构化数据中抽取知识，实现该任务的技术被统称为信息抽取。信息抽取与知识抽取的区别在于信息抽取专注于非结构化数据，而知识抽取面向所有类别的数据。信息抽取于 20 世纪 70 年代后期出现在自然语言处理领域，目标是自动化地从文本中发现和抽取有价值的信息，并需要从多个文本碎片中整合信息。文本信息抽取主要由三个子任务构成，分别是实体抽取、关系抽取和事件抽取。知识图谱以图模型进行表示时，实体抽取产生的实体便是结点，关系抽取产生的关系为结点之间的连接边，因此关系抽取在知识图谱领域非常重要。

北京小米科技有限责任公司成立 [1] 于2010年3月3日 [2]，是一家专注于智能硬件和电子产品研发的移动互联网公司，同时也是一家专注于高端智能手机、互联网电视以及智能家居生态链建设的创新型科技企业。[3] 小米公司创造了用互联网模式开发手机操作系统、发烧友参与开发改进的模式。小米还是继苹果、三星、华为之后第四家拥有手机芯片自研能力的科技公司。

图 2-6　非结构化数据示例

2. 知识抽取任务

上面提到文本信息抽取主要由三个子任务构成，下面分别介绍实体抽取、关系抽取和事件抽取时用到的相关技术。

（1）实体抽取

实体抽取，指的是抽取文本中的原子信息，形成实体结点。举个例子，假设要抽取的文本为："8 月 27 日，亚冠联赛四分之一决赛首回合开战，上海上港坐镇主场迎战日本浦和红钻。"

文本中包含的实体有 8 月 27 日、亚冠联赛、上海上港、日本浦和红钻。该问题可以转化为序列标注问题，可考虑的特征包括词本身的特征，如词性；词的前后缀特征，如地名中出现的行政单位"省""市""县"等；字本身的特征，如是否为数字。可选择的模型包括隐马尔可夫模型（HMM）、条件随机场（CRF）模型、神经网络模型等，目前流行的方法是将传统的机器学习模型与深度学习相结合，如利用长短期记忆（LSTM）模型进行特征自动提取，再结合 CRF 模型，利用模型各自的优势，以达到更好的抽取效果。

① 基于规则和词典的抽取方法

早期的实体抽取大多基于规则模板，一般由领域专家或语言学家手工编写抽取规则。规则可以选用的特征包括词形特征、词性特征、词所属的类别特征等。该方法要求编写人员具备丰富的领域知识和语言学知识，以及强大的归纳总结能力。基于规则的抽取方法往往具有较高的精度，但是召回率偏低，规则的扩展性和移植性较差，且成本较高。

基于实体词典的抽取方法采用字符串匹配的方式抽取实体，匹配规则包括基于正向最大匹配方法、基于逆向最大匹配方法等。该方法受词典大小和质量的影响，抽取的准确率较高，但是无法做新词发现，且通用域的实体繁多，难以构建完备的实体词典库。配合抽取规则，可用于特定领域的实体抽取。

② 基于统计学习的抽取方法

鉴于实体抽取问题可以看作一种序列标注问题，使用特定的标注规范，对文本中的每个字标注序列标签。因此基于统计学习的实体抽取方法需要预先标注部分语料，通过标注语料，利用统计方法，训练出一个可以预测文本中各个片段是否为实体的概率模型，训练出的模型可用于预测未标注数据的实体抽取。可选择的模型主要包括隐马尔可夫模型、条件随机场模型等。

隐马尔可夫模型是一种有向图模型，由一个隐藏的马尔可夫链随机生成隐藏的状态随机序列（每个字对应的标注），再由各个状态生成一个可观察的状态随机序列（由字组成的序列）。隐马尔可夫模型由初始状态概率矩阵、状态转移概率矩阵和观测概率矩阵三要素组成。

- ❑ 初始状态概率矩阵：将每一个标注作为句子第一个字的标注概率组成初始状态概率矩阵。
- ❑ 状态转移概率矩阵：由某一个标注转移到下一个标注的概率构成状态转移概率矩阵。
- ❑ 观测概率矩阵：在某个标注下，由生成某个词的概率构成观测概率矩阵。

在训练过程中，通过最大似然估计方法估计模型三要素。对于给定的预测数据，输出每个字对应的标注。隐马尔可夫模型的训练和识别速度较快，但由于模型认定观测到句子中的每个字都相互独立，因此模型预测效果相对较差。

条件随机场模型是在给定一组输入随机变量条件下另一组输出随机变量的条件概率分布模型，适用于序列标注问题。与隐马尔可夫模型的假设不同，条件随机场模型假设当前的观测序列与前后多个状态相关，能够提取更多的特征。给定模型训练数据，条件随机场模型便可为实体抽取提供一个特征灵活、全局最优的标注框架，但也存在收敛速度慢、训练时间长等问题。

③ 混合抽取方法

前文提到，目前实体抽取的主流方法是将机器学习模型与深度学习相结合，如 LSTM-CRF 模型，该模型由 Guillaume Lample 等人首次提出 [5]。如图 2-7 所示，LSTM-CRF 模型分为三层，分别是 Word Embedding 层、Bi-LSTM 层和 CRF 层。Word Embedding 层通过预训练或随机初始化生成句子中每个词的向量表示。Bi-LSTM 层可以提取和利用词的上下文信息，是字符级别的特征。在接收上一层生成的向量后，Bi-LSTM 模型将正向 LSTM 生成的向量和反向 LSTM 生成的向量进行拼接，得到每个词的向量形式，并将结果输入 CRF 层。CRF 层会对从 Bi-LSTM 层提取到的特征及标签信息建模，并对句子中的实体做序列标注。实验结果表明 [5]，LSTM-CRF 模型的预测效果已经达到或者超过了条件随机场模型，成为目前实体抽取任务的主流模型。

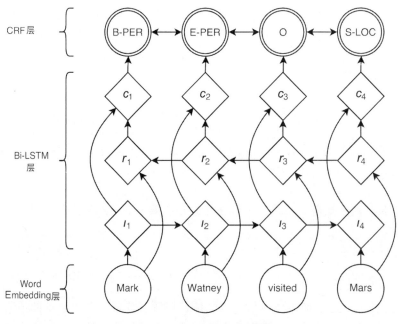

图 2-7　LSTM-CRF 模型

（2）关系抽取

关系抽取，指的是从文本中抽取出两个或者多个实体之间的语义关系，例如："雷军，他是中国著名企业家，小米科技的创始人。"

从文本中抽取的关系为"创始人（小米科技，雷军）"。该文本还涉及了知识抽取的另一个子问题，即共指消解，在上述例子中，"他"指代"雷军"。主流的关系抽取方法主要有三种：基于规则的抽取方法、监督学习方法和半监督学习方法。下面分别做简单介绍。

① 基于规则的抽取方法

基于规则的抽取方法的准确性较高，但是覆盖率低，维护和移植相对困难，且编写抽取模板需要投入较多人力和专家知识。目前有两种基于规则的抽取方法，分别是基于触发词的关系抽取方法和基于依存句法分析的关系抽取方法。

对于基于触发词的关系抽取方法，首先需要定义一套抽取模板，模板从待抽取的文本中总结得出，如：小米科技创始人雷军；阿里巴巴创始人马云。通过这两条文本信息可以编写出基于触发词的模板：X 创始人 Y。触发词是"创始人"，通过触发词抽取关系，同时通过实体抽取确定关系两边的词为关系的参与实体。

对于基于依存句法分析[⊖]的关系抽取方法，首先通过依存句法分析器对句子进行预处理，包括分词、词性标注、实体抽取和依存句法分析等，然后对规则库中的规则进行解析（这些规则都经过人工定义），将依存分析得到的结果与规则进行匹配，每匹配一条规则即可得到一个三元组结构数据，再根据扩展规则对三元组结构数据进行扩展，进一步处理以得到相应语义关系。

② 监督学习方法

与预先人工定义和手动创建抽取模板的形式不同，监督学习方法旨在通过部分标注数据，训练一个关系抽取器。标注数据需要同时包含关系以及相关实体对。

基于监督学习的关系抽取可以看作一个分类问题。对于某一特定关系，先训练一个二分类器，该分类器用于判断一段文本中提及的实体是否存在关系，再训练一个多分类器，用于判定实体对之间的具体关系。首先通过二分类器判断候选文本中的实体是否存在关系，若存在，则输入到多分类器中，输出实体对的关系类别。该方法的优点是通过排除多数不存在关系的文本，加快分类器的训练过程。关系分类器中需要使用大量预定义的特征，这些特征包括但不限于实体对的类型、实体对之间的距离、实体对之间的单词序列、单词之

⊖ 所谓依存句法分析，就是将句子解析成一棵依存句法树，用树的形式描述句子中各个词之间的依存关系，即词语在句法上的相互关系。

间的依存关系等。

基于监督学习的关系抽取也存在一些缺点，如：好的分类器需要较多的特征，特征构建较为困难；难以获取大量的标签数据，而训练数据集的大小和质量决定了监督学习的效果。鉴于获取大量标签数据的成本较高，可以考虑用与半监督学习方法相结合的方式获得标签数据。

③半监督学习方法

这里主要介绍两种半监督学习方法：基于种子数据的启发式算法和远程监督学习方法。

基于种子数据的启发式算法需要预先准备一批高质量的三元组结构数据，如：<"小米科技"，"创始人"，"雷军">。然后以这批种子数据为基础，去匹配语料库中的文本数据，找出提及实体对和关系的候选文本集合，对候选文本进行语义分析，找出一些支持关系成立的强特征，并通过这些强特征去语料库中发现更多的实例，加入种子数据中，再通过新发现的实例挖掘新的特征，重复上述步骤，直至满足预先设定的阈值。

上述方法从一个小的种子库入手，不断迭代扩大，每次迭代均需要从文本中提取特征，但该方法对初始种子数据敏感，且容易产生语义漂移现象。为了在短时间内产生大量的训练数据，可以使用远程监督方法，该方法利用已有的知识库对未知的数据进行标注。假设知识库中的两个实体存在某种关系，则远程监督方法会假设包含这两个实体的数据都描述了这种关系。但实际上，很多文本中的候选实体对并不包含该关系，此时可以通过人工构建先验知识缩小数据集范围，也可以引入注意力机制对候选文本赋予不同权重。最后从候选文本中抽取特征，训练关系抽取的分类器，并与监督学习结合进行关系抽取。

远程监督方法不需要用迭代的方式获得数据和特征，是一种数据集扩充的有效方法。例如，从知识库中获取了三元组：<"小米科技"，"创始人"，"雷军">。远程监督方法会假设包含这两个实体的数据都描述了这种关系，因此可以在短时间内获得大量标注数据。在没有高质量的现成标注数据的情况下，使用远程监督方法扩大标注数据是一种行之有效的方法。但远程监督不适用于多关系抽取，而是更多适用于特定关系抽取领域。

（3）事件抽取

事件抽取，指的是从自然语言中抽取出用户感兴趣的事件信息，并以结构化的形式存储，目前在自动问答、自动文摘、信息检索领域应用较为广泛。事件通常包含时间、地点、参与角色等属性信息，事件可能因为一个或者多个动作的产生或者系统状态的改变而发生，不同的动作或者状态的改变属于不同的事件，如"马云担任阿里巴巴董事局主席"和"马云卸任阿里巴巴董事局主席"就属于两个事件。事件抽取任务包括事件发现，识别事件触发词及事件类型；事件元素抽取，抽取事件元素并判断元素扮演的角色；抽取描述事件的词组或句子等。事件抽取分多个阶段进行，因此可以将问题转化为多阶段的分类问题。不同阶段分别训练不同分类器，包括判断词汇是否是事件触发词的分类器；判断词组是否是事件元素的分类器；判断元素的角色类别的分类器等。根据事件的相关定义，事件抽取任务可分为元事件抽取和主题事件抽取两类，下面分别介绍。

① 元事件抽取

元事件表示一个动作的发生或者状态的改变往往由动词或者表示动作的名词或其他词性的词触发，它由参与该动作的主要成分构成，如人物、时间、地点等[6]。元事件抽取主要有模式匹配和机器学习两种方法。

所谓模式匹配，即在模式指导下识别和抽取事件，关键在于抽取模式的构建。模式可以通过人工构建的方式构建，但要求构建人员具有较高的专业知识，且抽取效果也高度依赖人工编写的句型模板。模式也可以通过模型自动学习生成，但基于模式的元事件抽取方法存在维护和移植困难的问题，构建成本高。

基于机器学习的元事件抽取将抽取任务转化为一个多个阶段的分类问题，每个阶段需要训练一个分类器，文本数据按照顺序进入各分类器，最后输出事件实例，核心在于分类器的构造以及特征的选择。需要训练的分类器包括判断词汇是否是事件触发词的分类器，如果词汇是事件触发词，同时确定事件类型；判断词组是否是事件元素的分类器；判断元素的角色类别的分类器；判断事件属性的分类器以及输出结果价值分类器。该方法虽不依赖于语料的内容，但需要大量的训练数据，所以为了减少训练数据，可以结合远程监督方法进行事件抽取。如初始利用部分种子数据，训练一个分类器，通过 bootstrapping 的方式做事件抽取。

② 主题事件抽取

上述元事件抽取停留在句子层级，由一个动作或状态的改变而触发，而主题事件往往由多个动作或状态组成，分散在多个句子或文档中。因此，主题事件抽取的关键在于如何识别描述同一个主题的文档集合，并将其归并到一起。主题事件抽取分为基于事件框架的主题事件抽取和基于本体的主题事件抽取[6]。

基于事件框架的主题事件抽取需要定义一个层次分明的框架，框架的科学定义是关键。框架的每一层代表事件的一个方面，如时间、地点等，通过框架来概括事件信息。由于主题事件由多个句子或文档组成，因此可以将主题事件看作一个以框架为分类体系的元事件的集合，可以采用基于语义角色⊖的方法抽取各个元事件。例如某新款手机发布事件，事件

⊖　语义角色是指一个句子中与谓语搭配的词在动词或表示动作的词所指事件中担任的角色，包括施事者、受事者、客体、经验者、受益者、工具、目标和来源等。

框架可以定义为发布时间、发布地点、发布机型以及价格等直接与发布会相关的信息，同时可以定义对消费者的影响、对其他手机厂商的影响等间接信息，通过事件框架对一个主题事件进行层次化表示，抽取各个方面的信息，完成主题事件的抽取。

基于本体的主题事件抽取中的本体是形式化的、对于共享概念体系的明确而又详细的说明，目标是获得领域知识，形成领域知识的共同理解。基于本体的抽取技术，需要根据本体描述的概念、关系、层次结构和实例，抽取文本中包含的事件信息，主要分为三个步骤：领域本体构建，基于领域本体的文本内容的自动标注以及基于语义标注的事件抽取[6]。

2.2.2 知识挖掘

知识挖掘是指从文本或者知识库中挖掘新的实体或实体关系，并与已有的知识相关联的过程。知识挖掘分为实体链接与消歧、知识的规则挖掘两部分。

1. 实体链接与消歧

实体链接是指从自然语言文本中的实体指称⊖映射到知识库对应的实体的过程。例如有一个文本 "2019 年 7 月 22 日，《财富》杂志发布 2019 世界 500 强企业排行榜。小米首次登榜，排名 468 位。"，需要将文本中的实体指称 "财富" "小米" 分别映射到已经构建好的知识库的实体上。但由于知识库中的实体繁多，容易出现同一个实体名包含多个实体或多个实体名指向同一个实体的情况，需要对实体做消歧处理。在上例中，实体指称 "财富" 可能对应知识库中多个同名实体，正确的链接是世界著名财经杂志《财富》，而非美国 1999 年拍摄的电影《财富》以及其他实体；同样，实体指称 "小米" 需要链接到知识库中的 "北京小米科技有限责任公司"，而非人们日常食用的粮食小米等其他实体上。

实体链接与消歧的基本流程分为实体指称识别、候选实体生成和候选实体排序三个步骤[7]，下面分别介绍。

（1）实体指称识别

实体指称识别与知识抽取中的实体抽取相同，可以使用基于规则和词典的抽取方法，通过构建抽取模板或者实体字典来识别实体指称，也可以使用基于统计学习的抽取方法，将实体指称识别看作序列标注问题，使用经典的 HMM、CRF 算法解决，还可以使用如 LSTM-CRF 的混合抽取方法来识别文本中的实体指称。

（2）候选实体生成

候选实体生成，即由文本中识别的实体指称生成可能链接的候选实体集合，目前有三

⊖ 一个实体的指称是指在具体上下文中出现的待消歧实体名。

种常用的生成候选实体的方法，分别是基于实体指称字典的生成方法、基于搜索引擎的生成方法、基于实体指称表面扩展的生成方法。

基于实体指称字典的生成方法是目前候选实体生成的主要方法，被大多数实体链接系统所采用。实体指称字典映射表如表 2-3 所示，表达了实体指称到候选实体的映射关系，一个实体指称可以对应一个或多个知识库中的候选实体。一个完整的字典映射表，可以获得实体指称的所有候选实体。可以基于维基百科或百度百科等百科类网站构建实体指称映射表，这些网站提供了一组用于生成候选实体的实用功能，如实体页面、重定向页面、消歧页面以及实体详细介绍页中的部分实体的超链接，通过这些功能，可以生成实体指称的候选实体列表。

表 2-3　实体指称字典映射表

实体指称	候选实体
财富	财富（世界著名财经杂志） 财富（美国 1999 年电影） 财富（汉语词语、经济学名词） ……
小米	北京小米科技有限责任公司 小米（禾本科狗尾草属一年生草本） 小米（电视剧《武林外传》中人物） ……

基于搜索引擎的生成方法旨在通过搜索引擎（如 Google、百度等）搜索 Web 信息来识别候选实体。在搜索引擎的中搜索实体指称，并将前 N 个返回结果中包含维基百科页面或百度百科页面的搜索结果放入候选实体中。

对于基于实体指称表面扩展的生成方法，由于某些实体指称是首字母缩略词或其全名的一部分，因此可以使用表面扩展技术提取出可能的候选实体。如部分实体链接系统使用表面扩展技术从出现实体指称的关联文档中识别其他可能的扩展形式，再通过这些可能的扩展形式生成候选实体，生成方式可以使用启发式算法或监督学习方法。引用百度百科中对清华大学的一个介绍："清华大学（Tsinghua University），简称'清华'，是中华人民共和国教育部直属的全国重点大学。"⊖可以发现，实体指称"清华"可以通过表面扩展方法得到候选实体"清华大学"。

（3）候选实体排序

生成候选实体集合后，集合中往往还包含多个候选实体，需要对其进行排序，筛选出实体指称真正指代的实体。按照是否需要标注数据可将候选实体排序方法分为基于监督学

⊖ https://zh.wikipedia.org/wiki/ 清华大学。

习的排序方法和无监督学习的排序方法两种。

基于监督学习的候选实体排序方法又可分为基于二分类模型的方法、基于排序模型的方法和基于图的方法。

❑ 基于二分类模型的方法是将候选实体的排序问题转化为二分类问题，通过训练一个二元分类器确定实体指称是否指向候选实体，若分类器判断候选实体是实体指称真实指代的实体，则标记为"正"，否则标记为"负"，当出现多个标记为正的候选实体时，可以通过引入置信度的方法选择置信度最高的候选实体作为真实指代的实体。分类器模型可选用支持向量机模型、朴素贝叶斯模型或 K 近邻模型。

❑ 基于排序模型的方法是利用学习排序框架对候选实体排序，该方法会统一处理同一实体指称的所有候选实体，并构建排序模型，而非像二分类器那样单独考虑。训练数据需要对每个实体指代的所有候选实体排序，并把正确指代的实体排在第一位。

❑ 基于图的方法使用了基于图的协同实体链接模型，该模型会综合考虑实体的重要程度、文本上下文相似性以及映射实体之间的一致性这三个特征，以建立实体指称与候选实体之间的图模型。该图以实体指称和候选实体为结点，实体之间通过带权重的无向边连接。给定这个无向图，目标是构建一个稠密的子图，子图包含实体指称和真实指代实体之间的连接关系，抽取连接关系，即可得到实体指称真实指代的实体。

无监督学习的候选实体排序方法又可分为基于向量空间模型（Vector Space Model）的方法和基于信息检索的方法。

❑ 基于向量空间模型的候选实体排序方法根据文本表层信息度量相似度，考虑实体指称上下文和候选实体上下文，将实体指称和候选实体用向量形式表示，并计算它们之间的相似性，然后选择相似性最高的候选实体作为实体指称真实指代的实体。

❑ 基于信息检索的候选实体排序方法，其每个候选实体可作为被索引的独立文档，针对实体指称，从实体指称本身以及上下文中生成搜索查询。通过搜索查询检索候选实体，返回相关分数最高的候选实体，作为实体指称真实指代的实体。

2. 知识规则挖掘

知识规则挖掘是对知识结构的挖掘，可以针对现有的知识体系，利用部分规则，挖掘出新的知识，如挖掘新的实体、关联关系等。知识规则挖掘分为基于关联规则的挖掘和基于统计关系学习的挖掘。

（1）基于关联规则的挖掘

关联规则（Association Rule）是形如 $X \rightarrow Y$ 的蕴含表达式，其中 X 和 Y 是不相交的两

个项集。其强度可以用支持度（Support）和置信度（Confidence）来衡量。$X \rightarrow Y$ 的支持度表示集合 X 与集合 Y 中的项同时出现的个数与总个数的比值，$X \rightarrow Y$ 的置信度表示集合 X 与集合 Y 中的项同时出现的个数与集合 X 个数的比值。如图 2-8 所示，方框表示实体结点，椭圆框表示类别，X 表示"中国企业家"类别，Y 表示"企业家"类别，结点"雷军""马云""马化腾"属于"中国企业家"类别，同时他们和"蒂姆·库克""比尔·盖茨"又同属于"企业家"类别，类别 X 与类别 Y 同时包含的实体数量为 3 个，分别是"雷军""马云""马化腾"，总实体数量为 5 个，因此支持度（中国企业家→企业家）=3/5=0.6。而类别"中国企业家"的总实体个数为 3 个，置信度（中国企业家→企业家）=3/3=1，因此关联规则 $X \rightarrow Y$ 的支持度为 0.6，置信度为 1。

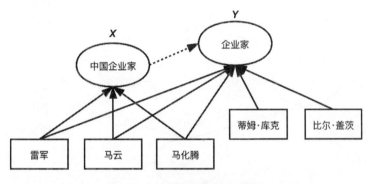

图 2-8　基于关联规则的挖掘

基于关联规则的挖掘是挖掘知识库中类别与类别之间的某种潜在联系，所发现的联系可以用关联规则或者频繁项集来表示。具体包含两个步骤，首先需要从知识库中找出所有频繁项集，然后从这些频繁项集中挖掘出关联规则，当规则的支持度和置信度均满足阈值，就可以认定该规则为强相关规则。基于关联规则的挖掘可以帮助知识图谱挖掘本体层面概念之间的关联关系。在上例中，假设关联规则：X（中国企业家）$\rightarrow Y$（企业家）的支持度和置信度阈值均设置为 0.6，如图 2-8 所示，通过计算得到支持度（中国企业家→企业家）=0.6，置信度（中国企业家→企业家）=1，满足阈值要求，所以可以认为类别"中国企业家"和"企业家"存在强关联，"中国企业家"是"企业家"的子类。

（2）基于统计关系学习的挖掘

基于统计关系学习的挖掘，是利用知识库中已知的三元组，通过统计关系学习，对未知三元组成立的可能性进行预测，可用于完善现有的知识图谱。该方法的输入为已知的实体集合、关系集合和三元组集合，待预测的实体对，给定关系，输出为目标实体对在给定关系下成立三元组的置信度。当预测的三元组置信度超过设定的阈值时，就可以认为关系成立，生成新的三元组。

以图 2-9 为例，假设图谱中已知结点"黎万强"和"企业家"之间存在 isA 的关系，同时还知道结点"林斌"和"企业家"之间也存在 isA 的关系，需要预测结点"雷军"和"企业家"之间是否存在 isA 关系。通过图谱可以知道"雷军"和"黎万强"，"雷军"和"林斌"是合伙人的关系，结点"雷军"通过"黎万强"和"林斌"可以到达结点"企业家"，通过赋予各条可达边关系的不同权重值，加权求出预测关系的置信度，当预测的置信度超过设定阈值时，可以推断出结点"雷军"和"企业家"之间存在 isA 关系。

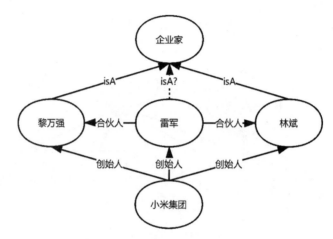

图 2-9　基于统计关系学习的挖掘

2.3　知识存储与知识融合

本节首先介绍知识存储的概念及分类，然后详细讲解知识融合的几种方法。

2.3.1　知识存储

知识存储是考虑业务场景及数据规模等条件，选择合适的存储方式，将结构化的知识存储在相应数据库中的过程，它能实现对数据的有效管理和计算。按照存储结构可将知识存储分为基于表结构的知识存储和基于图结构的知识存储两种类型，如图 2-10 所示。

1. 基于表结构的知识存储

基于表结构的知识存储，是指将知识图谱中的数据存储在二维的数据表中，根据表的不同设计原则，分为关系数据库、三元组表和类型表，下面分别介绍。

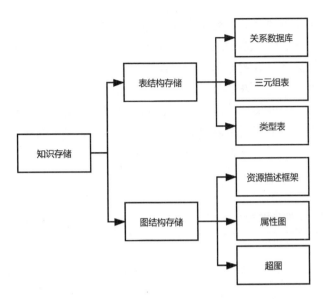

图 2-10　知识存储类型

（1）关系数据库

表 2-4 为人物属性关系数据库，表中的每一列称为一个属性或字段，用来描述实体集的某个特征，如姓名、性别、年龄等人物属性。表中的每一行表示一个元组，它由一个实体的相关属性的取值构成，可相对完整地描述这个实体。

表 2-4　人物属性关系数据库

姓名	性别	年龄	星座	血型	出生地
张三	男	25	双鱼座	O 型	上海
李四	男	36	天秤座	B 型	山东
王五	女	14	巨蟹座	AB 型	河北

（2）三元组表

以资源描述框架三元组为单元进行存储，三元组表分为三列，分别代表三元组中的 Subject、Predicate、Object 三个元素，每一行代表一组三元组信息，为（实体，关系，实体）或（实体，属性，属性值）。该存储方式简单直接，扩展性强，但是由于图谱数据全部存储在一张表中，查询、修改、删除等操作的开销较大。

（3）类型表

在构建数据表时，考虑了知识图谱的类别体系。每个类型的数据表只记录属于该类型的特有属性，而不同类别的公共属性则保存在上一级类别对应的数据表中，下级表继承了上级表的所有属性。表2-5和表2-6展示了人物和公司的类型表，每一行表示一个实体，每一列表示实体的一个属性。以雷军为例，当他作为人物时，拥有出生日期、出生地等公属性；当他作为企业家时，拥有现任公司职务、主要成就等属性；当他作为政治人物时，拥有第十三届全国人大代表的属性，而作为企业家和政治人物的雷军又同时继承了他作为人物时的属性。类型表解决了三元组表单表数据过大、结构简单的问题，但类型表的多表连接操作开销很大，例如公司表与人物表连接，产生人物在公司中任职的关系。当数据的类型较多时，难以对大量的数据表进行管理。

表2-5　人物类型表

姓名	出生日期
雷军	1969年12月
林斌	1968年2月
黎万强	1977年8月

表2-6　公司类型表

公司名	成立时间
小米科技	2010年3月
华为	1987年
阿里巴巴	1999年9月

2. 基于图结构的知识存储

基于图结构的知识存储，即利用图数据库对知识图谱中的数据进行存储。图数据库是一个使用图结构进行语义查询的数据库。所谓语义查询，即允许进行关联和上下文性质的查询和分析，可以利用数据中包含的语法、语义和结构信息来检索显式和隐式派生的信息。图数据库起源于欧拉图理论，也可称为面向图的数据库或基于图的数据库。图数据库的基本含义是以"图"这种数据结构存储和查询数据。它的数据模型主要是以结点和边来体现，也可以处理键值对。图数据库是一种可视化的NoSQL数据库，支持数据的增加、删除、查询、修改等操作。优点是可以简单快速检索难以建模的包含复杂层次结构的数据。下面分别从图数据库的分类和常用图数据库展开介绍。

（1）图数据库的分类

图数据库分为三种，资源描述框架、属性图和超图，具体介绍如下。

① 资源描述框架

资源描述框架也称为RDF，是一种三元组数据模型，每一份知识可以被分解为三元组的（Subject，Predicate，Object）形式，也可通过图来展示。RDF图由结点和边组成，图中的内容由一系列三元组填充，在RDF图中表征为（结点，边，结点）的形式，资源对应为结点，并通过边将不同的资源连接起来形成语义网，前面2.1节中的图2-1就展示了一个RDF图。值得注意的是，RDF是一种数据模式，而不是序列化格式，具体的存储表示形式可以为 XML、Turtle 或 N-Triples。

② 属性图

属性图也称为带标签的属性图，由一组结点、关系、属性和标签组成。结点和关系都可以通过键值对的形式存储属性，结点之间相互独立，每个结点可能包含零个、一个或多个标签，具有相同标签的结点属于同一类型。关系通过边表示，每一条边都是有向边，分别连接起始结点和终止结点，因此属性图也是一种有向图模型。图 2-11 展示了一个人物—公司关系属性图，包含人物和公司结点，其中"人物"和"公司"分别为结点的标签，如左上角的人物结点表示雷军，包含姓名、民族、国籍等属性，公司结点表示小米科技，包含公司名称、总部地址、股票代码等属性，雷军创办小米科技，因此关系"创办"由"雷军"指向"小米科技"，同时关系包含属性"创办时间"。该表示方式简单直观，较好地描述了业务中包含的逻辑关系。

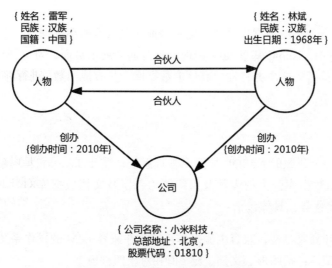

图 2-11   人物—公司关系属性图

③ 超图

超图是一种广义上的图，它的一条边可以连接任意数量的结点，超图的边称为超边，连接的结点用集合表示。图 2-12 是一个超图示例[注]，其中 $\{v_1, v_2, v_3, v_4, v_5, v_6, v_7\}$ 表示结点，$\{e_1, e_2, e_3, e_4\}$ 表示超边，每一块封闭区域内的结点和边表示和该超边连接的结点，如超边 e_1 连接了 $\{v_1, v_2, v_3\}$ 三个结点。由于超边可以连接两个以上的结点，因此超图可以解决标签网络中一条边包含多个结点的问题，也可以解决由简单图构成的图谱中的共指消解和分割等问题。

⊖ https://en.wikipedia.org/wiki/Hypergraph。

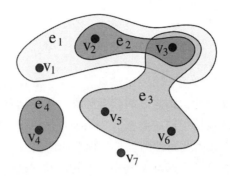

图 2-12　超图示例

（2）常用的图数据库介绍

下面介绍几种常用的图数据库。

① Neo4j⊖

Neo4j 是一个开源的图数据库系统，也是目前最受欢迎的图数据库。它将结构化数据存储在图上而不是表中。Neo4j 基于 Java 实现，具有前端展示页面，可以使用 Cypher 语言查询。Neo4j 是一个具备完全事务特性的高性能数据库，具有成熟数据库的所有特性。更多详细介绍可参见 3.3 节。

② OrientDB⊖

OrientDB 是一个开源的 NoSQL 数据库管理系统，基于 Java 语言实现。它是一个多模型数据库，兼具图数据库强大的表示及组织能力，以及文档数据库的灵活性和可扩展性。OrientDB 具有许多优势，具体包括：

- ❑ 快速安装和高兼容性，兼容主流操作系统或在兼容 JVM 的操作系统上运行；
- ❑ 支持多模型，包括图形、文档、键 / 值和对象四种模型；
- ❑ 支持许多高级特性，如快速索引、ACID 事务以及可扩展的 SQL 查询等；
- ❑ 支持 JSON 格式的数据导入和导出；
- ❑ 相比 MongoDB 是一个纯文档型数据库，OrientDB 是一个可扩展的文档—图形混合数据库；
- ❑ 与 Neo4j 相比，OrientDB 具有更快的计算速度，以及更高的灵活性。

⊖ https://neo4j.com。
⊖ https://orientdb.com。

③ HyperGraphDB

HyperGraphDB 是一个可用于通用环境下的强大存储系统，依托 BerkeleyDB 数据库的开源存储系统，相较于其他图数据库具有更强大的数据建模和知识表示能力。它可以提供持久性的内存模型用于知识管理、AI 和语义网络，同时也可作为 Java 项目的嵌入式面向对象数据库、图数据库或 NoSQL 数据库。

2.3.2　知识融合

知识融合，是通过高层次的知识组织，使来自不同知识源的知识在同一框架规范下进行异构数据整合、消歧、加工、推理验证、更新等步骤，达到数据、信息、方法、经验以及人的思想的融合，形成高质量的知识库。知识融合技术产生的原因，一方面是通过知识抽取与挖掘获取的结果数据中可能包含了大量冗余信息与错误信息，需要进行清理和整合；另一方面是由于知识来源的渠道众多，存在数据重复、质量参差不齐、关联不明确等问题。知识融合分为概念层知识融合和数据层知识融合，其中概念层知识融合主要研究本体匹配、跨语言融合等技术，数据层知识融合主要研究实体对齐等。

1. 概念层知识融合

当存在多个知识源时，每个知识源可能使用不同的分类体系和属性体系。概念层知识融合就是将这些不同的分类体系和属性体系，统一为一个全局的体系。如百度百科和维基百科针对同一实体在属性体系上的描述就不同。针对苹果公司总部这一属性，百度百科和维基百科分别将其描述为"总部地点"和"总部"；针对苹果公司创始人这一属性，百度百科和维基百科分别将其描述为"创始人"和"创办人"。

本体匹配是概念层知识融合的主要任务之一。本体匹配，是指建立来自不同本体的实体之间的关系，这些关系可以是实体间的相似值、模糊关系等。本体匹配的研究重点是如何发现异构本体间的匹配关系，这是实例共享、查询重写、本体集成等应用的基础。如不同本体中的概念"教师"和"老师"，虽然具有不同的名称，但是具有相同的含义和描述，需要建立这两个概念之间的匹配关系。按照匹配粒度来划分，本体匹配可分为元素层匹配方法和结构层匹配方法；按照本体特征来划分，本体匹配可分为基于文本的方法、基于结构的方法、基于实例的方法、基于背景知识的方法以及基于逻辑推理的方法[8]。

（1）基于文本的方法

基于文本的方法，是指通过本体的文本描述信息匹配本体。可以抽取两个本体的描述信息，通过计算相似度衡量两个本体是否匹配。根据相似度的不同计算对象，可以分为基于名称的方法和基于文档的方法。基于名称的方法，是指通过计算名称在词形或词义上的相似度来匹配本体；基于文档的方法，是把概念的描述信息看作一份"文档"，通过计算"文档"之间的相似度来匹配本体。如图2-13所示，本体①中的概念结点"教师"和本体②中的概念结点"老师"具有相同的标签、URI、描述，将这些描述信息看作"文档"，计算两者的相似性，高相似性的文本描述可以得到匹配的高置信度，因此可以认为"教师"和"老师"相匹配。

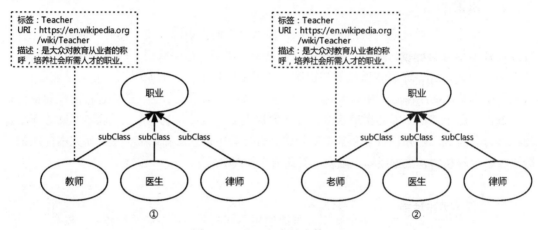

图 2-13　基于文本的本体匹配

（2）基于结构的方法

在某些情况下，本体的文本信息十分有限，无法通过文本信息判断两个本体的匹配关系，如图2-13中教师、医生、律师这三个本体概念。采用基于结构的方法可以有效弥补当前本体文本信息不够的问题，该方法利用本体概念间的结构信息来发现匹配，结构信息包括概念的上下位、同位相邻结点等信息。在图2-13中，本体①中的概念结点"教师"和本体②中的概念结点"老师"具有相同的父结点"职业"，相同的兄弟结点"医生""律师"，因此有较大概率相匹配。

（3）基于实例的方法

实例是本体概念的具体表现形式，基于实例的本体匹配方法旨在计算本体相似度时利用本体概念的实例作为相似度衡量的依据，该方法与前两种方法相比可靠性更高。基于实例的方法通过比较两个本体相同实例数量来计算本体之间的相似度，相似度越高，本体之间就越匹配。如图2-14所示，本体①中的概念结点"教师"和本体②中的概念结点"老师"具有相同的实例"李永乐"和"张宇"，因此可以认为这两个本体相互匹配的概率较大。

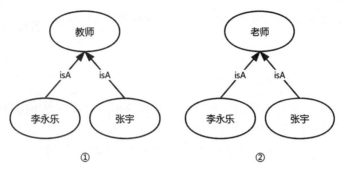

图 2-14　基于实例的本体匹配

（4）基于背景知识的方法

基于背景知识的方法通过查询外部资源发现匹配的本体，提高匹配精度，可以参考的外部资源包括通用词典、专业术语表、搜索引擎、维基百科等。通过外部资源，获得同级关系或者上下层关系的描述信息，提高对同义词以及同词不同义的挖掘能力，但是该方法严重依赖于背景知识的质量。如图 2-14 中的本体概念结点"教师"和"老师"，在中文维基百科中输入"老师"，会重定向到"教师"词条，说明这两个本体概念是同义概念。

（5）基于逻辑推理的方法

本体网络本身包含丰富的语义知识，通过对这些语义知识进行逻辑推理，可以发现未匹配的本体，也可以对初步匹配的本体做逻辑上的推断，剔除不一致的匹配项，提高匹配的准确性。如图 2-15 所示，通过实例匹配的方法，初步匹配了本体①中的实例"苹果"和本体②中的实例"苹果"，但是通过实例的概念我们可以知道，本体①中的概念"水果"和本体②中的概念"公司"不相交，因此可以认为本体①和本体②不匹配。

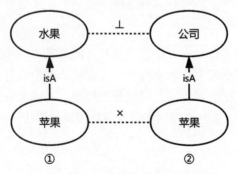

图 2-15　基于逻辑推理的本体匹配

跨语言知识融合是指将不同语言体系的知识融合到一个数据库中。可以提高不同语言之间链接数据的国际化以及实现世界范围内的知识共享。跨语言知识图谱的构建，可以方便开展跨语言信息检索、机器翻译、跨语言知识问答等任务的研究工作[⊖]。

2. 数据层知识融合

（1）实体对齐

实体对齐，也称为实体匹配或实体解析，是判断相同或者不同数据集中两个实体是否指向真实世界中同一对象的过程。如百度百科中的"北京小米科技有限责任公司"和中文维基百科的"小米集团"描述的是同一个对象，在做数据融合时需要对齐这两个实体。

目前实体对齐存在许多问题和挑战，是数据层知识融合研究的主要任务之一。尤其在大数据条件下，计算复杂度、数据质量和先验对齐数据的获取问题都需要根据知识库实际情况设计有效算法来解决。在算法层面，可以分为只考虑实例及其属性相似程度的成对实体对齐，以及在成对对齐基础上，考虑不同实例之间相互关系，计算相似度的集体实体对齐两类。

① 成对实体对齐

成对实体对齐根据技术方案的不同分为基于概率模型的成对实体对齐方法和基于机器学习的成对实体对齐方法。

基于概率模型的成对实体对齐方法不考虑实体间关系，只考虑实体属性之间的相似性。通过赋予不同属性不同的权重，基于属性相似度打分判断实体的匹配程度，将实体对齐问题转换为一个分类问题，建立实体对齐的概率模型。例如，百度百科实体"北京小米科技有限公司"和中文维基百科实体"小米集团"，两者的属性"股票代码"的值相同，属性"创始人"的值都为"雷军"，但是属性"公司类型"的值不同，由于"公司类型"包含的范围较大，而"股票代码"和"创始人"的范围较小，可以通过赋予"公司类型"属性较低的权重，赋予"股票代码"和"创始人"属性较高的权重，得到两个实体的高相似度和高匹配概率。

基于机器学习的成对实体对齐方法将实体对齐问题看作一个二分类问题，根据是否使用标注数据又可分为监督学习方法和无监督学习方法。基于监督学习的实体对齐需要预标注部分数据，通过标注数据抽取特征，训练分类模型，再通过分类模型对未标注数据做实体对齐的分类任务。基于无监督学习的实体对齐使用聚类算法，将相似的实体聚集到一起，再做实体对齐。

② 集体实体对齐

集体实体对齐方法分为基于相似性传播的集体实体对齐方法和基于概率模型的集体实

⊖ http://bj.bcebos.com/cips-upload/kg/ljz.pdf。

体对齐方法两种 [9]。

基于相似性传播的集体实体对齐方法，是指首先选取两个匹配的实体，根据相似度传播算法假设与这两个实体相连的具有相似命名的实体也具有较高的相似度，实体之间的相似性可以不断被传播，直至算法收敛或者达到设定的阈值。如图 2-16 所示，在数据融合过程中，已知百度百科中的"北京小米科技有限责任公司"和中文维基百科中的"小米集团"表示同一个实体，则与这两个实体具有"供应商"关系的另外两个具有相似名字的公司"欧菲光集团股份有限公司"和"欧菲光集团"将会被赋予较高的相似度，这个相似度又会对其他公司的匹配产生影响，如同样具有供应商关系的"华为技术有限公司"和"华为"，算法可以不断迭代匹配，直到收敛或达到设定阈值后停止。但由于该方法容易产生语义漂移现象，使用时需要添加其他约束条件，如同属于公司类别的实体，可以降低如"公司""集团""股份"等共有词的权重，提高非共有词的权重。

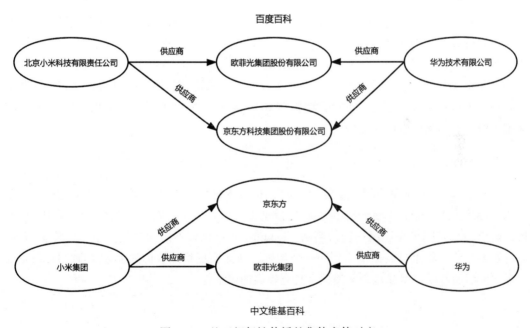

图 2-16　基于相似性传播的集体实体对齐

基于概率模型的集体实体对齐方法，是指使用统计关系学习进行计算和推理，通过集成关系 / 逻辑表示、概率推理、不确定性处理、机器学习和数据挖掘等方法获取关系数据中的似然模型 [2]。同上一个例子，这种方法不需要提前知道"北京小米科技有限责任公司"和"小米集团"表示同一实体，只需要提取这两个实体和具有"供应商"关系的其他实体，在一定条件下通过概率模型判断这些实体的匹配关系。常用的概率模型有文档主题生成模型 [10]、CRF 模型等。

（2）数据融合工具介绍

① Falcon-AO [⊖]

Falcon-AO 是一个实用的自动化本体匹配工具，基于 Java 语言实现，可以对输入的两个 Web 本体自动匹配，并找出这两个本体对应的实体之间的映射关系。它有四种匹配算法，分别是基于分而治之的大本体匹配算法（PBM）、基于编辑距离的字符串匹配算法（I-Sub）、基于虚拟文档的语言学匹配算法（V-Doc）和基于本体 RDF 图结构的匹配算法（GMO）。Falcon-AO 采用了相似度组合策略，先使用 PBM 算法分割知识库，将知识库中的资源分割成小块；再使用 I-Sub 和 V-Doc 算法做基于字符串和文档级别的块匹配处理；在接收两个算法处理的结果后，使用 GMO 算法对匹配的块的资源做进一步对齐处理，最后通过贪心算法对 V-Doc、I-Sub、GMO 算法得到的结果进行计算以得到最终结果。

② XLORE [⊖]

XLORE 是融合中英文维基百科、法语维基百科和百度百科，对百科知识进行结构化和跨语言链接构建的多语言知识图谱，是中英文知识规模较平衡的大规模多语言知识图谱，由清华大学知识工程实验室开发而成。XLORE 系统具有三个显著特点：聚力两大中文百科，中英文平衡的图谱；更丰富的语义关系，基于 isA 关系验证；提供多种查询接口，应用更加方便。该系统涵盖了超过 1600 万实体、240 万概念以及 44 万关系，提供包括词条检索、关键字检索、概念检索在内的多个功能。

③ Dedupe [⊜]

Dedupe 是用于模糊匹配、重复记录删除和实体解析的 Python 库。它基于主动学习的方法，训练一个 Active Learning 模型。在模型训练的过程中，对于不能判断是否相同的数据，该模型会打印出来让用户进行判断。Dedupe 通过比较不同的数据类型，计算相似度，通过聚类方法，将重复数据聚集到同一个类别，从而实现相同数据的去重处理。Dedupe 支持多种灵活的数据类型和自定义类型，具有较高的灵活性。

2.4　知识检索与知识推理

本章的前面几节介绍了知识图谱从表示与建模，抽取与挖掘，到存储与融合的整套技术体系。通过掌握上述技术并加以实现，已经可以构建出一个完整的知识图谱。那么，如

⊖　http://ws.nju.edu.cn/falcon-ao/。
⊖　https://xlore.org/。
⊜　http://www.openkg.cn/tool/dedupe。

何对已经构建好的知识图谱加以利用呢？通过前序内容可知，人类可以根据特定的需求，对知识进行加工和利用。类似的，知识图谱也是人工智能系统完成认知任务的关键。对比人类大脑的功能，认知的关键在于对知识的利用和加工。构建好知识图谱后，即系统已经将知识进行建模，并存储成人类与机器都可以理解的形式，此时当外界信息传入时，首先需要找到与感知信息相关的知识，并对其进行加工和处理。在该过程中，主要涉及的技术为知识检索和知识推理，下面将对这两项关键技术进行介绍。

2.4.1　知识检索

知识检索作为知识图谱最简单的应用之一，主要目的是根据某些条件或关键词，通过对知识图谱进行查询，返回相关信息。相较于传统的查询和检索，知识检索不仅仅返回简单的数据列表，还以结构化的形式返回信息，与人类的认知过程一致。目前常用的知识检索手段主要有基于查询语言的知识检索和基于语义的知识检索（即语义搜索）。接下来会分别介绍这两种检索手段。

1. 基于查询语言的知识检索

对于构建好的知识图谱，其数据通常存储在图数据库中。图数据库是一种使用图结构进行存储和查询的数据库，其中结点和边用于对数据进行表示和存储。在图数据库中数据项结点通过边相互集合关联，代表了结点与结点之间的关系。这些关系允许将数据库中存储的数据连接到一起。而在图数据库以及其他种类的数据库中，往往使用查询语言对数据库中的信息进行操作。查询语言通常至少包括两个子集：数据定义语言和数据操作语言。其中数据定义语言用于对数据库中的项目进行创建、修改和删除，数据操作语言用于查询和更新数据表中的数据。对每个子集的功能加以整合就得到了查询语言的整体功能。根据查询语言的功能可知，数据查询语言可以用于在存储了知识图谱的图数据库中检索需要的信息，即完成对知识的检索。目前常用的、有代表性的查询语言有 SPARQL、Cypher 和 Gremlin。下面将对其分别介绍。

（1）SPARQL

在前序内容中提到，RDF 是一种带标签的有向图数据格式，用于表示 Web 中的信息。SPARQL（SPARQL Protocol and RDF Query Language）则是一种用于查询 RDF 中信息的查询语言，其主要功能为访问、查询和修改由 RDF 存储的图数据，是语义网的核心技术之一。在 2008 年，SPARQL 正式成为 W3C 官方推荐标准。根据 SPARQL 的全称可知，SPARQL 包含协议和查询语言两个部分。其中的协议是指使用者可以通过 HTTP 在客户端和 SPARQL 端点服务器传输查询结果。在 SPARQL 查询过程中，每个查询可以被看作一个带有变量的 RDF 图，而 SPARQL 正是基于图匹配的思想，将 SPARQL 查询语句与整体图进行匹配，并返回查询结果。SPARQL 还可用于不同数据源之间的查询，对本地存储为 RDF 的数据或使用 RDF 作为中间件的其他数据格式进行查看或编辑。除了对图数据进行查询外，SPARQL 还可以对多个图的联合以及子图进行查询。并且它还支持聚合、子查询、否定查询、通过表达式创建值以及通过源 RDF 图约束查询等多种功能。在查询结束后，SPARQL 返回的查询结果可以是集合或 RDF 图等多种格式。

SPARQL 拥有多种编程语言的实现，并且允许使用者使用如 ViziQuer 等工具连接并半自动构造针对 SPARQL 端点[⊖]的 SPARQL 查询。此外，还有一些工具可以将 SPARQL 查询转换为 SQL 和 XQuery 等其他查询语言。SPARQL 的优势之一，在于其允许用户针对松散的键值对进行查询，并且待查询的数据库是由 RDF 构成的"主体谓语客体"三元组。从关系数据库的视角来看，RDF 数据也可以被认为是具有三列的表，其中包括主题列、谓词列和对象列。由于 RDF 中给定对象的数据元素（或字段）通常可能存储在多列甚至多个表中，SPARQL 提供了完整的分析查询操作集，例如 JOIN、SORT、AGGREGATE 等，这些数据的模式本质上是数据的一部分，且不需要单独的模式定义。此外，SPARQL 还为图数据提供了特定的图遍历语法。下面是 SPARQL 的一个使用示例，在 RDF 三元组构成的图中查找法人代表为"雷军"的公司名称，可以看到 SPARQL 的使用方法和标准语法。

```
1.  PREFIX : <http://www.kgdemo.com#>
2.  PREFIX rdf: <http://www.w3.org/1999/02/22-rdf-syntax-ns#>
3.  PREFIX owl: <http://www.w3.org/2002/07/owl#>
4.  PREFIX xsd: <XML Schema>
5.  PREFIX vocab: <http://localhost:2020/resource/vocab/>
6.  PREFIX rdfs: <http://www.w3.org/2000/01/rdf-schema#>
7.  PREFIX map: <http://localhost:2020/resource/#>
8.  PREFIX db: <http://localhost:2020/resource/>
9.
10. SELECT ?n WHERE {
11.   ?s rdf:type :Company.
12.   ?s :represent 'Lei Jun'.
13.   ?s :name ?n
14. }
```

可以看到，SPARQL 的格式非常严谨并且易于理解。在例子中，第 1 ~ 8 行描述了查询语言的前缀，定义了命名空间。从第 10 行开始则描述了整体查询语句。可以看到 SPARQL 的整体语法和传统的关系数据库查询语言非常类似，但是在编写查询条件时需要确定被查询实体的实体类型或属性等信息，以及对返回内容的要求。由于需要查询的名称是实体中的属性，故在指定条件时，需要使用 ?n 来指定返回类别。根据在 2.1 节中给出的例子，返回结果如下。

⊖ SPARQL 端点是 SPARQL 协议的一部分，用于处理客户端的请求，可以类比 Web 服务器提供用户浏览网页的服务，通过端点，使用者可以把数据发布在网上，供用户查询。

```
1.  n
2.  "Xiaomi"
```

上面的返回结果首先标明了返回类型为属性值 n，其次在第 2 行给出了 n 的具体值为 "Xiaomi"。除了基础的查询之外，还可以使用 SPARQL 中的其他关键字，比如 FILTER 或指定更详细的返回类型，进行更复杂的知识检索。

（2）Cypher

Cypher 是由 Neo4j 在 2011 年开发的一种声明式数据库查询语言，其允许对关系数据库进行表示、查询和更新。Cypher 在创建之初旨在与图形数据库 Neo4j 结合使用，但在 2015 年 10 月通过 openCypher 项目开放。目前 Cypher 的开发者们正在努力将 Cypher 作为标准化的图数据库查询语言。同时，在 openCypher 项目中使用者可以将 Cypher 用作任何产品或应用程序中图数据库的查询语言，例如 SAP HANA Graph、Redis、AgensGraph 和 Neo4j 等数据库都可以使用 Cypher 查询语言。Cypher 以表达查询的目标为开发基础，受到许多不同方法的启发。其中许多关键字（例如 WHERE 和 ORDER BY）都受到 SQL 的启发，模式匹配借鉴了 SPARQL 的表达方法，而某些列表语义则是从 Haskell 和 Python 等语言中借鉴而来。Cypher 以英语自然语言为基础，可以在拥有较强表达能力的同时保持相对紧凑，易于开发人员、数据库专业人员和业务利益相关者阅读和理解。同时，Gypher 的语法结构使得使用者可以查找与特定模式匹配的数据。在 Cypher 中，最常见的子句为 MATCH 和 WHERE，其功能与 SQL 中的函数略有不同。以下面的代码为例，在第 1 ～ 2 行中查询了关系数据库中名字为 "Xiaomi" 的公司结点，而第 4 行使用了 Cypher 的另一种格式，查询了小米公司的母公司 – 子公司关系。

```
1.  MATCH (p:Company { name:"Xiaomi " })
2.  RETURN p
3.  MATCH p=(n:Company)-[t:has]->(m:SubCompany) WHERE (n.name:"Xiaomi")
4.  RETURN p
```

可以看到，MATCH 子句是大多数 Cypher 查询的核心，用于描述搜索的模式的结构，其主要基于关系来构建。在使用 MATCH 子句构建查询语句时，需要使用 ASCII 字符表示结点和关系。Cypher 的语法规定需要使用括号绘制结点，并使用带有大于或小于号（"->"和 "<-"）的破折号对绘制关系，"<" 和 ">" 符号指示关系方向。在短线之间需要用方括号括起来，并用冒号作为前缀，然后标识需要查询的关系名称。结点标签与此类似，同样以冒号作为前缀，然后在花括号中指定结点（和关系）属性键值对。WHERE 用于向模式添加其他约束。在完成对模式的描述后，还需要对返回值进行约束，这时通常使用 RETURN 子句。该子句指定应匹配数据中的哪些结点、关系和属性返回给使用者。相比其他查询语言，Cypher 的语法和格式要简洁得多。除省去了复杂的头文件和命名空间声明外，其整体语法更接近自然语言，检索中限制的模式和返回值标识更清晰，使得 Cypher 的编写效率得到提升，学习曲线也相对更加平滑。尽管 Cypher 目前主要用于 Neo4j 中，但对于使用者来说，它是最容易学习的图数据库查询语言，通过它，使用者可以快速对图数据库有更深刻的理解，也可以快速迁移到其他查询语言。

（3）Gremlin

Gremlin 是由 Apache TinkerPop[⊖]于 2009 年开发的跨平台图数据库查询语言，是一种功能性的数据流语言。通过 Gremlin，用户能够在需要查询的图数据上简洁地表达复杂的遍历。每个 Gremlin 遍历都由一系列（可嵌套的）操作组成。其中每一步操作都会对图数据库中的数据执行原子操作。原子操作主要包含映射操作（对图数据库中的数据进行转换）、过滤操作（从图数据库中删除对象）和统计步骤（计算图数据库中的统计信息）。Gremlin 的所有操作都以这 3 个操作为基本操作，并在此基础上进行了扩展，得到了丰富的操作集。用户可以对这些操作进行组合和编写，以达到对图数据库进行需要的查询和检索效果。Gremlin 的设计原则是"一次编写，随处运行"，这意味着 Gremlin 的图检索操作不仅可以在 TinkerPop 的图系统中使用，还可以被当作实时数据库查询请求，应用在不同数据库系统中。实际上，在使用 Gremlin 时通常都会建立一个虚拟机，并将其在该虚拟机上运行。当前版本的 Gremlin 支持 Groovy 和 Java。在使用者编写了 Gremlin 语句后，每条语句都会被转换为一个脚本对象，该脚本对象将会由具体的脚本引擎来运行。与传统的编程语言相比，Gremlin 可以更简洁和更易于理解的方式来表达许多类型的查询。与传统的关系数据库查询语言相比，Gremlin 更擅长处理图中的操作，允许使用者最大程度地控制和编写对于图的遍历操作。同时，Gremlin 还具有良好的扩展性，使得使用者可以在 Gremlin 或 Java 中原生定义新的方法和操作来对其进行扩展。下面的例子是在查询名字是"Xiaomi"的公司的法人代表是谁。

```
1.   g.V().has("name","Xiaomi").values("represent")
```

根据上面的代码可以看出，相比传统查询语言，Gremlin 的查询语言更像是编程语言中函数的形式。其中 g 表示由边和结点组成的整体图，而 V() 则表示图中所有的结点，通常可以在其后续添加查询条件。实际上，诸如 SQL 之类的经典数据库查询语言被认为与最终将在生产环境中使用它们的编程语言产生冲突且无法融合。因此，传统的数据库要求开发人员掌握数据库查询语言和软件系统的编程语言。可以说"查询语言"和"编程语言"之间的鸿沟在一段时间内都无法跨过。而 Gremlin 跨过了这个鸿沟，其对图数据的遍历可以用任何支持函数组合和嵌套的编程语言来编写。这样，使用者编写的 Gremlin 程序将可以与应用程序代码一起编写，并受益于宿主语言及其工具（例如类检查，语法突出显示等）提

⊖ Apache TinkerPop 是由 Apache 公司开发的一款开源图计算框架，其专注为图数据库的行业标准作出贡献。

供的优势。目前常用的 Gremlin 变体包括 Gremlin-Java，Gremlin-Groovy，Gremlin-Python，Gremlin-Scala 等。

2. 语义搜索

在前面的内容中，主要介绍了基于查询语言的知识检索。实际上，图数据库的查询语言无论怎样接近自然语言，其本质还是需要使用者编写结构化的查询脚本来对数据库中的知识进行检索。同时，传统的搜索方法通常只能使用较为简单的语法进行组合来满足用户对检索的需求。在这种情况下，随着大量结构化数据平台如链接开放数据（Linked Open Data）的不断开放和完善，可以用于构建知识图谱的数据源数量将持续增加。同时，大量由 RDF、OWL 作为知识表示语言的知识图谱将不断被构建。在这种情况下，以 Google 为首的各公司分别开始使用知识图谱来提高搜索质量，并实现基于语义的知识检索（即语义搜索）。实际上，语义搜索是在基于查询语言的知识检索的基础上更进一步发展的产物。语义搜索的本质是通过数学方法来摆脱传统搜索方法中的近似和不精确，并且为词语的含义以及这些词如何与输入的词语进行关联找到一种清晰的理解方式。简单来说，语义搜索可以让用户的输入尽可能地接近自然语言，同时在理解这些语言的基础上返回更加精确的答案。语义搜索借助知识图谱的表示与表达能力来挖掘用户需求与数据之间的内在关联。同时，相比于传统的查询方法，语义搜索可以理解和完成更复杂的查询，并给出更精确的结果。

语义搜索可以分为轻量级的基于语义的信息检索系统和相对复杂的语义搜索系统。在轻量级的基于语义的信息检索系统中，没有像知识图谱这样相对复杂的知识表示系统，所以通常只使用词典或分类器这样简单的模型，将语义数据与待检索的数据相关联。而相对复杂的语义搜索系统，通常需要使用知识图谱或本体等方法，对语义和知识进行显式建模。在基于模型的基础上检索或查询中的关键词时，可以通过推理或联想的方法，根据其语义找到确实与检索要求相关的内容并返回更精确的结果。实际上，在理想情况下，如果使用者都可以通过结构化的查询语言精确地描述需要查询的内容，查询和检索系统可以做到返回精确的结果。但是使用者往往无法做到，也无法熟悉知识表示的方法与模型，这时语义搜索就显得更加重要。

常用的语义搜索方法主要包括关键词查询和自然语言查询等。关键词查询作为语义搜索中最基础的方法，其流程为：对于指定的关键字，首先需要按照索引在知识图谱中找到符合关键字定义的子图，这样可大大减少整体搜索空间。在得到子图后，在规模相对较小的子图中进行检索，最终找到检索结果。关键词查询的主要问题在于如何构建索引。索引构建的质量会直接决定搜索效率和结果的准确性，通常可以使用关键词倒排索引。摘要索引或路径索引的方式建立索引。举例来说，如果我们想查询小米公司的法定代表人，需要将"小米公司"与"法定代表人"两个关键词输入系统中，然后系统会根据"小米公司"筛选出知识图谱当中的子图，在此基础上，再对法定代表人进行查询。整体流程如图 2-17 所示。

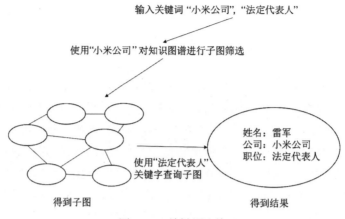

图 2-17   关键词查询

自然语言查询比关键词查询复杂。当使用者输入自然语言时，系统需要对这个句子进行理解，首先去掉句子中的无意义成分，并对其进行消歧，然后对其句法、词法等特征进行分析并向量化。得到输入语言的向量表示后，再将其与知识图谱中的信息的向量化表示进行比较，最终得到精确的查询结果。举例来说，可以输入自然语言"小米公司的法定代表人是谁?"，此时系统会先对句子进行语义和语法分析，必要时进行向量化，再放入知识图谱中进行查询。有关语义搜索的具体实现和更详细的内容将在本书第 7 章讲解。在基于自然语言处理的语义搜索中，由于自然语言中通常会涉及推理与联想的内容，这也就意味着用户需要的查询结果可能不会显式地体现在输入内容当中，此时就需要检索系统可以像人类一样对问题进行推理，即接下来要介绍的知识推理。

2.4.2   知识推理

当我们已经构建了一个完整的知识图谱时，意味着距离让计算机系统足够有学识又前进了一步。然而，单纯地构建知识图谱，并利用其查询需要的内容并没有真正让计算机系统达到认知的目的。在人类长期的演化和发展当中，拥有知识并使用这些知识进行推理是认知的关键部分。从概念上讲，推理是从已有的知识当中推断出尚未拥有的知识的过程。Kompridis[11] 将推理定义为一系列能力的总称，包括有意识地理解事物的能力、建立和验证事实的能力、运用逻辑的能力以及基于新的或存在的知识改变或验证现有体系的能力。推理的过程中通常涉及两种知识：已有的知识和尚未拥有的新知识。在演绎推理中最简单的三段论推理中，一次完整的推理由大前提、小前提和结论组成。可以将大前提和小前提看作已有的知识，而结论则是需要通过推理得到的新知识。在知识图谱中，其核心的数据构成可以看作三元组，即 < 主体，谓词，客体 >，此时通过已有三元组推断出未知的三元组的过程即知识推理。例如已知 < 小米公司，经营范围，手机 >，同时已知手机属于电子产品，则可推出新三元组 < 小米公司，经营范围，电子产品 >。知识推理的应用主要包括知识补全、知识对齐与知识图谱去噪声等。在了解了知识推理的通用概念后，本节会首先对传统知识推理进行介绍，然后针对近几年使用较多的基于表示学习的知识推理进行介绍。

　　传统的知识推理方法主要依托规则来对知识图谱中的内容进行推理。基于规则的推理方法主要采用了逻辑推理中的方法，将简单的规则、约束或统计方法运用到知识图谱所表示的数据中，然后根据这些特征进行推理。常见的完全基于规则的推理包括类别推理与属性推理等。类别推理，即需要针对实体的所属类别进行推理，通常适用于在知识图谱的逻辑结构中层次较低的实体的分类。举例来说，已知在知识图谱中私营有限责任公司是有限责任公司的子类，而有限责任公司为公司类的子类，那么私营有限责任公司的实例小米科技有限公司应当属于公司类。图2-18具体阐释了上面的例子，其中实线代表已知的知识，虚线代表根据推理得到的新知识。

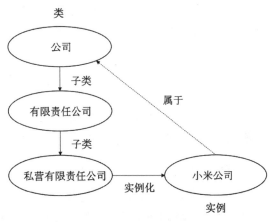

图 2-18　类别推理举例

　　尽管上面的例子看上去相对简单，但是当知识图谱中数据量级达到百万甚至更多时，根据推理决定实体类别的方法就显得快速而准确。而属性推理是指根据关系的域和范围来进行推理。举例来说，以已知公司的地址作为一个关系，其作用域是公司类，作用范围是地点类。同时已知小米公司的公司地址是北京，那么可以推理出小米公司属于公司类，而北京属于地点类。图2-19详细阐述了属性推理的例子，在这里实线同样代表已知的知识，虚线代表推理得到的新知识。

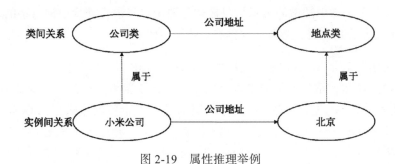

图 2-19　属性推理举例

　　对上述确定类和属性的规则进行统计并不断复杂化，则可以得到对于知识图谱正确性的一种验证方法，然后用这些规则来检验知识图谱并对其进行纠错和补全。

除了基于简单的静态规则推理外，实际上也可以通过知识图谱来对规则进行训练，得出新的规则后再进行推理。如 NELL[12] 使用一阶逻辑与概率学习相结合的方式，将学习到的规则经过人工筛选后再使用知识图谱中存在的实体将其实例化。在此基础上，通过学习已经实例化的关系，可以学习到新的推理规则。除此之外，规则还可以被用于知识的多步推理。多步推理比单步推理复杂，例如若 A 与 B 存在关系 R，B 与 C 存在关系 R′，则 A 与 C 存在关系 R″。这样的推理无法用人工或者统计方法大量覆盖，但这些规则可以通过对实体间路径的挖掘来近似。针对多步推理的任务，一种可选方案是基于知识图谱的全局规则与结构对其进行路径挖掘，并在筛选后将部分路径看作规则，此时通常可以采用随机游走的方法来发现路径。例如，Lao[13] 等人针对多步推理提出了 PRA (Path Ranking Algorithm，路径排序算法)，该算法的目的是预测实体与实体之间是否存在关系，输入数据为实体与实体之间的路径。PRA 在构造输入数据时，使用了随机游走的思想，当收集到足够多的正例数据后，训练逻辑回归分类器会对多步关系进行推理。

总体来看，基于知识图谱的规则推理可以通过统计、人工筛选或机器学习等方法构建有效规则并对其进行推理，准确性较高，计算量相对较小，推理速度快。但由于目前知识图谱的规模普遍相对较大，需要用大量的实体来对规则进行验证；同时当图谱的规模不断上升时，抽象全局规则和多步规则也会非常困难。在这种情况下使用统计特征会过度依赖统计数据并造成过拟合，且对数据噪声的抵抗能力较差。所以，随着深度学习的发展，基于表示学习的推理与基于深度学习的推理则更具有优势。

在前面介绍的基于规则的知识推理中，知识推理的规则不论是人为定义还是通过模型学习，都显式定义了得到规则需要的特征。而通过知识图谱的表示学习，可以将知识图谱中的结点和关系等元素映射到相同的连续向量空间，从而学习到每个元素在向量空间中的表示。每个元素在向量空间中的表示可以是一个或多个向量或矩阵。在学习过程中，向量或矩阵可以自动学习进行下游任务所需要的特征，并且将原本离散的实体和关系在向量空间中表示。实际上，知识图谱的表示学习最初起源于自然语言处理中词与字的表示学习方法，其表示学习得到的向量或矩阵同样具有空间平移性。

在知识图谱的表示学习领域最经典的算法即 TransE[14]，其主要目标是希望可以学习到知识图谱中实体和关系的低维向量表示。TransE 的主要思想是假设三元组 (h, r, t) 中的 h 和 t 为头尾实体，r 代表 h 实体与 t 实体之间的关系，希望向量表示可以有 $t \approx h + r$ 的关系，即希望 t 与 $h + r$ 尽可能相似。举例来说，针对三元组 <小米公司，法定代表人，雷军>，假设头实体小米公司在向量空间的表示为 [1，0]，法定代表人关系的表示为 [0，1]，则 TansE 希望学习到雷军实体在向量空间的表示为 [1，1]，此时有 $h + r = t$，代表三元组 <小米公司，法定代表人，雷军> 成立。TransE 等式的形式化表示可以通过图 2-20 看出。

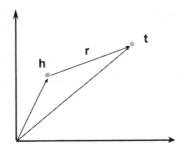

图 2-20　TransE 的形式化表示

　　根据上述原则，可以得到 TransE 的得分函数即向量之间的距离 $-\|r+h-t\|_{L1/L2}$，该距离也被用作训练中的得分函数。通过在学习过程中替换 h 或 t 来得到负例，并使得负例的得分尽可能低，而正例的得分尽可能高，通过上述原则来训练得到最终的知识图谱表示模型。尽管 TransE 是知识图谱表示学习中最经典的模型，但仍存在诸多不足。比如 TransE 要求 t 与 $h + r$ 严格地尽可能靠近，这样虽然可以严格对知识图谱中的元素进行约束，但当三元组中的 t 存在多个时，则会出现多个实体竞争空间中同一个点的情况。在这种情况下，语义差距相对较大的实体共同竞争同一个空间点，会造成向量空间的表示产生不同程度的误差。同时，TransE 虽然考虑了知识图谱中的三元组关系，但并未考虑知识图谱中的层级关系，而这些层级关系对于推理任务来说至关重要。在此基础上，Wang 等人提出了 TransH[15]。TransH 在 TransE 学习关系的基础上为每个关系额外学习一个映射向量，用于将实体映射到额外的由关系指定的超平面。这样使得相同实体在不同关系的超平面中存在不同表示，缓解了 TransE 在针对多个对应实体时无法处理的问题。而 Lin 等人提出了 TransR[16]，其在独立的实体空间和关系空间中分别进行表示，其中每个关系对应一个空间，头实体可以通过关系映射到关系空间中的尾实体，更好地弥补了 TransE 中的缺陷。在使用 TransE 等方法得到实体与关系的表示后，既可以通过实体向量运算完成简单的推理任务，也可以结合机器学习模型针对具体场景与数据完成更复杂的推理任务。目前，在基于表示学习的推理中，也经常会用到强化学习、时序预测模型与图神经网络等方法。

参考文献

[1]　Cercone N , Mccalla G . What Is Knowledge Representation[C]. The Knowledge Frontier: Essays in the Representation of Knowledge. 1987.

[2]　Baader F, Laux A. Terminological Logics with Modal Operators[J]. 1994.

[3]　Fernandezlpez M, Gomezperez A, Juristo N. Methontology: from Ontological Art towards Ontological Engineering[C]. Proceedings of the AAAI97. 1997.

[4]　Jones D , Benchcapon T , Visser P . Methodologies for Ontology Development[J]. Capon, 1998:62-75.

[5] Lample G, Ballesteros M, Subramanian S, et al. Neural Architectures for Named Entity Recognition[C]. Proceedings of NAACL-HLT 2016, pages 260-270.

[6] 高强, 游宏梁. 事件抽取技术研究综述 [J]. 情报理论与实践, 2013, 36(4): 114-117.

[7] Shen W, Wang J Y, Han J W. Entity Linking with a Knowledge Base: Issues, Techniques, and Solutions[C]. IEEE Transactions on Knowledge and Data Engineering, 2015, 27 (2): 443-460.

[8] 马良荔, 孙煜飞, 柳青. 语义 Web 中的本体匹配研究 [J]. 计算机应用研究, 2017,34(5):1287-1292,1332.

[9] 庄严, 李国良, 冯建华. 知识库实体对齐技术综述 [J]. 计算机研究与发展, 2016, 01: 165-192.

[10] Bhattacharya I, Getoor L. A latent Dirichlet allocation model for unsupervised entity resolution[C]. Proc of the 6th SIAM Int Conf on Data Mining. Philadelphia, PA SIAM, 2006: 47-58.

[11] Kompridis N. So We Need Something Else for Reason to Mean[C]. Int'l Journal of Philosophical Studies, 2000,8(3):271-295.

[12] Carlson A, Betteridge J, Kisiel B, Settles B, Hruschka Jr E R, Mitchell T M. Toward an Architecture for Never-Ending Language Learning[C]. In: Proc. of the 24th AAAI Conf. on Artificial Intelligence. Menlo Park: AAAI, 2010. 1306-1313.

[13] Lao N, Cohen W W. Relational Retrieval Using a Combination of Path-Constrained Random Walks[J]. Machine Learning, 2010,81(1): 53-67.

[14] Bordes A, Usunier N, Garcia-Duran A, Weston J, Yakhnenko O. Translating Embeddings for Modeling Multi-Relational Data[C]. In: Proc. of the Advances in Neural Information Processing Systems. Red Hook: Curran Associates Inc., 2013. 2787-2795.

[15] Wang Z, Zhang J, Feng J, Chen Z. Knowledge Graph Embedding by Translating on Hyperplanes[C]. Proc. of the 28th AAAI Conf. on Artificial Intelligence. Menlo Park: AAAI, 2014. 1112-1119.

[16] Lin Y, Liu Z, Sun M, Liu Y, Zhu X. Learning Entity and Relation Embeddings for Knowledge Graph Completion[C]. Proc. of the 29th AAAI Conf. on Artificial Intelligence. Menlo Park: AAAI, 2015. 2181-2187.

[17] Noy N F, Mcguiness D L. A Guide to Creating Your First Ontology[J]. Stanford University, 2001(2):14.

## CHAPTER 3

第 **3** 章

知识图谱工具

第 2 章明确了知识图谱的整体技术体系。在构建知识图谱的过程中，知识建模、知识获取和知识存储作为三个关键步骤，对最终知识图谱的形成起着至关重要的作用。在实际操作中，通常可以利用多种工具来完成相应的步骤。本章将会对知识建模、知识获取和知识存储三个步骤中需要用到的工具进行介绍，并结合实际知识图谱构建场景分别举例说明。

3.1 知识建模工具

真实的知识库系统中通常包含海量的实体和关系，这使得整个知识库系统变得异常复杂。此时如果无法对知识进行梳理和抽象，整个知识库系统将难以被开发人员理解和管理。这时可以使用模型来捕捉知识库的关键特征，提高知识库系统的易用性。简单来说，在知识获取阶段，通常会得到大量的非结构化数据，通过知识建模的方法可以将其转换为结构化数据，使数据更易于被计算机读取和处理，并且更方便地存储在数据库或数据交换文件中。知识建模的作用在于帮助理解整个知识库系统的工作机制（比如实体和实体之间是如何连接的，知识基于什么样的模式进行表示，知识存储的结构是什么样等），并利用知识库系统协同工作。因此，如何选取合适的知识建模工具成为至关重要的问题。

目前，知识建模工具主要分为手动知识建模工具和半自动化知识建模工具两类。手动知识建模工具通常拥有图形界面，操作相对简单，用户可以操作图形界面完成对知识的建模。而半自动化知识建模工具主要基于程序语言，可以根据源数据批量对知识进行建模。由于建模任务的复杂性和数据规模的限制，目前还未出现完全自动化的知识建模工具。

3.1.1 节将介绍目前最主流的知识建模工具 Protégé，并以构建金融领域本体为目标演示本体构建的方法。3.1.2 节将简要分析其他常用本体建模工具，包括 Apollo、OntoStudio、TopBraid Composer、Semantic Turkey、Knoodl、Chimaera、OliEd、WebODE、Kmgen 和

DOME。3.1.3节将给出一些选择本体建模工具时的思考和建议，并对各种本体构建工具进行了对比。在本节的金融领域本体中，主要需求是通过建立本体来分析企业之间由多种因素决定的竞争关系。在建立本体的过程中，这些因素会被作为属性或关系加入本体中。这样，在成功建立了金融本体后，即可基于本体对企业间的竞争关系进行分析和挖掘。

3.1.1 Protégé

Protégé[⊖]是一款由斯坦福大学编写并维护的开源本体建模和编辑工具，其支持 Web 版本和 PC 版本，使用 OWL 语言（关于 OWL 的详细介绍可参看前文 2.1 节内容）对知识进行表示，读者可以通过 Protégé 的官方网站访问 Web 版本或下载桌面版本。Protégé 最早开发于 1987 年，最初目的是通过减少知识工程师的手动操作来消除知识建模的瓶颈，经过若干次的版本迭代，逐渐演化成了现在的基于框架的本体编辑建模工具。Protégé 的主要用途包括类建模、实体编辑、模型处理以及模型交换等。Protégé 的编写语言为 Java，具有高扩展性，其即插即用的环境使得使用者可以快速建立模型的原型并不断迭代，同时 Protégé 也是少数支持中文的本体建模工具之一。Protégé 主要支持 Protégé-Frames（通过 Protégé 的用户界面使用其框架构建本体）以及 Protégé-OWL（使用 OWL 语言直接进行构建）两种方式的本体建模。在完成本体建模后，Protégé 的本体可以被导出成 RDF 或 OWL 等多种格式。由于其简明的操作界面、完善的 W3C 支持度以及成熟的讨论和维护社区，Protégé 成为最受欢迎的本体建模工具之一。

实际上，正如第 2 章提到的，在工程实践中，没有一种完全"正确"和"通用"的本体构建方法，只有针对具体任务而言最"合适"的策略。本节将会提出一个使用 Protégé 进行本体构建的方案，并结合其目前最新版本（5.5.0）给出构建金融领域本体的实战演示。简单来说，Protégé 在构建本体时主要使用迭代的方法：首先构建一个简单甚至简陋的本体概念，而后不断对本体进行迭代，扩充本体中的若干细节并对其中不合理的地方进行修复。在讨论基于 Protégé 的本体构建方法的过程中，也会提及一些在本体构建中需要做出的决策，并讨论决策的优点、缺点以及不同的解决方案。

下面是一些在基于 Protégé 的本体构建中会被多次提到的规则，尽管在实际构建中不一定要完全遵守这些规则，但是它们可以在某种程度上帮助我们做出决策。

1）没有一种绝对正确的领域本体构建方法。实际上，应用场景是构建领域本体的一个非常重要的元素。在构建领域本体时，很多决策以及方法需要根据应用场景来决定。

2）使用 Protégé 构建本体的过程一定是迭代的。即使领域专家也无法做到一次性生成

⊖ https://protege.stanford.edu/。

完整的本体，通常需要通过迭代不断修复或补充细节。

3）Protégé 的本体概念应尽可能和领域中的对象（物理上的或逻辑上的）对应，这些对象通常是领域句子中的名词或动词，例如，小米科技有限责任公司的所属地区是北京市。

这里"小米科技有限责任公司"和"北京市"两个名词为领域中的对象，"所属地区"则是领域中的对应关系。

总的来说，在使用 Protégé 构建本体时，有两点至关重要：

❑ 确定领域本体的用途，这决定了需要从什么样的源抽取本体并着重构建哪些方面；
❑ 确定本体的粒度，这将决定构建时的迭代次数以及精度。

以上提到的原则和过程决定了使用 Protégé 时构建本体的周期。接下来，我们会根据 Protégé 本体构建的流程，分七步来介绍，整个过程也被称作"七步法"[1]。

1. 决定本体的领域和范围

使用 Protégé 构建本体的第一步，是确定本体覆盖的范围。此时需要根据即将创建的本体回答如下几个问题。

1）本体需要覆盖的领域是什么？

2）该本体的用途是什么？

3）本体中的数据会被应用到怎样的场景？

4）该本体将如何进行维护？

本节需要构建金融领域本体，3.1 节已经提到我们需要通过这个本体中的知识来获取某两个企业的竞争关系。自然的，为了达到这个目的，需要将企业的一些关键信息诸如所属地区、所属行业及注册资金等以类或属性的方式填充进本体（此时还无从得知具体要以什么方式将要素添加进本体）。那么根据已知信息，可以针对金融领域本体的例子对上面的四个问题做出回答。

1）金融领域本体覆盖的领域为金融领域和企业领域。

2）该本体的用途为分析企业间的竞争关系。

3）本体中的数据将会被用于企业间关系的发掘和分析。

4）该本体的主要维护方式为对其中的类、属性和实例进行更新。如果本体的维护者使用的描述语言和使用者不同，需要对两种描述语言进行映射。

接下来需要使用 Protégé 逐步实现以上回答中描述的本体。在 Protégé 中，当我们打开软件时，会自动创建一个空的新本体，初始界面如图 3-1 所示。

图 3-1　Protégé 初始界面

初始界面中共包含四个标签，分别是活跃本体（Active Ontology）、实体信息（Entity）、对象信息（Individual by Class）以及 DL 查询（DL Query）界面。在活跃本体界面中，用户可以查看本体的文件路径以及一些本体的统计信息；在实体信息界面中，用户可以查看本体中的类结构并定义类与类之间的关系；在对象信息界面中，用户可以创建类的实例对象，并为其添加属性；在 DL 查询界面中，用户可以使用 OWL 语法编写语句查询本体中的对象，关于查询语言的细节可参考官方文档[⊖]。当新的本体被创建时，会默认显示活跃本体的信息。其中包括本体头部，使用 IRI（国际资源标识符：使用 ASCII 编码对于某个资源的唯一标识）进行标识；本体的统计信息，包括本体中类、对象及关系的数量等；以及本体的导入信息，包括导入的本体的路径等。在此基础之上，如果想创建新的本体，点击上方菜单的 File → New，即可创建下一个新本体。

2. 考虑使用已有本体

在解决工程中的实际问题时，往往应当优先考虑已有的成熟方案，这样的原则同样适用于使用 Protégé 构建本体的场景。当我们需要开发一个基于本体的新系统，而这个新系统需要和其他已经拥有成熟本体的系统进行对接时，重用已有本体尤为重要。实际上，很多

⊖　https://protegewiki.stanford.edu/wiki/DL_Query。

已经创建好的本体都可以作为使用 Protégé 构建新本体的环境。Protégé 支持多种格式本体文件的导入和导出，使得新本体可以基于已有环境快速创建。在工业界和学术界，有很多可以重用的本体库，比如 Ontolingua[⊖]本体库及一些对公众开放的商业本体，如 UNSPSC [⊜]、RosettaNet[⊛]等。结合本节的例子，如果想了解两个企业的竞争关系，可以利用已有的企业本体库。通过对其进行有针对性的扩充和修复，提升本体构建的效率，达到所需效果。在 Protégé 中，既可以直接在顶部菜单中选择 File → Open 打开已经保存的本体文件，也可以选择本体界面下方的 Import ontologies 处进行导入，如图 3-2 所示。

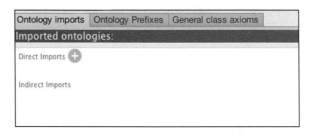

图 3-2　向 Protégé 中导入本体

在这里点击 Direct Imports 旁边的 "+"，会出现如图 3-3 所示界面。

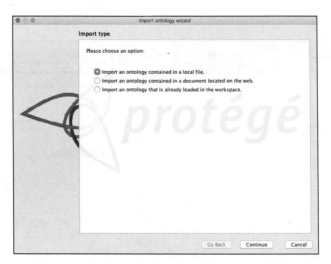

图 3-3　选择本体导入的途径

这里需要选择导入的本体源，可以选择从本体文件导入（选项 1）、从网络源导入（选

⊖　http://www.ksl.stanford.edu/software/ontolingua/。

⊜　www.unspsc.org。

⊛　www.rosettanet.org。

项 2）以及将已经加载的本体文件重新导入当前工程（选项 3）。我们选择多伦多大学开放的 Biblio$^\ominus$本体作为例子，选择选项 1。

接下来，填入本体的路径，单击 Continue 确认导入本体，在接下来的页面点击 Finish，即可导入成功，结果如图 3-4 所示。

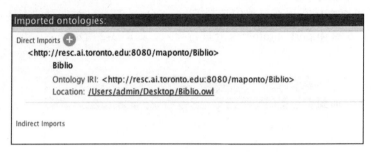

图 3-4　本体导入结果

在成功导入本体后，返回最初的活跃本体界面，选择 OntoGraf 标签，可以发现已经导入了保存的实体，并且在实体和实例界面中可以找到相应的数据，同时可以预览本体的结构图。图 3-5 展示的便是刚刚导入 Biblio 本体示例的 OntoGraf，读者可以先预览一下，后续我们从零开始构建金融本体时也会得到类似的结果。基于金融领域本体，可以重用企业及相关实体、关系等定义，进行迭代设计开发，以减少项目启动成本。

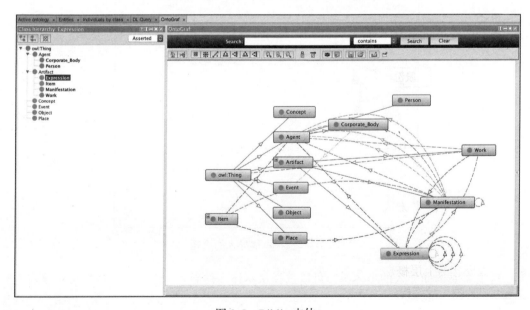

图 3-5　Biblio 本体

⊖　http://www.cs.toronto.edu/semanticweb/maponto/ontologies/Biblio.owl。

3.列举本体中的关键项

在构建本体时，为了让本体的构建者和使用者都有一个清晰的概念，可以将本体中的关键项列举出来。在这里，关键项是指领域中的一些重要概念。在列举的过程中，一些关键性信息也应该被同时提及，比如关键项的属性、描述等。在构建更复杂的本体时，在列举时往往不需要考虑每个属性的具体描述，以及它们之间是否有重叠，抑或是否需要添加类的概念。考虑例子中想要分析企业间竞争关系的需求，毫无疑问此时企业应当作为关键元素之一。同时，考虑到企业中的关键人物，以及企业所在地点也会对企业的发展和竞争力起到至关重要的作用，故把人物和地点也作为本体中的关键元素。综合以上分析，需要构建的本体应当包括企业、人物和地点这三个重要元素。如果想要进一步分析企业与企业之间的竞争关系，需要把企业的所属行业、注册资金、成立时间都作为企业关键项的关键属性。

4.确定类和类的结构

前文提到，目前最常用的三种类的定义方法是自顶向下定义、自底向上定义和二者结合定义。自顶向下定义是使用最多的定义方法，该方法会从定义最抽象的概念入手，再逐渐细化。比如在金融企业领域本体中，我们可以先定义企业类，再通过创建一些子类对其概念进行细化，比如：私营企业、有限责任公司和股份有限公司。进一步还可以将有限责任公司分为国有独资公司、其他有限责任公司等。自顶向下的定义示例如图 3-6 所示。

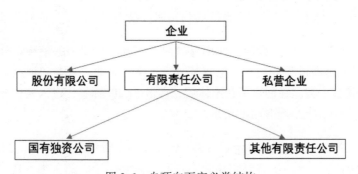

图 3-6　自顶向下定义类结构

自底向上的定义方法则从一些最细致的类别也就是从整个结构的叶结点入手，同时对概念逐渐归类并抽象，最终形成整个结构。比如可以先确定国有独资公司作为本体的叶结点，然后添加其兄弟概念以及上层概念，即"其他有限责任公司"和"有限责任公司"。在得到初始概念的上层概念的基础上，再考虑上层概念的兄弟概念和更上层的概念，不断重复上面的步骤，最终构建出企业类。自底向上的定义示例如图 3-7 所示。

在二者结合定义中，可以先找到最明显的概念，比如有限责任公司，再同时对其进行泛化和细化。

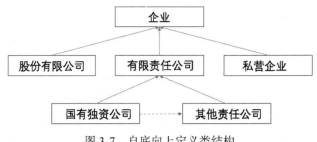

图 3-7　自底向上定义类结构

在以上三种方法中，没有一种是绝对优于其他方法的。在方法的选择上主要依赖于对领域的理解以及划分。不论哪种方法，通常都会从类的定义开始。从前面列举步骤获取的关键项中，选择一些独立存在的对象而不是对于对象的描述作为类的基础，并根据这些对象定义不同的类。比如"有限责任公司"可以作为一个独立存在的对象，那么它可以作为一个类，而"所属行业"只是一个类可能的属性，无法作为一个类。在这里定义的类会作为整个本体结构的出发点。我们会根据层级分类法将这些类组织起来，并不断明确其中一类是否是其他类的子类，某个关键项是否是某一个类的实例。在这里，对象指的是客观世界空间的一个实际事物，即类表示对象的一种抽象描述。如果类 A 是类 B 的父类，那么每个类 B 中的实体也属于类 A 的实体。换句话说，类 B 继承了类 A，即类 A 中的所有属性都会被类 B 继承。例如"国有独资公司"为"有限责任公司"的子类，而"有限责任公司"为"企业"的子类，那么根据刚才提到的原则，"国有独资公司"类继承了"企业类"，"国有独资公司"类的实体也应当是"企业"类的实体，该实体会继承"企业"类的全部属性。

根据在第 3 步中列举的关键项，使用自顶向下的方法构建类的结构。首先，需要使用最宏观的概念对关键项进项分类，可以将其分为三类：企业、人物和地点。相应的，我们在 Protégé 中创建三个类。在创建了新本体后，点击 Entity 标签，进入实体标签页，可以看到位于左侧的类层级结构，如图 3-8 所示。

可以看到，最基本的父类 Thing 已经被创建，Thing 指代万事万物，是最基本的类别，因此通常作为根结点。下一步需要创建的人物和地点都属于它的子类。选中 Thing 类，点击方框中的"创建子类"按钮，在接下来的窗口中输入类的名称"企业"，点击确定，即创建成功。创建成功后的效果如图 3-9 所示。

接下来，点击"创建兄弟类"按钮，创建企业的兄弟类"地点"和"人物"。若需要删除类，点击最右侧的按钮即可。值得注意的是，前面列举的关键项还有不完善的地方，所以需要在这里根据需求对每一个类进行细化，最终制定出无法再分的子类，比如之前提到的有限责任公司类应当被分为国有独资公司和其他有限责任公司两个子类。相应的，对于股份有限公司和私营公司也应进行对应的划分。同时，同一层级的不同类应该是互斥的（在这里互斥表示某个实体只可以属于同一层级的其中一类，不能同时属于多个类）。为了达到这样的效果，选中企业类，在右下方的 Disjoint with 处添加与其互斥的类：地点，结果如图 3-10 所示。

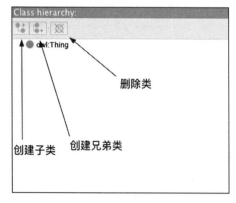

图 3-8　Protégé 的类结构图

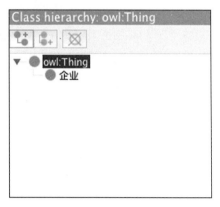

图 3-9　创建新类

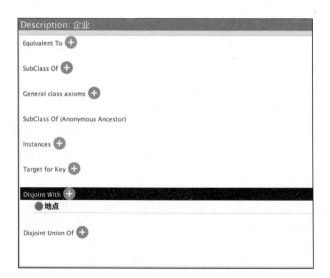

图 3-10　添加互斥约束

在 OWL 中构建本体时，可以发现很多类与类之间的约束，例如互斥、子类、等价类以及原子类等。如图 3-10 所示，Protégé 中已经实现了一些常见约束，并可以通过图形化界面来建立。如果希望进一步了解这些约束，读者可以查阅 OWL 官方文档⊖。实际上，这些约束对于上层的知识推理是至关重要的。

重复以上步骤，最终创建好的类的层级结构如图 3-11 所示。

图 3-11   完整的金融本体类结构图

5. 确定类的属性

到目前为止构建的本体由于只包含一些抽象概念，还不能完整地解决在第 1 步中提出的问题（即在创建本体时需要明确：本体覆盖的领域、本体的用途、本体中数据的应用场景和本体应该如何维护）。当定义了类之后，必须定义每个类内部的数据结构。这一步决定了类的独特性。实际上，决定类的关键因素除了类的名字这一简单标识符外，更关键的是组成类的不同属性。为了给类的内部添加信息，需要回顾第 3 步中定义的若干关键项，在类的构建结束之后，剩下的关键项大多可以成为类的属性。对于金融领域本体的例子来说，可以包括企业的所属行业、注册资金、成立时间等信息。在为类添加属性时，必须要明确属性描述的信息属于哪一类。通常，在使用 Protégé 构建本体时，可以通过以下划分方式对类的属性进行分类。

1）类的内部属性：比如企业的注册资金、成立时间等，可以理解为类的先天属性，通常与实体同时生成且一般不可修改。

2）类的外部属性：比如企业的人数，可以理解为类的后天属性，通常可修改。

3）类的部分属性：如果某个实体是结构化的，那么它也可以拥有物理上以及逻辑上的"部分"，比如要构建一个计算机类，其部分属性可以包括 CPU、硬盘和内存等。在物理上，这些属性组合构成了计算机。

4）与其他个体的关系：根据在第四步中提到的，某个类的子类会继承该类的所有属性，不难发现与类相关的属性应该尽可能置于抽象程度高的类中，使得其子类可以继承。

经过前面步骤，我们已经基于 Protégé 完成了本体中类的定义，现在需要进一步完善每个类的属性以及它与其他类的关系。首先，需要创建类与其他类之间的关系，也称作类的对象属性。这里所说的对象属性需要与后文创建的数据属性区分开，对象属性的属性值必须为另一个类，表示类与类之间的关系。而数据属性的属性值为数据类型，只存在于类本身。在 Protégé 主界面选择 Entities 标签，再选择 Object properties，可以看到如图 3-12 所示界面。

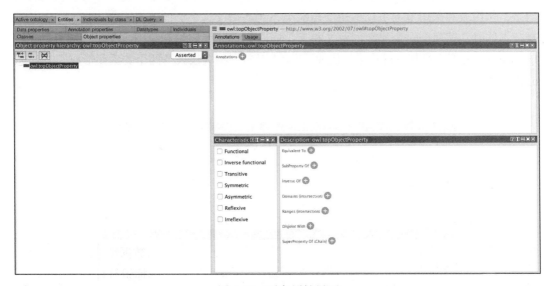

图 3-12　对象属性界面

在当前界面中，依旧选中基对象属性，点击"创建子属性"按钮来创建一个对象属性。比如，已知一个公司必定存在一个法人，在目前定义的金融本体中存在企业类和人物类，那么它们之间应该至少存在"法人"关系，并且方向为从人物类出发指向企业类。点击左上角的 Add sub property，在弹出如图 3-13 所示的窗口中输入要添加的属性名称，并点击确定。

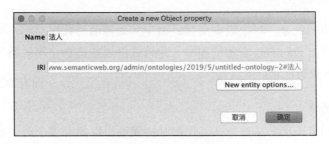

图 3-13　创建对象属性

这样就添加了一条对象属性，但是这个对象属性的范围和作用域还没有确定，接着在左侧的属性层级列表中点击刚刚添加的法人属性，在右下角可以看到可选属性的范围 (Domains) 及作用域 (Ranges)，范围即该对象属性的出发类，而作用域即为该属性指向的类，定义这样的约束可以使得对象属性具有唯一性。首先点击 Domains 旁边的加号，在弹出的窗口中选择人物类，这样就确定了属性的范围。同理，在 Ranges 中选择该属性作用的作用域。在这个属性中，即企业。创建后的结果如图 3-14 所示。如果想保证该属性与其他属性互斥，点击 Disjoint with，从中选择需要与该属性保持互斥的属性即可。值得注意的是，作用域和作用范围不仅适用于当前类，还适用于这个类的所有子类。同时，在构建复杂本体时，若两个对象属性的意义相反，同时它们的作用域和范围也相反，则可以点击 Inverse of（相反）对其进行约束。例如，"法人"与"拥有法人"两个关系便形成了 Inverse of 的约束。

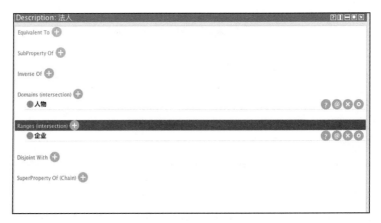

图 3-14   为对象属性添加作用域和范围

与创建对象属性类似，我们还需要为类创建数据属性。进入 Data properties 子标签，选中 topDataProperty，点击左上角的"添加子属性"按钮并输入名称"所属行业"，即创建数据属性成功，如图 3-15 所示。

与对象属性不同的是，对于数据属性，由于其属性值为数据类型，所以目前只需要确定它的作用域。点击 Domains 右侧的加号，为该数据属性选择作用的类。至此，我们就为创建的类添加了对象属性和数据属性。

6. 确定属性的特点

不同的属性拥有不同的描述方式，比如某些属性可以拥有多个值，某些属性必须使用字符串类型等。举例来说，企业的所属行业必须使用字符串类型。在不同的系统中，用来描述属性的值的数量往往不同，在这里会引入一个新的概念，即属性的"基数"。在系统中，可能会对属性值的最大基数和最小基数做出规定，即属性值的数量必须大于等于最小基数且小于等于最大基数。有时属性的基数也可能被规定为 0，这代表类中的某些属性可以不需要任何值来描述。

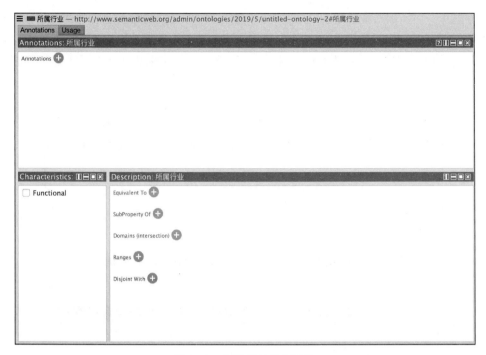

图 3-15　创建类的数据属性

在 Protégé 中，也需要确定数据属性的特点。在第 5 步中，我们给数据属性添加了作用域，这里会为属性添加特点（数据类型）。在 Domains 标签下方找到 Ranges 标签，点击右侧的加号，选择 Build in datatypes，如图 3-16 所示，即可为数据属性确定数据类型。

图 3-16　选择数据属性的数据类型

在这里，将所属行业确定为 string 类型，在列表中找到 string 类型并选中，这样属性的数据类型就设置好了，如图 3-17 所示。值得考虑的是，在创建数据属性后，要如何对数据属性进行约束？例如对于企业的成立日期，是否需要统一其日期表示格式？这个问题留给读者思考。

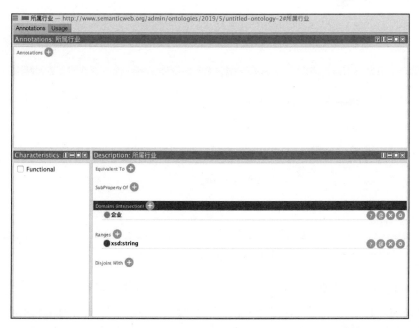

图 3-17　为数据属性添加作用域

7. 创建实例（实体）

在 Protégé 中重复第 4～6 步，即可完善本体中的类以及属性信息。当完成上述步骤后，就可以进入基于 Protégé 构建本体的最后一步，即创建结构化本体中的实例。定义一个个体实例需要：

1）为实例选择一个类；

2）创建一个该类的实例；

3）为实例填充属性值。

举例来说，我们可以在金融领域本体中创建一个"小米公司"，并定义它属于"其他有限责任公司"类，所属类的父类为有限责任公司，祖先类为企业。使用企业名称来对企业进行唯一标识，然后填充所需要的属性信息。进入 Entity 标签下的 Individuals 子标签。假设已经创建了两个对象属性：法人和总经理，作用域都是人物，作用范围都是企业。同时企业类包含三个数据属性：所属行业、注册资金和成立时间，且数据类型都是 string。首先我们会创建一个人物实例，点击左上角的 Add individual 选项，在弹出的窗口中输出实例名字如"雷军"，点击确定即可创建成功，如图 3-18 所示。

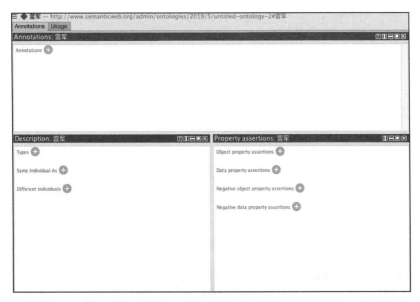

图 3-18　创建实体界面

实例创建完毕后，首先确定它所属的类，点击左下方的 Types，在类的层级结构中选择人物类，这样就明确了该实体的类。根据设计，人物类只拥有对象属性，所以需要为该类添加对象属性。按照同样的方法创建"小米科技有限责任公司"实例，然后回到"雷军"实体，点击右下方的 Object property assertions，在对话框中填入对象属性的名称和作用的另一实体，如图 3-19 所示。

图 3-19　为实体添加对象属性

这样就为该实体添加了对象属性。接下来为"小米科技有限责任公司"实体创建数据属性。首先选中该实体，点击 Data property assertions，为实体创建数据属性，在窗口左侧选择要添加的属性，右侧输入属性值，并且在下方选择值的数据类型。需要注意的是，这里输入的数据类型需要与创建属性时的数据类型对应，如图 3-20 所示。

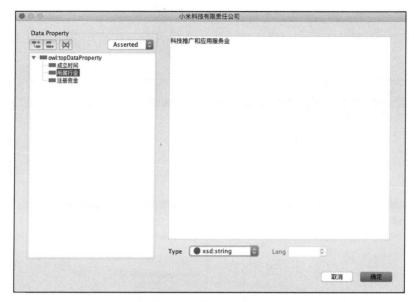

图 3-20　为实体添加数据属性

重复上述步骤，为实体填充属性。到这里我们已经掌握了创建本体所需要的全部步骤，接下来需要做的就是不断扩充本体并对其进行修正。当本体创建完毕后，可以选择顶部菜单的 File → Save 保存本体以便后续读取。同时，Protégé 还内置了对本体的可视化功能，在顶部菜单中选择 Windows → Tab → OntoGraf，即可看到本体的可视化结果，如图 3-21 所示。

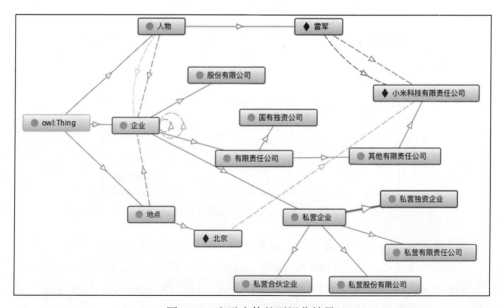

图 3-21　金融本体的可视化结果

通过以上的例子，我们了解了使用 Protégé 构建本体的流程。作为一款优秀的本体构建软件，Protégé 的优点在于用户界面友好，易于扩展并且有丰富的文档，可以让使用者快速上手并且创建属于自己的本体。但 Protégé 的劣势主要在于不支持本体的批量创建，大多数情况下需要手动依次对本体中的元素进行定义，这在创建规模较大的本体时为使用者带来了很大不便。

接下来将介绍一些其他较为常见的本体建模工具。

3.1.2　其他本体建模工具

3.1.1 节介绍了目前最流行、使用最广泛的本体建模工具 Protégé。实际上除了 Protégé 以外，还有包括 Apollo、OntoStudio 在内的很多不同形式的优秀本体建模工具。每种本体建模工具各有侧重，下面将会对一些其他本体建模工具逐一介绍。

1. Apollo

Apollo⊖是一款基于 GraphQL⊖的图数据库平台，也常被用作本体构建工具。GraphQL 是一种用于 API 的查询语言，而 Apollo 可以被看作 GraphQL 的一种实现。Apollo 鼓励开发人员采用较为敏捷的增量开发方法对本体进行构建，同时由于其具有高兼容性，使得开发人员在使用时不需要对现有接口和数据服务进行任何更改。实际上，最恰当的使用方式是将 Apollo 用作位于知识库系统服务层和应用层之间的新层。同时 Apollo 也是开源组件与云服务的结合。它主要包括两个运行平台：Apollo 服务器端和 Apollo 客户端。其中 Apollo 服务器端主要负责对本体进行存储和计算，而 Apollo 客户端主要负责向服务器端发送构建以及查询本体的请求。Apollo 的层级架构⊜如图 3-22 所示。

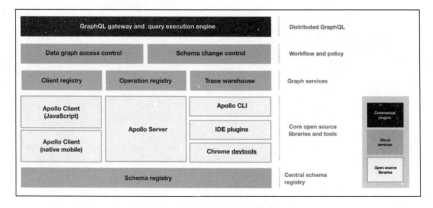

图 3-22　Apollo 层级架构图

⊖ https://www.apollographql.com/。

⊖ https://graphql.cn/。

⊜ https://www.apollographql.com/docs/。

除此之外，Apollo 还提供了丰富的集成工具，以便开发人员在进行开发时保证对本体的可视性以及安全性。在完成本体的构建后，使用者可以通过 Apollo 丰富的 API 在移动设备上建立客户端来访问存储在服务端的本体。Apollo 的优势在于可以通过 GraphQL 语言对本体进行批量构建和查询，同时可以构建大规模本体并将其存储在服务器端，并使用可跨平台部署的客户端进行查询。但 Apollo 也有不足之处，其依赖于 GraphQL 语言进行操作，并且没有像 Protégé 那样完整的可视化界面。

2. OntoStudio

OntoStudio 是一款用于构建和维护本体的商业建模环境，拥有较为全面的功能，可以直观地对本体进行建模并导入各种通用本体。OntoStudio 的主要功能包括本体映射工具和本体编辑器，其支持异构本体间相互映射，也允许用户建模复杂的依赖关系。OntoStudio 支持对多种文件格式进行建模，除了传统的 OWL、RDF 外，还包括 UML 和 Excel 等格式。除此之外，对于简单的本体编辑任务，还可以使用轻量级的本体编辑工具 Web OntoStudio。Web OntoStudio 可以通过任何浏览器使用，支持包括创建、修改类与实例在内的多种功能。除此之外，多个用户可以使用 Collaboration Server 协作创建和扩展本体，其请求可以导出为 Web 服务并集成到任何应用程序中。OntoStudio 的可视化界面如图 3-23 所示。

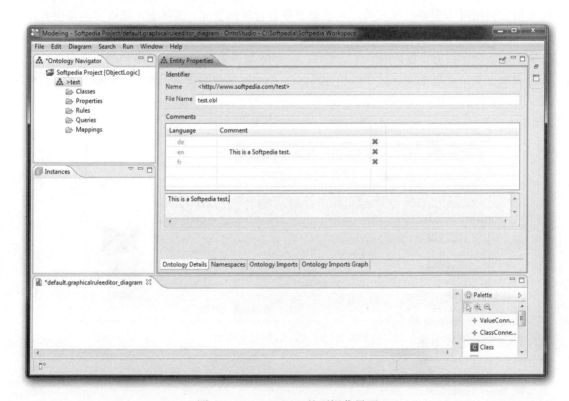

图 3-23　OntoStudio 的可视化界面

3. TopBraid Composer

TopBraid Composer[⊖]是由 TopQuadrant 公司开发的一款集本体建模、SPARQL 语言请求编辑、数据整合以及集成开发环境（IDE）为一体的语义应用和本体建模工具。TopBraid Composer 可以通过将功能集成在 Eclipse 中来实现 IDE 环境下本体的构建，也可以作为 SPARQL 和 SPIN 开发环境。在完全遵守 W3C 规范的同时，TopBraid Composer 对本体和链接数据的开发、维护、测试和配置均提供了完整支持。它在提供易于理解的 IDE 的基础上提供了服务器端的管理工具，使得其在服务器端的部署更便捷。TopBraid Composer 使用 RDF 框架来存储和管理数据，使用 GraphQL 来对数据进行验证、推断和请求，这使得它可以在通用标准的基础上灵活地对任何数据结构进行操作。使用者可以通过其官方网站上面的链接[⊜]根据需要下载不同版本。图 3-24 展示了 TopBraid Composer 的本体编辑界面。

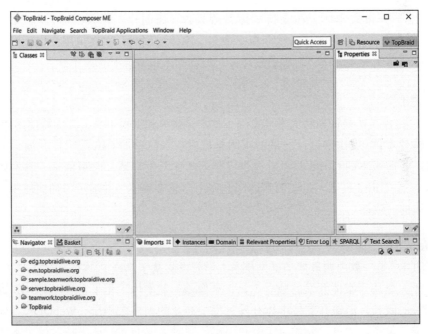

图 3-24　TopBraid Composer 的初始界面

4. Semantic Turkey

Semantic Turkey[⊜]是由罗马大学开发的一款基于 RDF 的本体建模和管理工具。其可以看作对 Firefox 浏览器的一个基于 Java 的语义扩展，旨在为在网页浏览中遇到的信息提供创新的收集和管理方案，并在此基础上构建本体。Semantic Turkey 的主要特点在于从网页

⊖　https://www.topquadrant.com/products/topbraid-composer/。

⊜　http://www.topquadrant.com/downloads/topbraid-composerinstall/。

⊜　http://semanticturkey.uniroma2.it/。

标签的角度明确地划分了知识数据和链接数据，以便用户可以根据标签专注操作自己需要的数据。除此之外，用户可以使用 Semantic Turkey 为对象添加属性和关系来对本体进行更新，也可以通过修改对象的 Web 指针来对本体进行建立和修改。

5. Knoodl

Knoodl[⊖]是一款分布式本体建模工具，其中包含创建、管理、分析和可视化本体的组件，且主要组件被托管在亚马逊 EC2 云服务器中。由于其分布式的存储方式使得 Knoodl 可以在创建社区的基础上，让社区内的成员能够协同对本体进行创建、导入、修改和讨论。Knoodl 还支持 RDF、OWL 以及 SPARQL 查询。

6. Chimaera

Chimaera[⊜]是由斯坦福大学开发的一款基于 Web 的本体建模工具，其支持用户在 Web 上创建和维护分布式本体。在支持本体常规操作（如创建、修改、导入等）的基础上，Chimaera 还支持合并多个本体并诊断单个或多个本体。同时，它支持用户以不同格式实现加载知识库、重组分类方法、解决名称冲突、浏览本体和编辑术语等任务。

7. OliEd

OliEd[⊜]是由英国曼彻斯特大学开发的一款本体建模和编辑工具，其支持使用 DAML 和 OIL 语言构建本体。OliEd 设计的最初意图是提供一个简单的 OIL 编辑器并演示如何使用 OIL 语言。当前版本的 OilEd 并没有提供完整的本体开发环境，它更像是一款本体编辑器的"记事本"。OliEd 提供了足够的功能来允许用户建立本体，并演示了如何使用推理来检查这些本体的一致性。

8. WebODE

WebODE®是一款由西班牙马德里技术大学开发的基于 Web 的本体构建工具。实际上，WebODE 不只是用于本体开发的独立工具，更像是一款本体工程平台。WebODE 提供各种与本体相关的服务，涵盖并支持本体开发过程中涉及的大多数操作。WebODE 本体的主要组件包括类、关系、常量、公式、实例和引用。同时，WebODE 还支持对整个本体进行保存和导入。

9. KMgen

KMgen^⑤是一款基于知识机器的本体编辑器。知识机器是一种功能强大的框架语言，

⊖ http://knoodl.com/。

⊜ http://www.ksl.stanford.edu/software/chimaera/。

⊜ https://web.archive.org/web/20020531112652/http://oiled.man.ac.uk/。

⑭ https://web.archive.org/web/20070521174937/http://webode.dia.fi.upm.es/WebODEWeb/index.html。

㊄ http://www.algo.be/ref-projects.htm#KMgen。

具有清晰的一阶逻辑语义，其包含复杂的推理机制，实现语言为 Lisp。KMgen 的本体框架全部储存在关系数据库中，使得用户可以分布式地对其进行开发。

10. DOME

DERI[一]本体管理环境（DOME[二]）是由本体管理工作组（OMWG[三]）开发的。其核心功能是一套有效的本体建模和管理套件，为整个本体建模问题提供了一个完整的解决方案。DOME 的主要特性有：简单性（提供尽可能简单的解决方案）、完整性（解决问题的所有方面）和重用性（从成熟的研究领域借用概念并应用于本体中）。DOME 支持本体的编辑和浏览以及本体的映射和合并，这些功能以自由组合的 Eclipse 插件形式提供。

3.1.3　本体建模工具的选择

通过前面两节对多种本体建模工具的了解可以得知，在选择合适的本体建模工具时需要额外关注以下特性。

1）该工具是否拥有可视化用户界面。拥有可视化界面的本体构建工具往往会使本体构建简单很多，因为用户通过对可视化界面进行操作，而无须掌握复杂的程序语言即可构建本体。这对于缺乏计算机知识的领域专家而言相对友好。然而，拥有可视化界面往往会带来一些问题，比如无法批量建立本体中的元素或批量构建本体等。

2）该工具是否支持分布式构建和存储。在 3.1.1 节中我们构建的本体只包含简单的几个元素，其对于存储空间的消耗微乎其微。然而一些包含更多领域知识的大型本体可能会含有海量元素，导致本体会消耗大量的存储空间。这时分布式存储即可发挥作用。同时，对于需要异地协同工作来创建本体的场景，也应当选择支持分布式构建的本体建模工具。

3）该工具是否支持推理。在本体构建完毕后，应该如何验证本体的正确性？根据本体进行推理是一种常用的方法。当面对庞大的数据规模时，逐一对数据进行验证是不现实的，此时可以按照指定的规则在本体中进行推理。若推理可以得到正确的结果，即相当于对本体中结构和数据的正确性进行了验证。

4）该工具是否被持续维护。在使用本体建模工具构建本体时，可能会遇到各种各样的问题，工具的开发者无法仅仅使用一个版本就满足用户的所有需求且不会出现任何漏洞。同时，系统环境和需求的不断变化也对本体建模工具的兼容性和功能性不断提出新的要求。选择一个有开发者持续维护甚至有完整成熟的社区的本体建模工具尤为重要，这将决定使用者是否可以专注于本体的构建而不是不断对工具进行调整，进而提升本体建模的效率。

　[一]　http://deri.ie/。

　[二]　http://dome.sourceforge.net/。

　[三]　http://www.omwg.org/。

根据以上四点需要关注的特性，表 3-1 对本节提到的本体建模工具做出了详细对比，供读者参考。

表 3-1　本体建模工具对比

名称	创建时间	可视化界面	分布式构建和存储	支持推理	持续维护	版权
Protégé	1987	是	否	是	是	开源
Apollo	2016	否	是	是	是	商用
OntoStudio	2002	是	是	是	是	商用
TopBraid Composer	2001	是	否	是	是	商用
Semantic Turkey	2012	是	否	否	否	开源
Knoodl	2006	是	是	是	否	商用
Chimaera	2000	是	否	否	否	开源
OliEd	2001	是	否	是	否	开源
WebODE	2003	是	否	是	否	商用
Kmgen	2009	是	是	是	否	开源
DOME	2006	是	否	否	否	开源

3.2　知识抽取工具

本节主要介绍知识抽取工具，包括由斯坦福大学研发的 DeepDive 系统、由卡耐基梅隆大学研发的 Nell 系统、由清华大学开源的 OpenNRE 工具以及由华盛顿大学研发的基于开放域的关系抽取工具 TextRunner 和 ReVerb。DeepDive 是一个从非结构化数据中抽取实体和关系，得到结构化数据的知识抽取系统。它采用监督学习方法，由于候选实体对仅支持单一关系抽取，因此也适用于特定领域的信息抽取。Nell 系统是一个不间断地从网页学习和获取知识，转化为结构化数据，并存储到自身知识库中的自学习系统。该系统最大的特点是可以永不休止地从网页抽取知识，但目前只支持英文文本的抽取。OpenNRE 利用包含实体对的句子信息，基于句子级注意力机制解决远程监督的错误标注问题，通过神经网络模型抽取实体关系。OpenNRE 支持候选实体对间的多关系抽取。TextRunner 是最早提出的开放域知识抽取系统，可以直接从网页抽取得到实体对和关系的三元组信息。为了解决 TextRunner 系统的错误抽取问题，华盛顿大学图灵中心又提出了 ReVerb 系统，它基于句法和词汇约束抽取，与 TextRunner 相比准确率有了较大提升。

3.2.1　DeepDive

上文提到，DeepDive [⊖] 是由斯坦福大学 InfoLab 实验室 Hazy 研究小组开发的一个知识

抽取系统，可以从非结构化的数据中抽取知识，得到结构化的关系数据。它拥有强大的数据处理能力，能够处理文本、网页、表格、图片等多种格式的无结构数据。DeepDive 集成了文件分析、信息提取、信息整合、概率预测等功能，主要应用在特定领域的信息抽取，从系统构建至今，已经在地质、考古、医疗等多个领域的项目实践中取得了较好的效果。

1. 工作原理

DeepDive 是一种自动化的知识库构建（Knowledge Base Construction，KBC）系统 [2]。可以从非结构化数据中抽取实体、关系对应的特征，通过特征学习预测实体间关系，最后以结构化的三元组形式存储到数据库中。图 3-25 展示了通过一个 KBC 系统对非结构化的文本数据进行抽取，得到结构化知识的过程。对文本信息"广东力王高新科技股份有限公司作为小米科技有限公司的二级供应商，近日通过了小米的供应商资源池资格审核。"进行抽取，得到特定形式的结构化知识为"供应商（小米科技有限公司，广东力王高新科技股份有限公司）"，同时得到两个实体对应关系的置信度 0.95，反映抽取实体及对应关系的准确性。其中抽取的主语和宾语是针对关系而非句子，即 < 主语 > 的供应商是 < 宾语 >，反映在上例中就是：小米科技有限公司的供应商是广东力王高新科技股份有限公司。

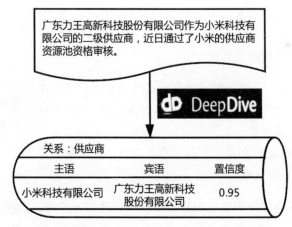

图 3-25　使用 KBC 系统进行知识抽取的实例

语法分析器是 DeepDive 的重要组成部分，可以通过各种规则实现实体间的关系抽取。一个标准的 KBC 运行机制如图 3-26 所示。

系统的基本输入包括：

❑ 无结构的目标文本数据，如自然语言文本；
❑ 存在某种关系的标记实体对，现有知识库或知识图谱中的相关知识，以及若干启发式规则。

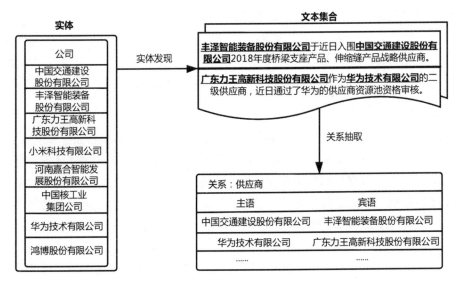

图 3-26　KBC 系统运行机制

系统的基本输出包括：

❑ 目标文本提取的关系实体对，可以为关系（实体 $_1$，实体 $_2$）或者属性（实体，属性值）等形式；

❑ 提取的实体对之间的关系置信度。

通过上述介绍可知，系统的输入包含原始文档集合以及人工标注的实体集合。系统首先对文档内容进行实体识别，然后进行实体链接，最后输出用户指定关系的实体集合对。DeepDive 系统运行过程中有一个重要的迭代环节，即每轮输出生成后，需要用户对运行结果进行错误纠正，通过特征调整、更新知识库信息、修改规则等手段干预系统的学习，进而使得系统的输出不断得到改进。

DeepDive 的工作流程分为特征抽取、专业知识融合、监督学习和迭代优化四个步骤，下面分别进行介绍。

（1）特征抽取

首先，DeepDive 会对原始数据进行特征抽取，这是实现知识抽取的第一步。DeepDive 先对数据进行预处理，包括分词、词性标注、命名实体识别和句法分析等处理过程，然后定位候选实体位置，为候选实体生成候选实体对，并且在抽取出实体对的相关特征后存储到数据库中。抽取的特征内容包括两个实体之间的词语序列、词性序列、命名实体识别序列及依存句法结构等语义特征。然后使用这些特征训练模型对样本进行分类。同时DeepDive 支持人工从原始数据中指定特定的模式作为特征，但需要专家撰写特征提取脚本，以符合 DeepDive 的特征接口。

（2）专业知识融合

提高 DeepDive 质量的另一个方法是融合专业知识，这些知识在统计学上被认为是正确的。如在抽取人与人之间的关系时，可以融合"一个人极大可能只有一个配偶"的知识。DeepDive 支持专家知识的输入，这些专家知识将在后续迭代优化过程中对结果进行约束，以改善迭代结果。

（3）监督学习

上述步骤只是提取到了候选实体对及其特征，而未对其进行标注。对于分类模型而言，还需要足够的训练样本用于模型训练，即包含特定关系的实体对集合，而实际中一般很难找到充足的样本用于训练特征组合。DeepDive 使用一种远程监督的机制，从已有知识库或知识图谱中获取事实三元组，如果 DeepDive 抽取的候选实体对与事实三元组中的实体对一致，则该候选实体对标为正例，同时，可以选择没有在知识库中出现的实体对作为负例。在没有高质量的现成标注数据的情况下，使用远程监督方法扩大标注数据是一种行之有效的方法。

还可以通过启发式规则的方法来获得训练数据。该方法通过用户编写启发式规则来实现正负样本的标注，可以在一定程度上纠正远程监督的错误标注问题，减少系统学习和推理过程中的偏差。

（4）迭代优化

上述三个步骤都不能保证产生完全正确的数据。那 DeepDive 如何确保知识抽取结果的正确率呢？ DeepDive 系统加入了迭代优化的机制，在每次迭代输出结果后，用户可以对运行结果进行错误分析，重新调整特征权重、修改或补充规则、标注更多数据等方法人工干预系统的学习，然后重新运行修改后的系统，使得系统的输出结果随着迭代不断改进。

2. DeepDive 在关系抽取中的应用

下面以一个实际的案例来介绍 DeepDive 的使用方法。延续 3.1 节中设计的企业本体，本节的目标是抽取企业供应链上游供应商关系，完善企业间的关联。首先介绍在一个实际项目中 DeepDive 的文件目录组成结构，以及各组成部分的作用，如表 3-2 所示。

表 3-2　Deepdive 关系抽取项目目录说明

文件 / 文件夹名称	作用
app.ddlog	程序处理流程配置文件
db.url	PostgreSQL 数据库配置文件
deepdive.config	DeepDive 配置文件
input	外部数据导入文件夹
run	中间结果文件夹
udf	外部代码文件夹

下面介绍 app.ddlog 文件，它由 DDlog 语言编写。DDlog 是用于编写 DeepDive 应用的高级语言，由 DDlog 编写的文件以 ddlog 为后缀，语法为 datalog 形式 [3]。app.ddlog 文件内部是声明和规则的集合，每一个声明和规则以 (.) 结尾，程序内规则的定义与顺序无关，在实际运行时，app.ddlog 文件会先被编译成一个可执行文件。一个 ddlog 程序由以下几部分组成：

1) 关系的模式声明
2) 正常派生规则
  a. 派生的关系（头原子）
  b. 使用的关系（体原子）
  c. 派生条件
3) 用户自定义的相关函数（UDFs）
  a. 函数声明
  b. 函数调用规则
4) 推理规则

所有 DDlog 代码都需要放在 app.ddlog 文件中，供后续程序执行使用。此外 DDlog 允许使用任意数量的 @name 语法来注释模式中的关系和列，在后续的项目构建过程中，还会对 app.ddlog 文件中的具体内容及用法进行介绍。

首先介绍该项目具体的环境搭建流程。

❑　DeepDive 安装

由于本项目使用的原始数据都以中文为基础，因此在该项目中我们以 OpenKG 上的 CNdeepdive⊖为例介绍安装过程。首先下载 CNdeepdive 原始文件⊖并解压，解压后进入该项目目录，运行 install.sh 后选择 deepdive 进行安装。

❑　环境变量配置

DeepDive 的可执行文件一般安装在～ /local/bin 文件夹下。命令行输入：

```
$ vim ~/.bash_profile
```

打开配置文件后添加如下内容并保存：

```
$ export PATH="/root/local/bin:$PATH"
```

返回命令行界面，执行：

```
$ source ~/.bash_profile
```

⊖　http://openkg.cn/tool/cn-deepdive。
⊖　https://pan.baidu.com/s/1slLpYVz。

通过以上步骤即可完成 DeepDive 的环境变量配置。

❑ PostgreSQL 安装

PostgreSQL 是一个免费的对象—关系型数据库服务器（数据库管理系统），DeepDive 官方推荐使用 PostgreSQL 作为关系存储数据库。在命令行运行以下命令以安装 PostgreSQL。

```
$ bash <(curl -fsSL git.io/getdeepdive) postgres
```

❑ NLP 环境安装

本项目需要安装中文 Standford NLP 环境，在项目目录下，在命令行运行 nlp_setup.sh 完成安装。

❑ 项目框架搭建

首先建立自己的项目文件夹并命名为 supplier，在本地 PostgreSQL 中为项目创建数据库，创建完成后在项目文件夹下建立数据库配置文件：

```
$ echo "postgresql://$USER@$HOSTNAME:5432/db_name" >db.url
```

其中 USER 表示创建的数据库用户名，HOSTNAME 表示 ip 地址，若为本机，则 HOSTNAME 为 localhost，db_name 表示数据库名。在 supplier 文件夹下分别建立表 3-2 定义的文件及文件夹，包括外部数据导入文件夹 input、中间结果文件夹 run、外部代码文件夹 udf、程序处理流程配置文件 app.ddlog、DeepDive 配置文件 deepdive.conf。

此外数据导入数据库的命令为 $deepdive do table_name，其中 table_name 代表关系表名，在导入之前也可以先编译，即先使用命令 $deepdive compile 完成编译，然后执行导入命令。

项目的整个抽取流程如图 3-27 所示，左侧的框图表示外部数据 / 代码，包括先验数据、待抽取文本，以及一些可执行的特征或关系抽取模块。中间的框图表示 app.ddlog 中定义的各种关系，包括先验数据、待抽取文本、候选实体等。右侧的框图表示存储在 PostgreSQL 数据库中的关系表，中间框图向下的箭头表示执行流程，向左的箭头表示外部数据 / 代码的调用，向右的箭头表示关系存储，从数据库中引出的箭头表示关系调用。如在第一步中，当执行 app.ddlog 文件中的关系 supplier_dbdata 时，系统会先去 input/supplier_dbdata.csv 文件中读取相关的信息，并按行存储到 supplier_dbdata 关系表中。注意，supplier_dbdata 关系表有个箭头指向关系 relation_label_resolved，说明该关系表将会被关系 relation_label_resolved 调用。整个项目自上而下执行关系抽取任务。

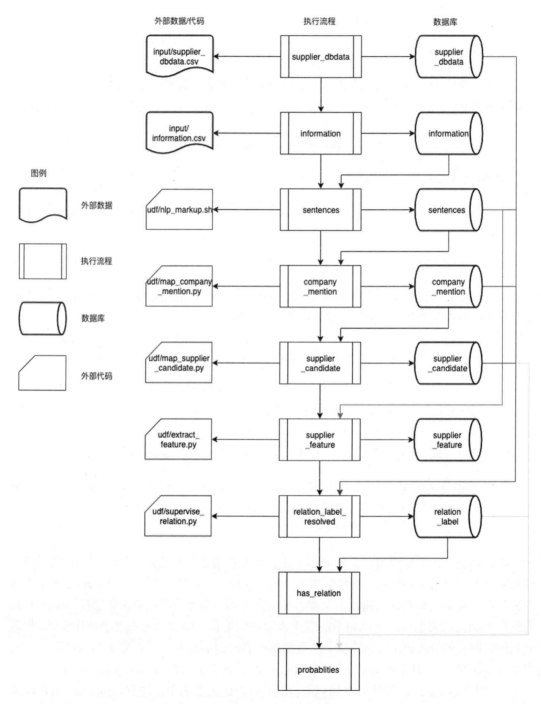

图 3-27 项目抽取流程

具体抽取流程分成以下几个步骤，分析如下。

（1）导入先验数据

由于 DeepDive 是一个有监督的学习系统，因此第一步需要准备先验数据，可以通过远程监督方法或者启发式规则获取先验数据。本例中，先验数据被保存在 ./input/supplier_dbdata.csv 文件中，先验数据的格式为（公司 A，公司 B），表示公司 A 的供应商是公司 B。每行存放一组关系数据，在 app.ddlog 中定义先验数据 supplier_dbdata 关系的格式如下：

```
@source
supplier_dbdata(
    @key
    company_a_name    text,
    @key
    company_b_name    text
).
```

在这里 supplier_dbdata 是关系名，也是数据表名，关系名上的注释表示关系注释，对于一个关系，如果原始数据来源于外部数据，则使用 @source 作为注释。company_a_name 和 company_b_name 是表的列名，列名上的注释表示列注释，在该关系中，用 @key 注释的列表示该关系的主键，一个关系可以使用一个或者多个 @key 作为列注释，当使用多个 @key 注释时，代表这些列的组合形式为该关系的主键。列名后面的 text 代表该列的数据格式。键入编译和执行命令，在 PostgreSQL 数据库中生成关系名为 supplier_dbdata 的数据表。

```
$ deepdive compile && deepdive do supplier_dbdata
```

（2）导入待抽取数据

同样可以通过远程监督或者启发式规则的方法获取待抽取数据，在这里我们从交易所的信息披露平台[⊖][⊖]中挑选了 70 条上市公司的公告信息作为待抽取数据，对待抽取数据做了符号等过滤后将其保存在 ./input/information.csv 文件中，待抽取数据的格式为一段文本信息，包含该公司公布的一些重大事项。在 app.ddlog 中定义待抽取关系 information 的格式为：

```
@source
information(
    @key
    id    text,
    @searchable
    content    text
).
```

同样地，id 作为 information 关系的主键，格式是 text，@searchable 表示 content 列可被 @extraction 注释的关系相关联，被用于检索相关内容。通过键入编译和执行命令，在

⊖ http://www.sse.com.cn。

⊖ http://www.szse.cn/。

PostgreSQL 数据库中生成关系名为 information 的数据表，里面包含公告的 id 以及公告信息。

```
$ deepdive compile && deepdive do information
```

（3）文本预处理

DeepDive 官方使用 Standford CoreNLP [⊖] 工具包进行文本预处理，但原始工具包不支持
中文处理，考虑到本项目抽取的是中文信息，处理中文时需要额外的中文模型来配置 NLP
的中文环境，所以本项目会参考在 OpenKG 上开源的浙江大学修改的 NLP 处理模块。首先
进入项目文件，在 udf/bazzar/parser 目录下执行编译命令：

```
$ sbt/sbt stage
```

编译完成后，在 target 文件夹中生成可执行文件，中文的文本预处理过程包括 token 切
分、词根还原、词性标注、命名实体识别、依存句法分析等过程。待抽取数据通过文本预
处理操作后，转换成系统所能识别的数据类型供后续特征抽取使用。文本预处理的结果同
样需要定义一张存放词性标注、命名实体识别等字段的表，在 app.ddlog 中定义预处理数据
表 sentences 的格式为：

```
@extraction
sentences(
    doc_id    text,
    sentence_index   int,
    sentence_text   text,
    tokens   text[],
    lemmas   text[],
    pos_tags   text[],
    ner_tags   text[],
    doc_offsets   int[],
    dep_types   text[],
    dep_tokens   int[]
).
```

注释 @extraction 表示 sentences 是一个保存抽取数据的关系，抽取的内容来源于被 @
searchable 注释的列，里面的每一行代表抽取的元素以及存储格式，具体分析如下。

❑ doc_id 表示待抽取文本 id，与 information 表中的 id 一致，一条文本信息可能有一
   句或者多句，句子之间通过句号分隔。
❑ sentence_index 和 sentence_text 分别表示每一句的索引和内容。
❑ tokens 表示句子的分词结果，text[] 表示这是一个 text 类型的列表。
❑ lemmas 表示每个分词结果对应的词根（对英文语言适用），对于中文词语而言，词

⊖   https://stanfordnlp.github.io/CoreNLP/。

根就是词语本身。

□ pos_tags 和 ner_tags 表示每个分词的词性和命名实体。

□ doc_offsets 表示每个分词在文章开始位置的索引，int[] 表示这是一个 int 类型的列表。

□ dep_types 和 dep_tokens 表示依存句法分析结果，其中 dep_types 表示句法分析的依存关系类型，dep_tokens 表示该依存关系的出边索引。

此外还需要定义一个执行 NLP 处理的函数 nlp_markup，函数的输入包含文档的 id 和 content，输出则是 sentence 表定义的字段。nlp_markup 函数代码为：

```
function nlp_markup over(
    doc_id  text,
    content  text
)return rows like sentences
implementation "udf/nlp_markup.sh" handles tsv lines.
```

nlp_markup 函数通过调用 udf/nlp_markup.sh 来实现其功能，然后可通过如下代码调用 nlp_markup 函数：

```
sentences += nlp_markup(doc_id, content) :- information(id, content).
```

"nlp_markup(doc_id, content) :- information(id, content)" 语句是一条派生规则，nlp_markup(doc_id, content) 是头原子，information(id, content) 是体原子，表示从 information 表读取 id 和 content，作为 nlp_markup 函数的输入。nlp_markup 函数会调用 udf/nlp_markup.sh 文件，其作用是按行读取 information 表中的数据，接着调用 NLP 模块进行文本预处理，然后将结果存入 sentences 表内，这一步骤将会耗费较多的时间。最后输入编译和执行命令，生成 sentences 关系表。

```
$ deepdive compile && deepdive do information
```

（4）实体抽取

从待抽取文本中抽取候选实体。本项目抽取的是企业上下游关系中的供应商关系，涉及的实体类型为公司实体，在 app.ddlog 中定义公司候选实体表：

```
@extraction
company_mention(
    @key
    mention_id  text,
    @searchable
    mention_text  text,
    doc_id  text,
    sentence_index  int,
    begin_index  int,
```

```
    end_index   int
).
```

候选实体表包含候选实体名及 id 信息，用 mention_text 和 mention_id 表示，mention_id 的表示形式为 doc_id、sentence_index、begin_index、end_index，由以下四个部分唯一确定：

- ❑ 候选实体出自文档的 id，用 doc_id 表示；
- ❑ 候选实体所在句子的索引，用 sentence_index 表示；
- ❑ 候选实体在句中的起始索引，用 begin_index 表示；
- ❑ 候选实体在句中的结束索引，用 end_index 表示。

为了得到 company_mention 表中各列的信息，需要定义候选实体抽取函数，在本项目中公司候选实体的抽取函数被命名为 map_company_mention，相关定义代码：

```
function map_company_mention over(
    doc_id   text,
    sentence_index   int,
    sentence_text   text,
    tokens   text[],
    ner_tags   text[]
) return rows like company_mention
implementation "udf/map_company_mention.py" handles tsv lines.
```

候选实体的抽取函数是为了抽取公司这一候选实体，为了有效识别候选实体，在抽取函数中需要定义 NLP 的相关信息，而 NLP 的相关信息可以通过 sentences 表传递，因此需要定义一个派生关系，从 sentences 表中读取 doc_id、sentences_index、tokens、ner_tags 等信息作为 map_company_mention 函数的输入，具体抽取规则可以通过导入外部函数 map_company_mention.py 实现，并将结果存入 company_mention 表中。通过如下代码调用 map_company_mention 函数：

```
company_mention +=map_company_mention(doc_id, sentence_index, sentence_text,
    tokens, ner_tags) :-
sentences(doc_id, sentences_index, sentence_text, tokens, _, _, ner_tags, _, _, _).
```

目前实体抽取有两种主流方法。第一种是通过命名实体识别，如利用系统自带的 NLP 处理函数，识别出待抽取句子的人名、地名、组织机构名等实体信息，但是该方法需要针对每个命名实体类别训练各自的命名实体识别，在缺少训练数据的情况下不可靠，但优势是可以实现新词发现。另一种方法是构建相关类别的字典，通过搜寻字典来识别实体，该方法可以准确识别候选实体，缺点是无法发现新的候选实体，因此可以将两种方法结合做实体抽取。

上面提到候选实体的抽取通过外部模块 map_company_mention.py 实现，这里我们将两种方法结合来做候选实体抽取。编写字典过滤函数，构建公司领域的字典树，获取函数 map_company_mention 中每个句子 sentence_text 的文本信息，在待抽取文本 sentence_text 中匹配字典子串来实现候选实体抽取，将存在字典树中的字符串作为候选实体输出。此外，通过命名实体识别的结果 ner_tags 找出连续 NER 标记为 ORG 的序列，在这里，连续是为了找出最长匹配的子串，如"小米科技有限公司"被分成 ["小米"，"科技"，"有限"，"公司"]，相应的 NER 结果为 ['ORG'，'ORG'，'ORG'，'ORG']，因此需要获取最长匹配子串，并将分词结果拼接后得到候选实体。

在本步骤的最后，执行命令：

```
$ deepdive compile && deepdive do company_mention
```

系统会自动将相关信息存储到公司候选实体表中。

（5）候选实体对生成

上一个步骤完成了公司候选实体的抽取，而关系抽取的目的是抽取句子中已标记实体对之间的语义关系，因此在关系抽取之前要完成候选实体对的抽取。本步骤需要抽取一个句子中同时出现两个不同公司的候选实体对，它们代表着存在符合待抽取关系的可能性。同样地，先定义一张存放候选实体对的表，命名为 supplier_candidate，抽取候选实体对需要两个候选实体的 id 和名字，因此表的设计形式如下：

```
@extraction
supplier_candidate(
    p1_id   text,
    p1_name text,
    p2_id   text,
    p2_name text
).
```

p1_id 和 p1_name 表示公司 A 候选实体的 id 和名字，p2_id 和 p2_name 表示公司 B 候选实体的 id 和名字。此外再定义一个候选实体对抽取函数，代码如下所示：

```
function map_supplier_candidate over(
    p1_id   text,
    p1_name text,
    p2_id   text,
    p2_name text
) returns rows like supplier_candidate
implementation "udf/map_supplier_candidate.py" handles tsv lines.
```

候选实体对的内容分别来之之前定义的候选实体表 company_mention，最后以候选实体对的形式存放在 supplier_candidate 表中，还可以通过一些先验规则进行约束，如统计句子中的公司候选实体的数量，代码如下所示：

```
num_company(doc_id, sentence_index, COUNT(p1)):-
    company_mention(p1, _, doc_id, sentence_index, _, _).
```

然后执行如下代码：

```
supplier_candidate += map_supplier_candidate(p1, p1_name, p2, p2_name) :-
    num_company(same_doc, same_sentence, num_p)
    company_mention(p1, p1_name, same_doc, same_sentence, p1_begin, _),
    company_mention(p2, p2_name, same_doc, same_sentence, p2_begin, _),
    num_p <= 5,
    p1_name != p2_name,
    p1_begin != p2_begin.
```

先验规则有以下几条：

❑ p1_name != p2_name，表示一个句子中候选实体的名字不能相同；

❑ p1_begin != p2_begin，表示一个句子中候选实体的起始位置不能相同；

❑ num_p <= 5，表示一个句子中候选实体的个数需小于等于 5 个。

读者也可以根据自己项目的实际情况自行修改。最后执行如下代码生成候选实体对 supplier_candidate 表。

```
$deepdive compile && deepdive do supplier_candidate
```

（6）特征抽取

上一步骤抽取到了候选实体对，但是无法得知实体对之间是否存在本项目需要抽取的供应商关系，因此本步骤将抽取候选实体对之间的文本特征，供模型判别供应商关系是否存在。同样，先定义一个关系特征表，用于存放实体对和特征，命名为 supplier_feature，表的设计结构如下所示：

```
@extraction
supplier_feature(
    p1_id  text,
    p2_id  text,
    feature  text
).
```

p1_id 表示公司 A 候选实体的 id，p2_id 表示公司 B 候选实体的 id，feature 表示从句子中抽取的特征。

为了得到候选实体对之间的特征，需要定义一个特征抽取函数，而前面步骤 3 中 NLP 处理的结果可用于特征抽取，因此该特征抽取函数的输入可以是 sentences 表的 NLP 处理结果，输出可以是 NLP 组合的各种特征。特征抽取函数 extract_feature 的代码如下所示：

```
function extract_feature over(
    p1_id   text,
    p2_id   text,
    p1_begin_index  int,
    p1_end_index  int,
    p2_begin_index  int,
    p2_end_index  int,
    doc_id   text,
    sentence_index  int,
    tokens  text[],
    lemmas  text[],
    pos_tags  text[],
    ner_tags  text[],
    dep_types  text[],
    dep_tokens  int[]
)return rows like supplier_feature
implementation "udf/extract_feature.py" handles tsv lines.
```

同理，函数需要一个外部特征抽取模块函数来抽取特征。在 udf/ 目录下编写 extract_feature.py，该模块调用了 DeepDive 自带的 ddlib 库，可得到各种词性标注、命名实体识别、词序列的窗口特征。读者也可以自行定义特征抽取规则。

抽取函数 extract_feature 中的列 p1_begin_index 和 p1_end_index 分别表示公司 A 候选实体的起始索引和结束索引，p2_begin_index 和 p2_end_index 分别表示公司 B 候选实体的起始索引和结束索引，内容引用自之前定义的 company_mention 表，而类似 tokens、lemmas 等 NLP 处理结果可引用 sentences 表中的内容，因此把 company_mention 表和 sentences 表做 join 操作，把得到的结果作为 function extract_feature 函数的输入，最后将结果输出到 supplier_feature 表中，代码如下所示：

```
supplier_feature += extract_feature(
    p1_id, p2_id, p1_begin_index, p1_end_index, p2_begin_index, p2_end_index,
    doc_id, sentence_index, tokens, lemmas, pos_tags, ner_tags, dep_types, dep_
        tokens
    ) :-
    company_mention(p1_id, _, doc_id, sentence_index, p1_begin_index, p1_end_
        index),
    company_mention(p2_id, _, doc_id, sentence_index, p2_begin_index, p2_end_
        index),
    sentences(doc_id, sentence_index, _, tokens, lemmas, pos_tags, ner_tags, _,
        dep_types, dep_tokens).
```

最后键入命令生成特征表。

```
$deepdive compile && deepdive do supplier_feature
```

（7）样本标注

DeepDive 使用远程监督和启发式规则的方法来对样本进行标注。需要准备一些已标注的实体对作为训练数据以及待标注的候选实体对，通过规则从候选实体对中标出一部分正例和负例。因此可在 app.ddlog 中定义一个关系标签表 relation_label，该表用于存放候选实体对、标注规则和标签，表的格式如下所示：

```
@extraction
relation_label(
    @key
    @references(relation='has_relation', column='p1_id', alias='has_relation')
    p1_id text,
    @key
    @references(relation='has_relation', column='p2_id', alias='has_relation')
    p2_id text,
    @navigable
    label  int,
    @navigable
    rule_id  text
).
```

当一个关系中的列引用另一个关系作为主键的列时，需要提供 @references 注释。上述 relation_label 关系中的列 p1_id 和 p2_id 引用了关系 has_relation 中定义的主键列 p1_id 和 p2_id，因此需要 @references 注释，其中参数 relation 表示引用的关系名，参数 column 表示引用的列名，同时，DeepDive 定义当一个关系中的列引用另一个关系超过一次时，需要提供别名参数 alias 加以区别。在本实例中，关系 relation_label 中的列 p1_id 和 p2_id 引用关系 has_relation 两次，因此需要提供别名参数 alias。列 label 代表标签，表示待抽取关系上的相关性，数据类型是 int，为正值时表示正相关，为负值时表示负相关，绝对值越大则相关性越强。rule_id 代表决定标签相关性的规则名称。

接着进行初始化定义。通过之前生成的 supplier_candidate 候选实体对表导入所有的候选实体对，初始 label 定义为 0，初始 rule_id 定义为 NULL.

```
relation_label(p1, p2, 0, NULL):- supplier_candidate(p1, _, p2, _).
```

导入所有的候选实体对之后，将知识库中的先验数据导入 relation_label 表中，rule_id 标记为 "from_dbdata"，知识库中的数据往往具有较强的正相关性，因此可将 label 权重设置为 +3，相关代码如下所示：

```
relation_label(p1, p2, 3, 'from_dbdata'):-
    supplier_candidate(p1, p1_name, p2, p2_name),
    supplier_dbdata(n1, n2),
    [lower(n1) = lower(p1_name), lower(n2) = lower(p2_name)].
```

由于本项目抽取的"供应商"关系是有方向的，即当文本只提及关系"公司 B 是公司 A 的供应商"时，反向关系"公司 A 是公司 B 的供应商"不成立，因此采取补充负例的策略，使得系统可以正确区分关系的方向。本项目复用原先准备的数据，仅调换公司 A 和公司 B 的位置，并把 label 权重设置为 -3，使系统能学习相应特征，相关代码如下所示：

```
relation_label(p1, p2, -3, 'from_dbdata'):-
    supplier_candidate(p1, p1_name, p2, p2_name),
    supplier_dbdata(n1, n2),
    [lower(n2) = lower(p1_name), lower(n1) = lower(p2_name)].
```

在导入过程中，为了防止英文大小写问题导致的实体对齐出错，可以调用 lower() 函数将 n1、n2、p1_name、p2_name 转换成小写。对于未知样本，可以通过启发式规则的方法进行预标记，因此还需要编写一个函数，将 extract_feature 中的内容抽取到 relation_label 表中，函数命名为 supervise_relation，代码如下所示：

```
function supervise_relation over(
    p1_id   text,
    p1_begin_index   int,
    p1_end_index   int,
    p2_id   text,
    p2_begin_index   int,
    p2_end_index   int,
    doc_id   text,
    sent_index   int,
    sent_text   text,
    tokens   text[],
    lemmas   text[],
    pos_tags   text[],
    ner_tags   text[],
    dep_types   text[],
    dep_tokens   int[]
) return rows like relation_label
implementation "udf/supervise_relation.py" handles tsv lines.
```

supervise_relation.py 是启发式规则的定义和标签计算函数，对于本例，可以获取包含"公司 B 是公司 A 的供应商"、"公司 B 入围公司 A 供应商名单"等句式的正样本，也可获取包含"公司 A 控股公司 B"、"公司 A 持有公司 B 股份"等句式的负样本，并对正负样本打上相应的标签。

细心的读者可能会问，当若干条规则同时适用同一候选实体对，该做如何处理？

DeepDive 提供了一种规则冲突的解决办法，称为投票机制。当远程监督生成的标签和启发式规则生成的标签发生冲突，或者不同规则生成的标签产生冲突时，DeepDive 会采用多数裁定原则（Majority Vote）解决该冲突。

例如，一个候选对在知识库中找到了映射，标签为 +3，同时满足一条启发式规则，得到标签为 −1。使用多数裁定原则对所有标签求和：SUM= (+3) +(−1) = +2，最终得到的标签为 +2。

因此我们可以将不同规则抽取的标签加入 relation_label 表中，主要对 supplier_candidate、company_mention、sentences 三个表中的标签做求和操作，在多条规则和知识库标记的结果中，为每对实体投票。执行代码如下：

```
relation_label_resolved(p1_id, p2_id, SUM(vote)) :- relation_label(p1_id, p2_id,
    vote, rule_id).
```

最后编译并执行：

```
$deepdive compile && deepdive do relation_label_resolved
```

生成 relation_label_resolved 表，实现样本标注。

（8）因子图构建

上述的第 1 ～ 7 步都可以称为准备过程，以产生训练关系抽取模型所需的数据、特征等。DeepDive 采用因子图模型，在构建模型前需要确定 supplier_candidate 表中的（公司 A，公司 B）供应商关系是否真的存在，因此在这一过程中，又需要定义一张最终存储的表，命名为 has_relation?，其中 ? 表示此表是用户模式下的变量表，即需要推导关系的表。这里需要预测的是公司之间是否存在这样一种关系，表的格式如下所示：

```
@extraction
has_relation?(
    @key
    @references(relation="company_mention", column="mention_id", alias="p1")
    p1_id   text,
    @key
    @references(relation="company_mention", column="mention_id", alias="p2")
    p2_id   text
).
```

上面提到关系表 relation_label 中的列 p1_id 和 p2_id 引用关系表 has_relation，在这里又可以看到关系表 has_relation 中的 p1_id 和 p2_id 是引用自关系表 company_mention 中的列 mention_id，也验证了本项目最终要抽取的是候选实体之间的关系。

将通过远程监督和启发式规则获得的标签放入已知变量中，再根据 SUM(vote) 的结果来进行判断，如果 SUM(vote) 大于 0，则公司 A 和公司 B 之间存在供应商关系，如果 SUM(vote) 小于 0，则说明不存在关系，如果 SUM(vote)=NULL，说明还需要进一步判断，相关代码如下：

```
has_relation(p1_id, p2_id) = if L > 0 then TRUE
                             else if L < 0 then FALSE
                             else NULL end :-
relation_label_resolved(p1_id, p2_id, L).
```

此时已知变量表中的部分变量标签，通过编译并执行命令，生成一份候选实体先验标签表。

```
$deepdive compile && deepdive do has_relation
```

此外还需要定义一些推导规则，例如 p1 和 p2 是候选实体对，同时这两个实体可以抽取出相应的特征，那就可以认定这两个候选实体存在所属关系，同时 DeepDive 模型通过监督学习的方法来自动调整特征权重，最后权重的大小也可以反映出候选实体之间关系的强弱，相关代码如下所示：

```
@weight(f)
has_relation(p1_id, p2_id) :-
    supplier_candidate(p1_id, _, p2_id, _),
    supplier_feature(p1_id, p2_id, f).
```

@weight(f) 表示抽取特征的权重值，我们希望 DeepDive 能从远程监督的数据中学习这些特征的权重。权重值可以自行定义或者通过 supplier_feature 函数传导。对于同一个特征，权重值应该相同。

编译并执行如下命令，训练模型并生成最终的概率模型。

```
$deepdive compile && deepdive do probabilities
```

部分预测结果如表 3-3 所示。

表 3-3　实验数据关系抽取结果

p1_id	p2_id	expectation
49_1_0_4	49_1_9_12	0.113
49_1_9_12	49_1_0_4	0.786
45_1_16_20	45_1_23_29	0.435
45_1_23_29	45_1_16_20	0.644
44_1_0_5	44_1_11_12	0.086
44_1_11_12	44_1_0_5	0.706
42_1_2_8	42_1_10_13	0.464
42_1_10_13	42_1_2_8	0.788
47_1_0_4	47_1_7_11	0.231
47_1_7_11	47_1_0_4	0.7

对于相同的两个候选实体，最后预测的概率相差较大，我们以第一行和第二行的预测结果为例：

```
p1_id=49_1_0_4（太原重工股份有限公司）
p2_id=49_1_9_12（德国铁路有限公司）
```

对于预测结果的第一行，表示"太原重工股份有限公司的供应商是德国铁路有限公司"的置信度是 0.113，而对于第二行，表示的是"德国铁路有限公司的供应商是太原重工股份有限公司"的置信度是 0.786。

由于本实例抽取的供应商这一关系存在方向，如果一个句子中只提及了公司 A 是公司 B 的供应商，那么其反向关系则不成立。本实例通过提供带方向的正例和负例，使得系统能够自动学习相关特征，区分关系的方向，增强了系统的稳健性。

总结：

- ❑ DeepDive 适用于规模较小的特定领域的语料抽取，如医疗领域的病情分析发现，可以根据领域特点调整抽取规则，具有较强的灵活性。
- ❑ DeepDive 针对同一候选实体对仅获得单一关系，分类结果为实体对在该关系成立时的置信度，通过启发式规则标注可以较好地提升训练样本的标注准确性。
- ❑ DeepDive 能够抽取出频率不高的实体对，只要 NER 识别出实体对，DeepDive 就能根据该实体对的上下文特征做出判断。

3.2.2　其他知识抽取工具

下面介绍其他几种知识抽取工具。

1. Nell

Nell[⊖]（Never-Ending Language Learning）系统由卡耐基梅隆大学的研究团队开发，可以不间断地从网络中获取信息并填充到自身结构化数据库中，也可以自我学习相应的规则以便更好执行知识抽取任务。截至目前[⊜]，Nell 系统已经获取了 2 810 379 个实例，涵盖 1 186 个不同的实体和关系类别。

该系统的输入包括以下几个部分 [4]：预先定义好的实体类别体系，如 locations、people、animals、organizations 等，每个实体类别体系需要提供若干个种子实体以及实体关系对；预先定义好的关系类别体系，如 teamPlaysSport、bookWriter 等，关系类别体系也需要提供若干个正例以及一定的负例。除了定义好的实体和关系类别体系，还需要提供大量

⊖　http://rtw.ml.cmu.edu/rtw/。

⊜　目前指 2020 年 12 月 04 日。

的网页文本数据供系统学习和获取知识。

Nell 系统每天需要执行两项任务：阅读任务，从网络文本中抽取信息来填充已有的知识库；学习任务，Nell 系统将已抽取到的信息作为训练数据不断迭代训练，以提升整体的学习准确性，这也是一种弱监督的信息抽取方法。

图 3-28 展示了 Nell 系统的架构图，该系统由三部分组成，分别是子系统组件（Subsystem Component）、数据库（Knowledge Base）和知识整合器（Knowledge Integrator），其中子系统组件又由 CPL（Coupled Pattern Learner，耦合模式学习器）、CSEAL（Coupled SEAL，耦合密度）、CMC（Coupled Morphological Classifier，耦合形态分类器）、RL（Rule Learner，规则学习器）四个部分构成。CPL 是非结构化文本抽取器，用于抽取类别和关系的实例；CSEAL 是半结构化知识抽取器，使用来自每个类别和关系的实例，用于过滤低质量的半结构化信息；CMC 是耦合形态分类器，根据各种形态特征（如词缀、词性、大小写等）对名词短语进行分类；RL 是规则学习器，学习到的规则用于从已存储在数据库中的其他关系实例推断新的关系实例。

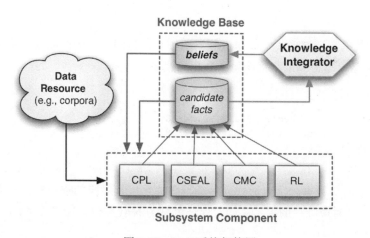

图 3-28　Nell 系统架构图

原始数据首先经过子系统组件，得到候选实例，然后通过知识整合器对候选实例进行过滤，通过设定阈值排除置信度低的结果，最后将结果和候选实例重新输入子系统组件中，通过不断优化迭代，最后系统可以得到置信度较高的一些实例关系并将结果输出。

2. OpenNRE

OpenNRE[⊖] 是清华大学自然语言处理实验室刘知远老师团队开源的一个基于

TensorFlow 的神经网络关系抽取工具。OpenNRE 将关系抽取的工作流程分成四个部分，分别是向量化（Embedding）、编码器（Encoder）、选择器（Selector）和分类器（Classifier），其中每个部分又有若干种方法可供选择。原始数据通过上述几个步骤处理后可以得到关系抽取结果。下面介绍该工具的具体细节。

如需使用 OpenNRE 工具训练一个关系抽取模型，同时用该模型预测关系抽取结果，那么模型的输入需要提供以下几种类型的数据。

1）训练数据和测试数据：列表形式，每一条数据包含句子、实体对、关系，同时句子和标点之间需要用空格隔开，数据格式如下所示：

```
[
    {
        'sentence': 'Bill Gates is the founder of Microsoft .',
        'head': {'word': 'Bill Gates', 'id': 'm.03_3d', ...(other information)},
        'tail': {'word': 'Microsoft', 'id': 'm.07dfk', ...(other information)},
        'relation': 'founder'
    },
    ...
]
```

2）词向量数据：列表形式，词向量数据用于初始化网络中的词向量，每一行放置一个字词和通过词向量模型得到的字词向量，数据格式如下所示：

```
[
    {'word': 'the', 'vec': [0.418, 0.24968, ...]},
    {'word': ',', 'vec': [0.013441, 0.23682, ...]},
    ...
]
```

3）关系—id 对应数据：字典形式，每一行是关系以及对应的唯一 id，以保证在模型训练和测试时一个 id 对应唯一的关系，同时保证关系为 NA(不包含任何关系) 的 id 永远为 0，数据格式如下所示：

```
{
    'NA': 0,
    'relation_1': 1,
    'relation_2': 2,
    ...
}
```

OpenNRE 可以用于训练基于监督学习的关系抽取，也可以用于解决远程监督学习得到的关系数据噪声过大的问题 [5]。具体地，向量化过程结合了词向量（Word Embedding）和位置向量（Position Embedding），它的作用是将句子和实体位置转换成分布式表示形式，然后传入编码器当中。编码器的作用是对句子做非线性变换，得到句子的特征向量，编码器有四种形式，分别是 PCNN、CNN、RNN 以及 Bidirection RNN 四种不同的模型，在模型实现阶段需要指定具体模型。选择器也包含三种选择机制，分别是 Attention、Maximum 和 Average，由于原始输入数据会不可避免地出现错误标签，如果我们平等看待每一个输入例句，包含错误标签的句子会在训练和测试阶段产生噪声，因此 Attention 方法使用选择性注意机制去增加错误句子的权重，Average 方法假设数据集中所有的句子具有相同的贡献，即数据集的向量表示为所有句子向量的平均值，Maximum 方法会取出数据集中贡献最大的句子，数据集的向量用贡献最大的句子向量表示。最后 OpenNRE 使用 Softmax 作为损失函数，将结果映射到 [0,1] 区间并输出。

3. TextRunner

TextRunner[⊖]是由华盛顿大学图灵中心开发的第一款知识抽取系统，也是最早提出的开放域知识抽取系统。该系统可以直接从网页抽取到实体对和关系的三元组信息，并为抽取得到的三元组计算置信度。

TextRunner 由三个关键模块组成[6]，具体介绍如下。

1）自监督学习器（Self-Supervised Learner）：学习器的生成包含两个步骤。首先，学习器为文本数据自动打标签，标记成正例数据和负例数据。然后，利用已标注数据，学习器通过学习生成一个朴素贝叶斯分类器，供后续抽取模块使用。学习器不需要提供人工标注数据。

2）单通道抽取器（Single-Pass Extractor）：通过第一个模块生成的分类器可以在文本数据上进行三元组的知识抽取。每条数据可能生成一个或多个候选三元组，通过分类器分类，保留标签为"可信"的三元组信息并存储到数据库中。

3）冗余度评价器（Redundancy-Based Assessor）：在抽取的过程中，TextRunner 会创建关系的标准化形式，例如，（$company_1$, supplier, $company_2$）和（$company_1$, supply, $company_2$）表示的是同一种关系，即 $company_1$ 和 $company_2$ 是供应商关系，TextRunner 会统一格式，然后利用网络文本的信息冗余，统计合并后相同三元组的数量，从而计算该三元组的置信度。

4. ReVerb

ReVerb[⊖]同样是由华盛顿大学图灵中心开发的一款开放域知识抽取系统。该系统增加了基于句法和词汇的约束条件，目的是改善 TextRunner 系统存在的一些缺陷，如抽取错误三元组和无效三元组。ReVerb 的输入是经过分词和词性标注的自然语言句子，输出是经过

⊖　https://openie.allenai.org/。
⊖　http://reverb.cs.washington.edu/。

系统抽取得到的对应三元组信息。系统的三元组抽取过程包括两部分[7]。

1）关系抽取：对于句子中的每个动词，找出从该词开始的最长字符串，同时需要满足句法和词汇的约束。句法约束要求该关系短语是动词短语，同时动词短语后面需要跟介词、助词、名词短语其中一种。词汇约束要求关系短语必须出现在由 Web 数据构建的字典库中。关系短语主要通过正则表达式匹配，该关系短语作为关系的候选供后续步骤使用。

2）实体抽取：从上一步中抽取得到关系短语，找到距离该关系短语最近的且位于关系短语左边的名词短语作为候选实体，过滤代词等干扰项，同时找到距离该关系短语最近的且位于关系短语右边的名词短语作为候选实体，如果能在句子中找到该候选实体对，则返回（候选实体 1，关系，候选实体 2）的三元组信息。

ReVerb 系统在上述抽取的基础上手动编写特征，并为每个特征赋予一个置信度分数，符合某特征的三元组内容将会被打上相应的置信度分数。通过逻辑回归分类器（Logistic Regression Classifier）实现特征赋分，实现更少的训练样本提取三元组信息。

3.2.3 知识抽取工具对比

上文共介绍了 5 种知识抽取工具，表 3-4 对这些知识抽取工具的详细对比，供读者参考使用。

表 3-4 知识抽取工具对比

工具	特点	优点	缺点
DeepDive	采用监督学习方法；候选实体对仅支持单一关系的抽取；系统通过迭代优化保证正确率，适用于特定领域的抽取	可以处理多源数据，引入远程监督，减少训练数据数量，可扩展，自身具备推理和学习能力	无法处理多关系抽取问题；抽取质量依赖前期标注数据
Nell	不间断从网络抽取知识；使用弱监督的方法学习和自我进化	可以不断学习新的关系，实现无止境学习	抽取语言单一（目前只支持英语）；可塑性较差
OpenNRE	基于神经网络抽取实体关系；支持候选实体对间的多关系抽取	可以充分使用实体对之间的信息；具有更好的注意力机制	数据格式较为严格，需要按照特定的方式组织
TextRunner	最早的开放域知识抽取系统；使用小部分语料和启发式规则即可训练	无须准备大规模训练数据；系统运行效率高	缺少语法解析器，抽取的关系存在较大噪声
ReVerb	关系抽取基于句法和词汇的约束，无须提前指定关系类型；支持全网信息抽取	关系抽取的正确率高	复杂语句抽取效果较差，实体抽取的噪声较多

3.3　知识存储工具

2.3 节中已经介绍了主流的知识存储方式。对于知识图谱而言，最直观的知识表达方式便是图模型，本节主要围绕图数据库阐述知识存储的工具。当然，图数据库类型是一种选择，对于知识图谱来说并不是必须的条件，在很多情况下，传统的关系型数据库，例如 MySQL，便可以适用相当多的应用场景。

图数据库强调数据之间的关联关系，它将数据间的联系视为和数据本身同等重要。基于图的数据建模方式具有天然的可扩展性，使得图数据库不需要一个预先定义好的数据模型，便可以便捷地实现数据存储。

数据互联、知识互联、万物互联已经成为当今世界的趋势，图数据库的出现便是顺应这种潮流。传统的关系型数据库在处理关系操作时，需要通过表连接（JOIN）实现，在实时查询的环境下，代价较高。图数据库则直接将关系和数据在物理层面上一并存储下来，使得访问数据结点和关系的操作能够以线性时间复杂度完成，甚至能够在 1s 内遍历百万级的关系边。

图 3-29 是截至 2020 年 1 月份，数据库趋势网站 DB-ENGINES[⊖]统计的各类别数据库热度趋势时间轴。可以发现，自 2014 年开始，对图数据库的关注度便已经远远超越了同期其他类型的数据库。

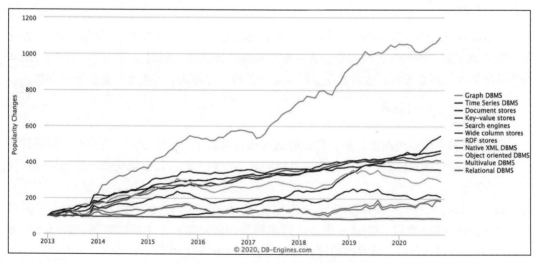

图 3-29　不同类别数据库的热度趋势[⊖]

⊖　https://db-engines.com。

⊖　https://db-engines.com/en/ranking_categories。

图数据库领域内部阵营的情况又是如何呢？统计数据同样来自 DB-ENGINES，如图 3-30 所示，Neo4j 长期稳居图数据库热度榜首，因此本节也主要围绕目前最为流行的 Neo4j 图数据库展开讨论。

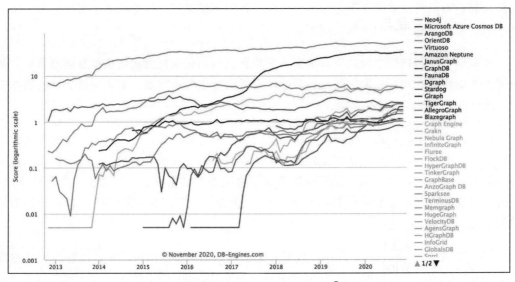

图 3-30　图数据库的热度趋势[⊖]

3.3.1　Neo4j

Neo4j 是一款热门的原生图数据库，由 Java 和 Scala 编写，于 2007 年发布。Neo4j 在存储级别实现了属性图模型，使用指针方式构建和遍历图数据，同时支持 ACID 事务。Neo4j 分为社区版本和商业版本，收费的商业版本包含备份、分布式、容灾等企业级服务支持。

Neo4j 主要有以下特性。

❑ 可观的大图遍历性能，基于高效的结点和关系表示及存储方式，支持在常规硬件平台存储亿级别结点，同时能以线性时间复杂度对大图进行广度优先遍历或深度优先遍历。

❑ Cypher，一种为图数据设计的声明式查询语言，与 SQL 类似。设立了开源的 openCypher 项目。Cypher 语言支持多种复杂的功能，由于篇幅限制，这里不会对其进行深入介绍，感兴趣的读者可以自行查阅官方文档[⊖]。

❑ 灵活的属性图数据模式，基于关系边的数据连接方式，易于后期数据扩展，能够适

⊖ https://db-engines.com/en/ranking_trend/graph+dbms。

⊖ https://neo4j.com/docs/cypher-manual。

应业务场景的需求变迁，加速领域数据的扩充。

❏ 数据库驱动支持多种热门编程语言，包括 Java、Python、JavaScript、Go 等。（本节主要以 Python 为例进行说明，其他语言可参考官方文档⊖。）

❏ 支持 ACID 事务，保证数据操作正确和完整性。

3.3.2　Neo4j 安装与部署

在开始使用 Neo4j 进行知识存储之前，需先对运行环境和 Neo4j 进行配置。

本书所使用的 Neo4j 版本为 3.5，需要注意，Neo4j 不同版本之间的区别较大，存在不同特性的支持问题，例如索引在 3.3 版本后出现了较大的变动。部分版本不支持数据的向下兼容，即旧版本的数据库文件在迁移到高版本的过程中可能会失败。此外，支持编程语言的数据库驱动的版本也应当尽量和 Neo4j 的版本相匹配，否则容易导致意外。

本节主要基于 Docker 方式介绍安装和部署 Neo4j 的方法，这也是本书推荐的安装方法。基于 Docker，易于安装、部署、监控和管理，尤其是在多 Neo4j 数据库运行的情况下。后文会在出现 Docker 指令时进行必要的解释。关于 Docker 的安装以及详细使用说明可参考官网⊜，后文将假设 Docker 环境已正常运行。同时，Neo4j 支持大部分主流平台，包括 Linux、Mac OS 和 Windows，针对各个平台的特定安装方式，难度较低，读者可按照官方文档⊜，自行完成 Neo4j 的安装。

1. 获取官方镜像

执行以下命令：

```
$ docker pull neo4j
```

该命令的作用是从 Docker 的官方镜像库拉取所需的 Neo4j 镜像⊜。镜像，可以理解为出厂设置的 Neo4j 数据库，未经过任何自定义配置的默认版本。拉取过程的示例如图 3-31 所示，一个镜像由多个层组成，每一层会分别进行拉取。

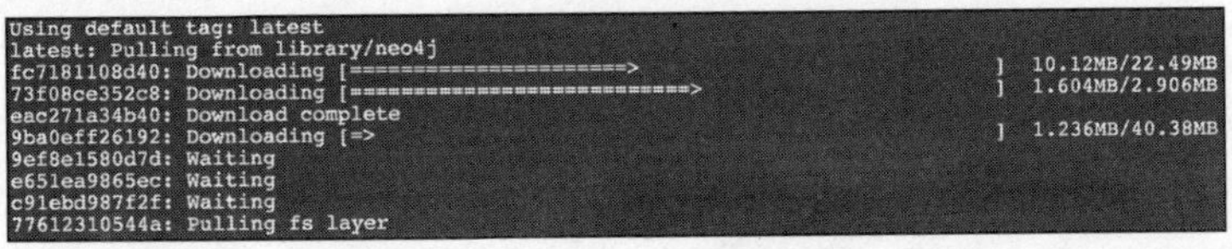

```
Using default tag: latest
latest: Pulling from library/neo4j
fc7181108d40: Downloading [=====================>              ]   10.12MB/22.49MB
73f08ce352c8: Downloading [=======================>            ]   1.604MB/2.906MB
eac271a34b40: Download complete
9ba0eff26192: Downloading [=>                                  ]   1.236MB/40.38MB
9ef8e1580d7d: Waiting
e651ea9865ec: Waiting
c91ebd987f2f: Waiting
77612310544a: Pulling fs layer
```

图 3-31　获取 Neo4j 镜像

⊖　https://neo4j.com/docs/driver-manual。

⊜　https://www.docker.com/。

⊜　https://neo4j.com/docs/operations-manual/current/installation/。

⊜　https://hub.docker.com/_/neo4j。

上述命令会默认拉取最新版本的 Neo4j 镜像，当需要获取指定版本的 Neo4j 时，可使用以下示例命令：

```
$ docker pull neo4j:3.5
```

示例命令中的版本号（Tag），即"3.5"，也可以替换为自定义的版本号进行获取操作。

2. 创建容器开启 Neo4j

基于 Neo4j 的静态镜像，创建一个动态运行的容器，便可将 Neo4j 运行起来。容器，类似于虚拟机的概念，Neo4j 数据库将会运行在一个独立环境中，与宿主机隔离。

执行以下语句启动 Neo4j 容器：

```
$ docker run neo4j
```

命令执行后，便可以看到 Neo4j 启动过程的日志输出，如图 3-32 所示。

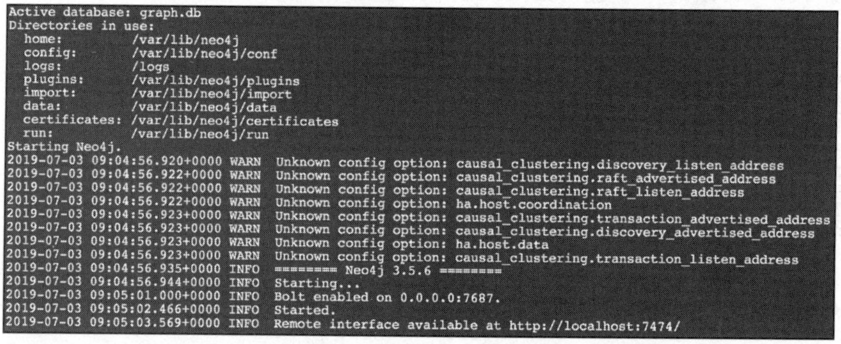

```
Active database: graph.db
Directories in use:
  home:         /var/lib/neo4j
  config:       /var/lib/neo4j/conf
  logs:         /logs
  plugins:      /var/lib/neo4j/plugins
  import:       /var/lib/neo4j/import
  data:         /var/lib/neo4j/data
  certificates: /var/lib/neo4j/certificates
  run:          /var/lib/neo4j/run
Starting Neo4j.
2019-07-03 09:04:56.920+0000 WARN  Unknown config option: causal_clustering.discovery_listen_address
2019-07-03 09:04:56.922+0000 WARN  Unknown config option: causal_clustering.raft_advertised_address
2019-07-03 09:04:56.922+0000 WARN  Unknown config option: causal_clustering.raft_listen_address
2019-07-03 09:04:56.922+0000 WARN  Unknown config option: ha.host.coordination
2019-07-03 09:04:56.923+0000 WARN  Unknown config option: causal_clustering.transaction_advertised_address
2019-07-03 09:04:56.923+0000 WARN  Unknown config option: causal_clustering.discovery_advertised_address
2019-07-03 09:04:56.923+0000 WARN  Unknown config option: ha.host.data
2019-07-03 09:04:56.923+0000 WARN  Unknown config option: causal_clustering.transaction_listen_address
2019-07-03 09:04:56.935+0000 INFO  ======== Neo4j 3.5.6 ========
2019-07-03 09:04:56.944+0000 INFO  Starting...
2019-07-03 09:05:01.000+0000 INFO  Bolt enabled on 0.0.0.0:7687.
2019-07-03 09:05:02.466+0000 INFO  Started.
2019-07-03 09:05:03.569+0000 INFO  Remote interface available at http://localhost:7474/
```

图 3-32   创建 Neo4j 容器

Neo4j 首先激活了数据库"graph.db"，由于是初次启动，该数据库为空。其次显示的是 Neo4j 所使用的文件目录，这些路径的作用如下所示。

- ❏ home，根目录。
- ❏ conf，配置文件存储位置。
- ❏ logs，日志存储位置。
- ❏ plugins，插件存储位置。
- ❏ import，数据导入目录，可以由 Cypher 的"LOAD CSV"功能语句调用。
- ❏ data，数据库数据文件存储位置。
- ❏ certificates，用于存放 TLS 连接所需的证书。
- ❏ run，用于存放 Neo4j 的运行时状态，例如 Linux 系统中的 pid 文件（用于防止进程启动多个副本），会在 Neo4j 启动时创建，在关闭时删除。

了解目录的作用有助于理解 Neo4j 的运行机制，尤其是在出现故障时，给予一定修复思路。同时需要注意，以上路径均为容器内部的路径，与宿主机无关。由于容器与宿主机存储隔离，数据不共享，这里便出现两个问题。如何将数据库文件持久化？如何使用已有数据库或自定义配置？对此，我们将在目录映射中进行探讨。

如图 3-32 所示，"Starting Neo4j."表明 Neo4j 开始尝试启动。在加载配置文件时，显示了若干关于不明配置选项的报警，原因是当前版本为 Neo4j 的社区版本。日志中报警的是分布式集群相关的配置项，而这是属于企业版本 Neo4j 的特性。若要使用 Neo4j 的企业版本，需使用"neo4j:enterprise"，或"neo4j:3.5-enterprise"（指定版本）。

在输出当前 Neo4j 的版本信息（即 3.5.6），以及 Bolt 数据库连接端口地址（即 0.0.0.0:7687）后，Neo4j 提示启动完成，并给出了一个前端访问地址，即"http://localhost:7474/"。那么这两个端口的具体作用是什么呢？这便是下一步端口映射需要探讨的内容。

3. 端口映射

Neo4j 提供了三个端口，用于外部接入数据库访问，分别介绍如下。

- ❑ 7473 端口：提供 HTTPS 前端服务接入及 REST API 接入。
- ❑ 7474 端口：提供 HTTP 前端服务接入及 REST API 接入。
- ❑ 7687 端口：Bolt 服务端口，提供后台数据库连接服务接入。

通常情况下，需要 HTTP 端口以支持 Neo4j 原生的前端访问，以及 Bolt 端口以支持数据库操作。正如前文所提到的，由于 Docker 容器环境与宿主机隔离，为了能够在外部访问上述两个 Neo4j 的端口，需要进行容器端口映射。

执行以下命令，启动 Neo4j 容器，并设置端口映射：

```
$ docker run -d -p 7474:7474 -p 7687:7687 neo4j
```

执行命令后，终端只会输出一串简单的字符串，实际为启动的 Neo4j 容器 id，该 id 通过 hash 生成。注意该命令中出现了两个新的参数：参数"-d"，表示容器将以后台方式运行，不受启动容器的终端关闭影响；参数"-p"，即"port"，指的是宿主机到容器的端口映射，冒号前为宿主机的端口号，冒号后为容器中的端口号。该命令将容器中的两个端口映射到宿主机，提供外部访问。需要注意，默认情况下容器内的端口（冒号后）不会变化，而宿主机暴露的端口（冒号前）则是可以自定义替换的。当启动多个 Neo4j 容器时，需要保证各个容器的端口号互不相同，以避免发生冲突，尤其是数据库连接端口 7687，建议替换宿主机的对应端口。

4. 目录映射

在默认情况下，Docker 容器创建的所有文件都存储在容器内的一个可写层中，与宿主机相隔离。这意味着，当容器被删除后，容器内部的所有文件也都会消失，这对于数据库来说是不能接受的。因此，需要一种数据持久化机制，将容器内的目录与宿主机的目录相关联，即使容器消失，数据仍然会存在于宿主机中。除了数据持久化需求，批量数据导入 Neo4j、自定义配置等需求，同样依赖于该目录映射机制。

通过图 3-32 中的日志信息，我们了解到 Neo4j 在容器中的主要路径位置以及相应目录的作用。这里以保存数据文件的目录 data 为例进行说明。

执行以下命令，启动 Neo4j 容器，并配置目录映射参数：

```
$ docker run -d -v /kg/company-kg/data:/var/lib/neo4j/data neo4j
```

以上命令引入了一个新的 Docker 启动参数 "-v"，即 "volume"，其作用是将冒号前的宿主机文件路径映射到冒号后的容器内文件路径。细心的读者可能已经注意到一个问题，那便是该映射的方向是由宿主机到容器。因此在启动容器时，容器内部对应的路径会被宿主机的映射路径所覆盖。当容器启动后，映射的文件目录便会自动同步。

基于已有的数据库文件启动 Neo4j 时，需要将已有的数据库文件目录对应到宿主机的目录，即 "data" 目录。之后，仍旧使用上述命令启动容器，便可加载已有的 Neo4j 数据库。

基于上述目录映射的思路，当需要对 Neo4j 中的其他必要目录进行数据共享时，在容器启动时加入目录映射参数即可，例如导入数据的 "import" 目录等。

本节介绍的是一种较为简便的数据持久化策略，实际上，宿主机和 Docker 容器的数据共享策略不止这一种。典型的，也可以通过 "docker cp" 命令手动迁移数据，对此感兴趣的读者可参考官方文档[⊖]。

5. 管理 Neo4j 容器

既然容器以后台方式运行，那要如何查看它的状态或者关闭容器呢？针对以上管理 Neo4j 容器的问题，这里介绍一些 Docker 的基础操作命令，在管理多个 Neo4j 数据库时将会有所帮助。

❑ 执行以下命令，查看当前正在运行的所有容器：

⊖ https://docs.docker.com/storage/bind-mounts/。

```
$ docker ps
```

执行结果如图 3-33 所示，以类似表格的形式呈现，一行为一个运行中的容器。容器的详细信息分为 7 列，分别是容器的 id（CONTAINER ID）、容器所基于的镜像（IMAGE）、容器启动后执行的命令（COMMAD）、创建时间（CREATED）、运行状态（STATUS）、端口（PORTS）、名称（NAMES）。当前示例中仅运行了一个容器，即 Neo4j 容器。

```
CONTAINER ID          IMAGE               COMMAND              CREATED          STATUS          PORTS
                                                          NAMES
0fc08ff2b564          neo4j               "/sbin/tini -g -- /d…"   9 seconds ago    Up 6 seconds    0.0.0.0:
7474->7474/tcp, 7473/tcp, 0.0.0.0:7687->7687/tcp     friendly boyd
```

图 3-33　查看运行中的容器

- □ 执行以下命令，查看某个容器的日志：

```
$ docker logs <容器 id>
```

对于 Neo4j 容器，执行上述命令，其输出结果与图 3-32 相同。因此日志只是由前台输出转为后台记录。

- □ 执行以下命令，停止某个容器：

```
$ docker stop <容器 id>
```

- □ 执行以下命令，删除某个容器：

```
$ docker rm <容器 id>
```

3.3.3　可视化

Neo4j 的一大优势是其自带的前端页面原生支持数据展示，同时也可以基于 Cypher 语句对数据进行插入和修改操作。

基于上一节的内容，正常启动 Neo4j 后，便可以在浏览器中通过以下 URL 进行访问：

```
http://<host ip>:<HTTP PORT>
```

其中，<host ip> 指的是 Neo4j 启动时其所在机器的 ip 地址。若在本机上启动，则为"localhost"。若在远程服务器启动，则为远程服务器的 ip，如"192.168.1.100"。<HTTP PORT> 指的是开启 Neo4j 时指定的 HTTP 端口，默认为"7474"。对此有疑问的读者，可以回顾一下前文的端口映射部分。

图 3-34 是 Neo4j 前端打开后的页面示例，由于是初始化运行，数据库处于空的状态。

从页面上看，主要分为三个区域。

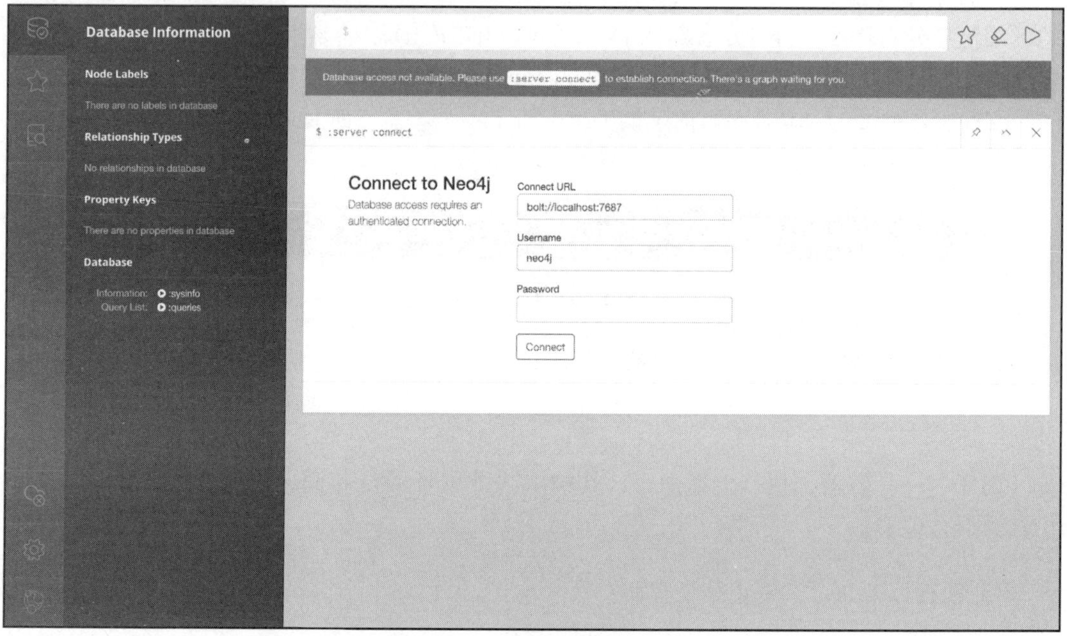

图 3-34　Neo4j 前端页面示例

左侧包含若干 Tab 栏，为功能按钮区域。默认显示第一个 tab，用于显示当前数据库的信息，包括结点类型汇总、关系类型汇总等。由于当前 Neo4j 数据库未连接，因此信息均为空。

上侧的输入区域，可以输入 Cypher 查询语句等命令。在连接到 Neo4j 数据库后，可进行数据的查询、统计、插入、修改等操作。

中间的大片区域用于展示和交互。在上侧输入框执行的每条指令，都会在中间区域显示其执行结果。执行结果是多样化的，当前示例中为数据库连接提示，可以进行数据库连接的交互操作。当然最重要的，也可以以点和边的形式展示图数据，在后续示例中可以看到。

建立数据库连接，基于页面的提示信息，在对应区域内分别输入 Neo4j 数据库的 Bolt 连接地址，以及用户名和密码，进行连接。Bolt 地址形式为：

```
bolt://<host ip>:<Bolt PORT>
```

<host ip> 仍为 Neo4j 所在机器的 ip 地址。<Bolt PORT> 则为 Bolt 端口，默认为 7687，在上一节创建 Neo4j 的容器过程中，我们曾指定了该端口的映射。

第一次启动时，会显示如图 3-34 所示的情况，需输入初始用户名密码，随后 Neo4j 会提示用户修改密码。初始用户名和密码：neo4j。

3.3.4　图模型

属性图模型（Property Graph Model）是 Neo4j 图数据库的基本数据模型，它基于结点、关系和属性存储数据。

❏ 结点，对应知识图谱中的实体。结点可以用若干标签进行标记，对应实体的类别。同时，在结点上，还可以存储实体的若干属性。

❏ 关系，刻画实体与实体之间的连接。Neo4j 强制要求构建时的关系必须是有方向的，即需要定义存在出结点和入结点的有向边。单从性能角度来说，Neo4j 在底层存储时采用双向链表，因此支持双向的快速查询。关系可以指定其类型，含义同结点的标签相类似，但需要注意一点，关系类型只能有一个，而结点标签可以存在多个。同时，Neo4j 支持 65KB 个不同的关系类型。关系上也可以存储属性，对关系边进行补充描述。可以发现，这样的数据刻画方式，已经超越了普通 RDF 的表达能力。

❏ 属性，由若干键 – 值对形式的数据组成，值的类型可以是整型（Integer）、浮点型（Float）、字符串（String）、布尔型（Boolean）、空间坐标类型（Point）、时间类型（Date 和 Time 等），也可以是特殊类型 null，表示空值。

结合图 3-35，可以对属性图中的元素有一个更加直观的了解。一个属性图犹如一个画板，上面可以包含两种类型的元素对象，即结点和关系。直观来看，一个属性图是由若干个结点和若干关系组成的，而关系则将结点组织关联起来。再往下深入，一个结点上可以存储标签和属性，一个边关系上可以存储关系类型和属性。

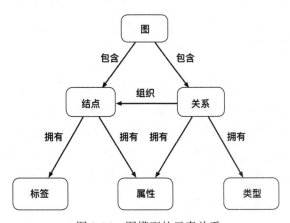

图 3-35　图模型的元素关系

在了解 Neo4j 的属性图模型后，便可以正式构建企业关系图谱了。图 3-36 是一个简化版的企业间关系图，包含了所有的属性图要素，作为示例非常合适。该示例中共有 5 个结点，4 个关系。结点类型共有两种，即企业和人物。关系类型也有两种，即股东和供应商。同时，结点和关系上都可能存在若干属性。

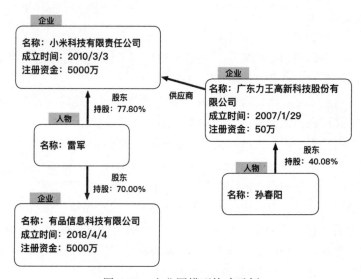

图 3-36　企业图模型构建示例

下面开始一步步构建简化版的企业关系图谱。本节采用 Cypher 语言进行图谱构建，后续操作均在 Neo4j 的前端界面中完成，在上侧的命令输入框，键入命令执行即可。由于示例的数据量较小，采用 Cypher 添加数据的方式较为合适。下面将详细介绍如何利用 Neo4j 的属性图模型进行知识建模。

1. 创建结点
以人物结点的创建为例，执行以下命令：

```
$ CREATE (person:人物 {名称:" 雷军 "})
```

该命令的作用是创建一个结点，为该结点赋予"人物"标签，并添加一个键值（key-value）属性对，即人物结点的"名称"为"雷军"。图 3-37 为创建成功的执行结果示例，提示信息为 1 个标签被添加，1 个结点被创建，一个属性被添加，命令的总耗时为 222ms。可以注意到，由于一个结点被添加，左侧的数据库统计已经发生了变化。

创建结点的 Cypher 语句分为四个主要部分。

❑ CREATE，命令的关键词，表示创建，大小写不敏感。

- [ ] person，结点的别名，通常在多个 Cypher 语句组合时使用。
- [ ] :人物，结点的标签声明，注意标签名称前的冒号，必须存在。当需要赋予结点多个标签时，用冒号隔开即可，例如 ": 人物 : 高管 :CEO"。
- [ ] {名称 :" 雷军 "}，结点的属性声明，使用两个花括号进行标识。一个键值对为一个属性单元，键与值之间采用冒号进行分隔。冒号左侧为属性名称，即 key。冒号右侧为属性值，即 value。这里的属性值为字符串类型，因此需要添加双引号。多个属性对之间用逗号进行分隔。

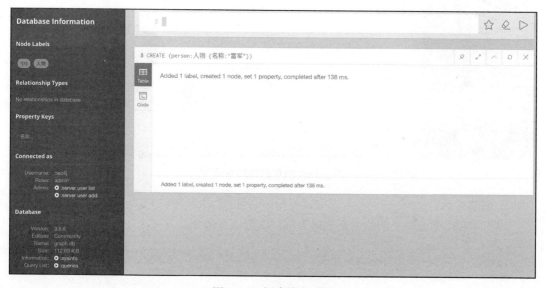

图 3-37　创建结点示例

类似地，执行以下命令，创建剩余四个结点，结果如图 3-38 所示。

```
$ CREATE (:人物 {名称 :" 孙春阳 "})
$ CREATE (:企业 {名称 :" 小米科技有限责任公司 ", 成立时间 :"2010/3/3", 注册资金 :"5000 万 "})
$ CREATE (:企业 {名称 :" 广东力王高新科技股份有限公司 ", 成立时间 :"2007/1/29", 注册资金 :
    "50 万 "})
$ CREATE (:企业 {名称 :" 有品信息科技有限公司 ", 成立时间 :"2018/4/4", 注册资金 :"5000 万 "})
```

命令执行完毕，可以通过 Neo4j 前端查看创建成果。点击图 3-38 中左侧矩形标注区域的按钮，点击一个标签，可查看该标签相关的所有结点，" * "则表示查看所有标签对应的结点。如图 3-38 所示，刚刚创建的 5 个结点被展示到了页面中，读者可以尝试点击、拖动结点，进行一些互动。

细心的读者可能注意到，示例语句中的属性值均被设置为字符串类型，而前文中提到，属性值可以为日期以及数值类型等。在此处，更加适合对成立时间和注册资金的数据类型进行约束, 读者可以自行尝试一下。

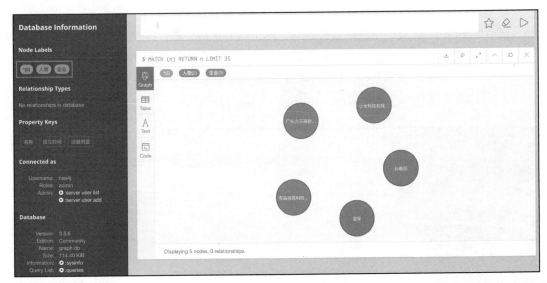

图 3-38 结点创建结果示例

2. 创建关系

以雷军和小米公司之间的关系创建为例, 执行以下命令:

```
MATCH (person { 名称 :" 雷军 "})
MATCH (company { 名称 :" 小米科技有限责任公司 "})
CREATE (person)-[: 股东 { 持股 :"77.80%"}]->(company)
```

注意以上命令需同时执行。第一条命令的作用是查询名称为雷军的结点, 用别名 person 指代。第二条命令类似, 查找小米公司的结点, 用 company 指代。第三条命令为创建雷军与小米公司之间的关系, 创建时需要指定具体的出结点和入结点, 因此前两条命令是必需的。图 3-39 展示了该语句的执行结果, 可以发现左侧数据库统计信息中增加了刚刚添加的关系类型"股东"。系统提示 1 个属性被设置, 一条关系被创建, 耗时共 97ms。

创建关系的 Cypher 语句有以下几个核心部分。

❑ CREATE, 命令关键词, 表示创建。

❑ (person), 出结点的别名。

❑ -[: 股东 { 持股 :"77.80%"}]->, 关系的详细定义。整体用方括号进行标识, 左右两侧伴有箭头方向, 以表示关系的方向。与结点类似, 冒号后为关系类型, 花括号内部为关系的属性。

❑ (company), 入结点的别名。

图 3-39　创建关系示例

类似地，创建剩余的三个关系：

```
MATCH (person { 名称 :" 雷军 "})
MATCH (company { 名称 :" 有品信息科技有限公司 "})
CREATE (person)-[: 股东 { 持股 :"70.00%"}]->(company)
MATCH (person { 名称 :" 孙春阳 "})
MATCH (company { 名称 :" 广东力王高新科技股份有限公司 "})
CREATE (person)-[: 股东 { 持股 :"40.08%"}]->(company)
MATCH (company1 { 名称 :" 广东力王高新科技股份有限公司 "})
MATCH (company2 { 名称 :" 小米科技有限责任公司 "})
CREATE (company1)-[: 供应商 ]->(company2)
```

以上命令执行完毕后，可通过 Neo4j 前端查看最终成果，如图 3-40 所示。可以看到，通过上述步骤，图 3-36 所设计的属性图模型已经存储到了 Neo4j 数据库中。复制该流程，利用 Neo4j 原生的交互式前端，扩展知识建模的范围，增加结点和关系，便可以生成一个完整的企业知识图谱。

细心的读者可能已经发现，关系边的创建完全可以同结点创建同时进行，这样便省去了查询结点的中间步骤。同样以雷军与小米之间的关系创建为例，整合后的创建命令如下所示：

```
CREATE (person: 人物 { 名称 :" 雷军 "})
CREATE (company: 企业 { 名称 :" 小米科技有限责任公司 ", 成立时间 : "2010/3/3", 注册资
    金 :"5000 万 "})
CREATE (person)-[: 股东 { 持股 :"77.80%"}]->(company)
```

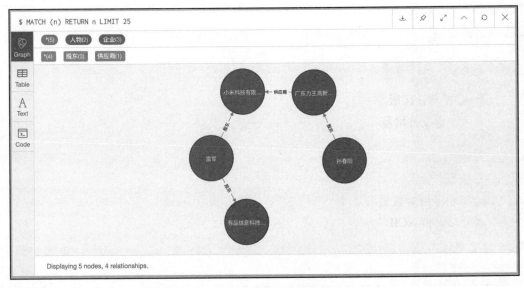

图 3-40   关系创建结果示例

此外，本节中介绍的结点查询方式并不是最高效的，目前的方式的本质是对数据库进行遍历查询，效率较低。加速查询可以增加索引，并增加结点标签的约束，读者可自行尝试。

3.3.5   其他图数据库

1. Microsoft Azure Cosmos DB

Azure Cosmos DB ⊖ 属于云平台产品，托管于微软的 Azure，具有全球分布式存储和主备机制。其具有如下几点优势。

- ❑ 个位数毫秒级读写延迟。
- ❑ 全球范围内，吞吐量和存储空间自动弹性缩放。
- ❑ 高可用性。
- ❑ 定义完善的一致性存储。

当然，Azure Cosmos DB 最大的优势仍然是云存储的便利性，但同时，使用时也需要支付相应的服务费用。

2. OrientDB

OrientDB ⊖ 是第一个多数据模型、开源、NoSQL 数据库，它将图存储和文档存储的优

⊖ https://azure.microsoft.com/zh-cn/services/cosmos-db/。

⊖ https://orientdb.com/。

势结合在一起，实现了一个可扩展、高性能的数据库。

性能方面，OrientDB 支持每秒 12 万记录数据的存储。与 Neo4j 类似，OrientDB 针对关系边也进行了物理存储，使得实时查询时无须进行耗时的表连接（Join）操作。

OrientDB 有社区版本和企业版本。社区版本基于 Apache2.0 开源许可，允许社区版商用。企业版本则支持增量备份、分布式集群等特性。

3. ArangoDB

ArangoDB[⊖]是一个原生支持多数据模型的开源数据库。数据模型包括文档数据类型、图数据类型和键值对数据类型。ArangoDB 支持类 SQL 的查询语言 AQL 以及 JavaScript 方式扩展，同时支持 ACID 事务，可方便地进行水平和垂直扩展。

ArangoDB 能够以应用服务器形式运行，并将应用和数据库融合对接，使服务的吞服量最大化。ArangoDB 支持备份和数据分片，使用 Apache2.0 开源许可。

4. Virtuoso

Virtuoso[⊜]是一个高性能的对象关系数据库。它提供智能 SQL 编译器，并支持事务和功能强大的存储过程语言。与 Neo4j 前端类似，Virtuoso 内置 Web 服务器，提供对 Virtuoso 存储过程的 SOAP 及 REST 访问。

Virtuoso 有一个内置的 WebDAV 仓库，可用于托管静态和动态 Web 内容，并可提供版本控制。此外，Virtuoso 还提供了自动化的元数据提取和全文搜索。

查询语言方面，Virtuoso 支持将 SPARQL 嵌入 SQL 中，以查询存储在 Virtuoso 数据库中的 RDF 数据。

5. JanusGraph

JanusGraph[⊗]是一个分布式图数据库，它由 Titan[⊗]发展而来，继承了 Titan 的所有特性。JanusGraph 集成了众多开源工具：后端存储引擎支持 Cassandra、HBase、BerkeleyDB 等，索引则支持 Solr、ES、Lucence 等，同时还集成了 Spark GraphX、Giraph 等图分析计算引擎，以及 Hadoop 分布式计算框架，可视化方面则集成了 Arcade Analytics、Cytoscape 等工具。JanusGraph 采用 Gremlin 查询语言，开源许可为 Apache2.0。

表 3-5 是对上述图数据库的简单对比，可供读者参考。

⊖ https://www.arangodb.com/。

⊜ https://virtuoso.openlinksw.com/。

⊗ https://janusgraph.org/。

㉓   https://titan.thinkaurelius.com/。

表 3-5　热门图数据库对比

数据库名称	语言	数据分片	模式	许可证	发布时间
Neo4j	Java	×	可选	开源 / 商用	2007
Microsoft Azure Cosmos DB	未知	√	无须	商用	
OrientDB	Java	√	无须	开源	2010
ArangoDB	C	√	无须	开源	2012
Virtuoso	C	√	无须	开源	1998
JanusGraph	Java	√	无须	开源	2017

参考文献

[1]　刘仁宁 , 李禹生 . 领域本体构建方法 [J]. 武汉工业学院学报 ,2008(01):46-49+53.

[2]　Zhang C. DeepDive: A Data Management System for Automatic Knowledge Base Construction[D]. The University of Wisconsin-Madison, 2015.

[3]　Stefano C; Georg G, Letizia T. What You Always Wanted to Know About Datalog (And Never Dared to Ask) [D]. IEEE Transactions on Knowledge and Data Engineering, vol I, no 1, 1989, 146-166.

[4]　Carlson A, Betteridge J, Kisiel B, et al. Toward an Architecture for Never-Ending Language Learning[C]. AAAI, 2010: volume 5, 3.

[5]　Yankai L, Shiqi S, Zhiyuan L, Huanbo L, and Maosong S. Neural Relation Extraction with Selective Attention over Instances[C]. Proceedings of ACL, 2016: volume 1, 2124-2133.

[6]　Michele Banko, Michael J. Cafarella, Stephen Soderland,Matt Broadhead, and Oren Etzioni. Open Information Extraction from the Web[C]. Proceedings of the 20th International Joint Conference on Artificial Intelligence, 2670–2676, January.

[7]　Anthony Fader, Stephen Soderland, and Oren Etzioni. Identifying Relations for Open Information Extraction[C]. Proceedings of the 2011 Conference on Empirical Methods in Natural Language Processing, 2011.

第 4 章

从零构建通用知识图谱

通用知识图谱是一类用途非常广泛的知识图谱，以常见的事实知识为主。相比较而言，领域知识图谱仅涵盖特定领域的知识，往往由少数的领域知识专家构建和维护，更新的成本较高。而通用知识图谱的数据来源为百科，例如百度百科、维基百科等，已经成为人类的核心知识源之一，它们由大量分布在世界各地的参与者共同贡献，维护及更新的成本较低。

通用知识图谱涵盖常见知识，能提供结构化数据和领域子图，具有增强 Web 搜索能力，并支持自然语言搜索。

对于第一次接触知识图谱的读者来说，完成通用知识的整套构建流程，可以更好地理解知识图谱技术栈，并体会通用知识图谱的优势以及它的局限性。

4.1 通用知识表示与抽取

在具体介绍通用知识的表示与抽取前，我们先来了解通用知识的数据来源。

4.1.1 通用知识数据来源

百科是一类知识聚合站点，采用众包方式维护，知识更新较快，是构建通用知识图谱时普遍采用的数据来源。

典型的百科站点包括维基百科、百度百科、互动百科等。接下来以国内外两个较为知名的百科站点为例，分别进行分析。在百科网站中，一个词条相当于一个实体，图 4-1 是一个关于实体"小米公司"的维基百科词条。

在词条页面中可以发现许多有价值的知识，其中主要的可利用信息如下。

图 4-1　维基百科词条数据样例

1. 标题

标题表示的是实体的标准名称。需要注意，实体的名称作为一种自然语言表述，可能存在歧义。一种情况为一词多义，即一种表述对应多个实体，如"小米"可以指一种作物，也可以指当前示例中的企业"小米公司"。另一种为多词一义，如"小米公司"和"小米集团"两种表述指的都是同一个实体。在图 4-1 的示例中还有一个细节，标题的下方有一行备注信息，"重定向自小米公司"。它的含义是，原本的检索关键词"小米公司"被重定向到了"小米集团"词条。维基百科自动对多词一义问题进行了纠正，这便是表述和实体间的映射。

2. 摘要

词条实体的摘要信息是对实体进行的概括性描述。摘要是无结构化的文本类型，通常信息量较大，可进一步挖掘。如小米集团词条示例中，摘要的第一句话表明了"小米集团"的类别为"企业"，这一信息将会在后续的 4.2.4 节中用到，为实体分类任务中发挥重要的作用。

3. 信息框

信息框中包含若干个半结构化的键值对。经过一些后续的知识加工和增强手段（部分属性与属性值需要进行切分，例如"命名者及年代"便指代了两种属性），信息框中的数据可变为结构化知识，成为图谱主要的知识来源。同时，当属性值包含链接信息时（可点击链接进行跳转），属性值可对应为一个实体，产生实体与实体的连接，形成实体间的关系。

4. 标签 / 分类

标签 / 分类是对实体的概念性描述，可以更加有效地表述实体。实体概念的构建能够显著增强通用知识图谱的应用能力。但是从图 4-1 中的示例可以发现，维基百科的词条标签质量相对较低，例如"2018 年 IPO"这样的概念不够规整，因此只能应用于少量实体，使得整体概念体系较为松散，所以我们需要以标签 / 分类作为部分依据来构建通用知识图谱的概念层，详见 4.1.4 节。

5. 缩略图

词条中的缩略图是实体的代表性图片。作为实体的一类多媒体知识，缩略图可以帮助使用者更加直观地理解实体。除了缩略图，也可以将一些其他的多媒体信息链接到知识图谱，如音频和视频。本章构建的通用知识图谱不包含多媒体知识。

百度百科是另一个典型的中文百科数据源，其中的词条结构与维基百科的整体类似。图 4-2 为基于"小米"关键词查询得到的百度百科词条。

图 4-2　百度百科词条数据样例

可以发现，百度百科的词条同样包含标题、摘要、信息框、标签、缩略图这 5 个信息。但同时存在两个不同之处。

- ❑ 同名消歧。正如前文提到的，同一个称谓可能对应多个实体。消歧便是通过一段简短的文字描述来区分同名的实体。如图 4-2 中展示的词条，"小米"这一表述对应的默认实体是"小米公司"，即通常情况下该表述所指代的实体。维基百科同样具有同名消歧的能力，但在维基百科中检索"小米"时，默认显示的是作为粮食的小米，如图 4-3 所示。不同的百科默认的实体设置可能是不同的。
- ❑ 统计信息。包含词条浏览次数、编辑次数、最近更新时间和贡献者等相关统计信息。其中，最新更新时间是一项重要信息，可用于制定通用知识图谱的更新策略。

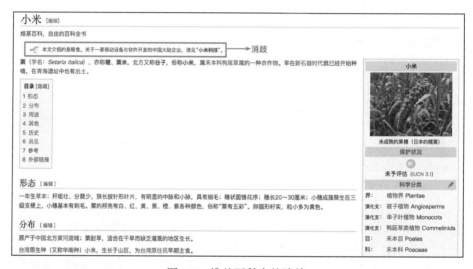

图 4-3　维基百科中的消歧

4.1.2　实体层构建

通用知识图谱的核心是实体层。实体层包含通用知识图谱中的大部分知识，由实体（结点）和实体间的关系（边）构成，还包含每一个实体的若干实体属性以及属性对应的属性值。

图 4-4 以"小米公司"实体为核心，展示了与小米公司相关的实体层构成。其中，每一个圆角矩形表示一个实体，矩形内部包含了若干个实体相关的属性键值对。箭头表示一个关系，关系具有方向，例如"电器"实体和"小米公司"实体的关系，表示为"电器属于小米公司的经营范围"，即 [出结点名称] 是 [入结点名称] 的 [关系名称]。

本节后续将围绕图 4-4 的示例，阐述如何基于百科数据一步步构建出实体层。为了使知识的表示具备一定的通用性，在本章的后续内容中，在对知识进行表示时均采用 RDF 表示形式。

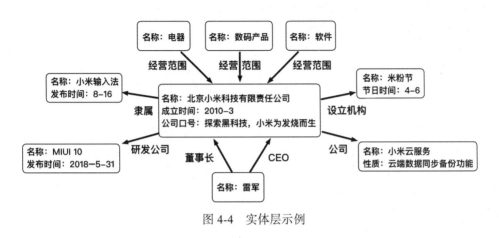

图 4-4　实体层示例

以一个百科的词条为基础单位，一个词条可以视为一个独立的实体，即三元组表示中的 S。在实体层的构建过程中，可以使用的信息包括"标题""信息框"和"摘要"，它们的详情如下。

1. 标题

标题是实体的标准名称，每一个实体均有该字段，因此可以将其命名为一个统一的标准属性名称"name"，形成以下三元组 <S, P, O> 示例。

```
<prefix:6920940, "name", "北京小米科技有限责任公司">
```

其中，S（Subject）部分的 prefix 表示 URL 前缀，"6920940"为实体的 id，用于唯一识别一个实体。该 id 仅为一个示例，在后续的知识存储阶段，可以根据源数据的特性替换为相应合理的 id。

2. 摘要

摘要可作为一类内容丰富的无结构化信息，也可作为一个标准属性进行存储，这里采用"abstract"对其进行统一的命名。在知识问答应用中，摘要可以用于解答诸如"小米公司是什么"这类概括性的提问。在百科词条中，摘要文本的前几句内容往往就具有很好的总结性了。对摘要进行一定的清洗，例如去除原始数据中的引用脚注（方括号加数字），可得到如下三元组：

```
<prefix:6920940, "abstract", "北京小米科技有限责任公司成立于 2010 年 3 月 3 日，是一家专注
    于智能硬件和电子产品研发的移动互联网公司，同时也是一家专注于高端智能手机、互联网电视以及智
```

能家居生态链建设的创新型科技企业。">

需要注意,由于摘要的字符数量相对较多,整个知识图谱的存储开销会变大,但若丢弃摘要信息,则会损失一部分有价值的知识,因此一种折中的方案是选择性存储,即在保证句子完整性的情况下限定字符的数量。

3. 信息框

信息框包含若干条半结构化的键值对,如图 4-5 所示。

公司名称	北京小米科技有限责任公司 [9]	年营业额	1749.2亿元(2018年) [7]
外文名称	MI	员工数	约14000人(2017年) [11]
所属行业	互联网	董事长兼CEO	雷军
总部地点	北京市西二旗中路西侧,小米科技园	总裁	林斌
成立时间	2010年3月	市值	4309.64亿 [12]
经营范围	电器,数码产品及软件	股票代码	01810 [12]
公司类型	有限责任公司	企业类型	民营企业
公司口号	探索黑科技,小米为发烧而生 [10]	世界500强	468(2019年) [8]

图 4-5   小米词条的信息框

将键作为三元组的 P(Predicate),值便可与三元组的 O(Object) 相对应。从图 4-5 的数据中抽取三条,可以构建出如下三元组:

```
<prefix:6920940, "董事长兼 CEO", "雷军 ">
<prefix:6920940, "经营范围 ", "电器,数码产品及软件 ">
<prefix:6920940, "成立时间 ", "2010 年 3 月 ">
```

可以发现,基于上述三个信息构建图谱,只涉及实体自身的定义,而缺失了实体间关系的定义,导致实体无法被连接在一起。为了解决以上问题,需要对信息框中的内容进一步挖掘,可以利用的信息如下。

(1)超链接

我们知道,"雷军"实际是一个独立的实体,"小米公司"和"雷军"之间形成了一个实体间的关系。

在百科页面中,以上信息的体现方式是超链接。在图 4-5 中,属性值"雷军"上包含超链接。通过该链接,可以由属性值定位到一个具体的词条,从而将属性值转化为实体,最终将属性转化为关系。

对第一条三元组进行改造,其中,原本的属性值"雷军"被替换成了一个具体的实体

id（id 仅为示例），形成了关系。而新增的一条三元组用于定义"雷军"这一实体。

```
<prefix:6920940, "董事长兼CEO", prefix:1968>
<prefix:1968, "name", "雷军">
```

细心的读者可能会产生疑问，这里仅仅是对有超链接的 Object 进行了实体关联。如果 Object 在百科词条中没有超链接，但其事实上是一个实体，该如何处理呢？是否可以简单地基于实体的名称进行实体对应呢？这些问题将在 4.2 节中进行解答。

（2）拆分合并项

百科词条在前端展现时，倾向于对信息进行合并，以便于信息的整合呈现。查看示例中第二条三元组：

```
<prefix:6920940, "经营范围", "电器，数码产品及软件">
```

可以发现，其中的 Object 实际是由多项细粒度的 Object 构成的，即"电器，数码产品及软件"是由"电器""数码产品""软件"三项构成的。

在图谱构建层面上，合并的内容会影响知识的互联能力，每个 Object 都可能是一个单独的实体，在合并时这部分实体间的关系便丢失了。诸如"小米和数码产品有什么关系"这类涉及一对一关系的问题，图谱便无法回答，或者实时查询的代价将会很高。

在图谱的应用层面上，语义上呈现组合形式的属性值采用自然语言对各项进行组织分隔，不是计算机可识别的数据结构（如数组），所以"小米的经营范围包含数码产品吗"这类问题需要在自然语言层面上判断，要确认"数码产品"是否在查询到的 Object"电器，数码产品及软件"范围内，难度较大。

因此，对百科的原始数据进行加工时，应当尽可能以较细的粒度进行图谱构建。在遇到合并项内容时，往往倾向于利用自然语言理解手段进行拆分。具体的，对于"电器，数码产品及软件"，可利用三方面的信息进行拆分：

❑ 分隔符，如逗号、顿号、分号等（注意区分中英文符号、全角和半角符号）；

❑ 语义分隔，如"和""及""以及"等词汇；

❑ 超链接，超链接锚定了文本对象的范围，具有超链接的文本自然可以作为一个可拆分对象。

经过属性值拆分后的三元组如下所示：

```
<prefix:6920940, "经营范围", "电器">
<prefix:6920940, "经营范围", "数码产品">
```

```
<prefix:6920940, "经营范围", "软件">
```

细心的读者可能已经注意到，如果遇到分隔符便认为是合并项并进行拆分，将会出现问题。例如图 4-5 中的"公司口号"的属性值中也包含了逗号分隔符，但是该属性值不应当被拆分。为了提升拆分的准确率，可采用组合规则的方式，例如拆分后，再检查各个拆分项是否为实体，只有当拆分后的各项均为实体时才进行拆分操作。

同时，信息被合并的情况也会出现在属性名称中，如第一条三元组中的 Predicate "董事长兼 CEO"，它是由两个 Predicate "董事长"和"CEO"合并而成的：

```
<prefix:6920940, "董事长兼 CEO", prefix:1968>
```

当需要单独对其中某一个 Predicate 进行查询时，就会非常困难。同样需要应用上述方法进行合并项的拆分，该示例可转化为如下两条独立的三元组：

```
<prefix:6920940, "董事长", prefix:1968>
<prefix:6920940, "CEO", prefix:1968>
```

（3）属性值转换和约束

百科词条主要由自然语言编写而成，为字符串类型，这使得一些特殊类型的属性值无法直接被识别，例如数值和日期。

对于示例中的第三条三元组：

```
<prefix:6920940, "成立时间", "2010 年 3 月">
```

"2010 年 3 月"是一个日期类型的信息，使用自然语言进行表述。若进行类似于"小米是 2010 年 1 月以后成立的吗"的查询，便无法进行日期的前后比较。此外，采用自然语言编写日期时，表述形式可能非常多，如"2010 年 3 月"可以写为"2010 年 3 月份""2010-3""2010.03"等。

由此，根据实际的应用需求，应当尽可能对属性值添加约束，将原始的字符串语义表达形式转换为机器可识别、可计算的数据类型。

通过一个通用的时间识别转换模块，可以将示例三元组改写为带约束的标准形式：

```
<prefix:6920940, "成立时间", date:2010-3>
```

对于数值类型，同样可以编写相应的通用模块进行识别和转换，例如信息框中的"4309.64 亿"，可转换为数值变量类型。同理，对于一些单元也可以进行统一，如"175cm"

等价于"1.75m"。对属性值约束感兴趣的读者，可以查阅由 W3C 开发的本体描述语言 OWL 中对于数据类型的约束。

4.1.3 表述层构建

如前文所述，一个实体可以存在多种表述，即通常所说的实体别名或同义词。由于自然语言的多样性，一个表述也可以指代多个实体。因此，实体的名称表述同实体之间存在多对多的映射关系。

如图 4-6 所示，实体层存在两个实体，位于左侧的是一种禾本科狗尾草属一年生草本，即粮食小米，位于右侧的是科技公司小米。在该示例中，"小米"这一表述便产生了歧义，它既可以指粮食小米，也可以指公司小米。因此，在表示时，表述层的"小米"有两个出边箭头，分别指向了实体层的两个对象。而对于另一个表述"小米集团"而言，则不具有歧义，它唯一映射到了公司小米实体。发现尽可能多的实体表述，并构建实体表述到实体的映射关系，便是表述层构建的工作。

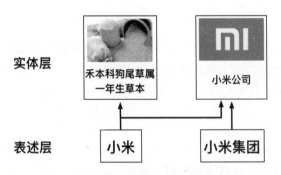

图 4-6 表述层映射示例

在实际应用环境下，知识图谱所面对的往往都是自然语言形式的输入，而实体的表述又多种多样，使得表述层尤其关键，它能够提升通用知识图谱的语义理解能力，对于解决实际问题非常重要。

基于百科知识，主要可以采用以下三种实体表述的扩展策略。

1. 基于别名类型属性扩展

百科词条信息框所包含的信息，是最基本且直接的实体表述来源，且准确率较高。

如图 4-7 中的矩形框部分所示，属性名称"外文名称"本身表达了同义词的语义信息。因此，属性值"MI"便是小米公司的别名。

外文名称	MI
所属行业	互联网服务和零售 [10]
总部地点	北京市西二旗中路西侧，小米科技园

图 4-7   基于别名类型属性扩展示例 1

同样的情况也普遍存在于其他百科词条，再看一个更加丰富的例子，粮食小米，见图 4-8 中的词条截图。"中文名""拼音""学名""别称"这四个属性名称均表达了其属性值可以作为实体表述。

中文名	小米
拼　音	xiaomi
学　名	Setaria italica var. germanica (Mill.) Schred.
别　称	粟；谷子
界	植物界

图 4-8   基于别名类型属性扩展示例 2

基于以上观察，通过枚举这种表达实体别名的属性名称，提取对应的属性值，便可扩展实体的同义表述。对百科进行统计分析后，可提取出 176 个指代别名的常见属性，读者可以在开源代码的字典文件中找到。

2. 基于 URL 匹配扩展

回顾一下实体层的构建过程，属性值是否包含 URL 被用于判断实体间是否存在关系，而属性值本身的文本表述信息则未被使用。事实上，在百科中，URL 被用于唯一识别一个百科中的实体，任何能够与该 URL 映射的表述，自然可以成为该 URL 对应实体的表述。简而言之，基于 URL 匹配扩展，可以将实体和实体表述映射到一起。

如图 4-9 所示，"小米"（方框内）是一个包含了 URL 的表述，具体的 URL 为：

```
https://baike.baidu.com/item/ 小米 /1566828
```

经营范围	电器，数码产品及软件
公司类型	有限责任公司
公司口号	探索黑科技，小米为发烧而生 [11]

图 4-9   基于 URL 匹配扩展示例

打开该 URL 后会发生重定向，最终的页面便是小米公司所在的词条页面。由此便可认为"小米"这一表述是小米公司的实体表述之一。

3. 基于 URL 重定向扩展

百科网站自身支持关键词检索。对于具有一定语义歧义的关键词，百科采用首先模糊匹配返回候选词条列表，再通过用户人工选择的方式，最终定位到目标词条。而对于语义上没有歧义，置信度较高的检索关键词，则会采用重定向机制，直接将页面跳转到目标词条。利用重定向机制，便可以验证已知的实体表述具体与哪个或者哪些实体关联。

具体地，首先观察一下小米公司词条对应的 URL：

```
https://baike.baidu.com/item/ 北京小米科技有限责任公司
```

可以发现，URL 的构成规律非常清晰，最后的部分便是实体名称，即：

```
https://baike.baidu.com/item/[ 实体表述 ]
```

这意味着将 URL 中的实体表述替换为其他实体的表述，便可以跳转到其他实体的词条页面。以一个实际例子验证一下该思路，构建一个用于验证实体表述"小米"的 URL，生成重定向前的链接：

```
https://baike.baidu.com/item/ 小米
```

作为测试，可以直接在浏览器中键入并打开该链接，打开后会发现原始输入的 URL 发生了变化。重定向后最终得到的链接如下：

```
https://baike.baidu.com/item/ 北京小米科技有限责任公司 /3250213?fromtitle= 小米
    &fromid=1566828
```

可以看到，URL 中的实体表述部分发生了变化，关键词"小米"被替换成了"北京小米科技有限责任公司"，意味着"小米"这一表述可以指代小米公司实体。至此，通过上述方式，便可以判断已知的表述是否为同义词。但该策略的缺点是需要预先获取大量的表述词汇，用于判断验证。

针对百度百科，这里再对其 URL 及重定向机制做一下深入解读，感兴趣的读者可以进一步尝试。回到重定向后的 URL 继续观察，发现实体表述后还新增了部分数字串，它是用于区分同名实体的 id，若实体表述完全相同，则需要额外的标识来唯一区分。

```
https://baike.baidu.com/item/ 小米 /1566828
https://baike.baidu.com/item/ 小米 /17756
```

以上两个 URL 中的实体表述相同，但是数字 id 不同。当打开这两个 URL 后便会发现，第一个 URL 会被重定向到小米公司词条页面，此时也可以理解之前重定向后 URL 中后续两个参数的含义，"fromtitle"指的便是实体表述，"fromid"指的便是数字 id。第二个 URL 则是作为粮食的小米词条页面，不会发生 URL 重定向。

同时，当实体表述只能映射到唯一的一个实体时，数字 id 可能会被省略，如以下两个 URL，它们可以正确打开小米公司的词条页面：

```
https://baike.baidu.com/item/ 北京小米科技有限责任公司
https://baike.baidu.com/item/ 北京小米科技有限责任公司 /3250213
```

之所以提及该问题，是因为在实体层的构建过程中，实体间的关系便是通过 URL 确定的。若一个实体存在多个 URL，便会出现实体不能映射的问题。解决该问题的办法有许多，读者可以先行思考，在 4.2 节的实体对齐部分会提出相应的解决策略。

综上所述，实体表述和数字 id 组合的方式，可以在百度百科中唯一识别一个实体。特别注意，当实体表述不正确或者数字 id 不正确时，百度百科都会重定向到一个表示错误的 URL：

```
https://baike.baidu.com/error.html
```

4.1.4　概念层构建

概念，是真实事物的抽象概括，可以帮助理解实体的内涵本质。概念化是人类特有的一种能力，如何将概念和理解概念的能力赋予计算机，对于计算机理解人类深层语义以及构建认知和常识图谱都非常关键。

延续上一节的例子，并思考一下这个问题："针对两个名称相同，但是类型不同的小米实体，人类是如何区分的？"

在图 4-6 中可以看到，为了帮助读者区分两种小米实体，实体层中特意增加了图片和文字概括表述两种辅助信息。图像是人类认知世界的直观方式之一，自然对于区分两种实体很有帮助。而第二种信息，便是这里所说的概念，是一种针对实体的概括性表述。

概念层有许多的应用场景，例如：

1）基于概念的问答系统。如针对问题"雷军是谁"，查找雷军拥有的概念包括"人物"和"企业家"，使用基于概念的回复策略，可以回答"雷军是人物，企业家"。

2）基于话题的上下文交互。对话中涉及的实体概念，对于对话的话题识别以及相应的话题选择和跳转至关重要。

3）基于概念的推理和联想。概念层的上下位层次结构是实现实体间推理和联想的关键。

基于百科数据对概念层进行构建，根据应用场景的不同，构建难度也不同。最简单的方式是直接将百科词条中的分类或标签作为概念映射到各个实体。在百度百科中，小米公司实体的概念包括网站、组织机构、社会、公司。概念层的构建工作便可以简化为，将上述四个概念加入，并映射到实体层的小米公司上。

同时，对两种小米，分别增加"粮食"和"公司"两个概念表示，形成如图 4-10 所示的结构。利用实体和概念的映射，已经足以解决同名实体的辨别问题，也扩展了实体的表示维度，为更多的上层应用提供支持。

当然，直接采用百科词条中的分类或标签作为实体的概念，也存在诸多问题。在下一节中，我们将对概念层进行更深入的挖掘，对概念关系增加约束，加强概念层的应用能力。

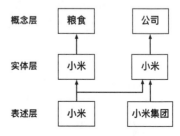

图 4-10　概念层映射示例

4.2　知识增强

上一节介绍了通用知识图谱的基本构建方法，主要从源数据角度出发，围绕知识抽取手段，对百科数据进行知识表示和建模，以构建通用知识图谱的实体层、表述层和概念层。但是各个层级知识的完善程度以及层次之间的映射关系，仍存在许多不足。本节将利用知识挖掘、知识融合等知识增强手段，对已有知识进行扩充。

4.2.1　实体层知识增强

实体层的数据存在许多不完善的情况，本节主要分析两种典型问题。第一种是实体未对齐，表现为本质相同的两个实体，由于某些原因无法关联映射。第二种是关系边的遗漏，表现为两个实体之间本应该存在的关系边缺失。

接下来将会分别针对以上两种典型的问题阐述对应的处理方法。

1. 实体对齐

4.1.1 节中介绍了基于百度百科数据源唯一识别一个实体的方法，即利用实体名称和数字 id 组合的 URL 表示方式，如以下小米公司的示例：

`prefix:`北京小米科技有限责任公司`/3250213`

然而，在实际的数据获取和解析过程中，常常会出现词条 URL 不同但词条信息一致的情况，即实际上是同一个词条。产生上述情况的原因分析如下。

1）数字 id 省略

若实体表述部分已经可以唯一确定一个词条（意味着不存在同名实体），便会出现数字 id 被省略的情况，而不会重定向到包含数字 id 的 URL。4.1.1 节已经遇到这种情况，即小米公司的全称只会对应到一个词条和实体，但是以下两种 URL 都可能存在，并都指向同一个词条页面：

```
prefix:北京小米科技有限责任公司/3250213
prefix:北京小米科技有限责任公司
```

2）简体繁体

实体表述部分一般情况下为简体字，但有时也可能是繁体字，且包含繁体字的 URL 打开后不会发生重定向，如以下情况：

```
prefix:雷軍/1968
prefix:雷军/1968
```

3）大小写

实体的名称中可能包含英文，而部分英文的大小写不同会造成 URL 不同。如编程语言 Java 的词条 URL，允许两种形式的存在：

```
prefix:java/85979
prefix:Java/85979
```

4）特殊符号

包括标点、书名号等的特殊符号也可能出现在实体名称中，如以下情况，由于英文逗号和中文逗号不同而产生了两个 URL，但两者指向的实体是同一个：

```
prefix:那一天,那一世
prefix:那一天，那一世
```

URL 中也有可能有一些多余的空格，如以下示例：

```
prefix:河%20北/65777
prefix:河北/65777
```

注意，URL 链接以 URL 编码方式存储，因此在示例中空格被编码为"%20"。

针对上述问题，解决方案是对实体进行对齐。由于是单源知识图谱，即使 URL 不同，相同实体所对应的词条页面也是相同的。由此，在验证实体是否相同时，可以通过摘要是否相同进行判断。

基于摘要信息的完全匹配较为耗时，为了提升实体对齐的效率，可采用层次过滤策略。首先产生可能为相同实体的候选集，可通过实体的名称是否相同进行判断。当然这样也会引入同名但实质不同的实体，可通过下一步的精准匹配消除。

缩小匹配的范围后，对每一个候选集中的实体，细粒度地验证是否存在摘要一致的情况。若摘要完全相同，则可认为是相同的实体，取完整的 URL 作为最终的唯一识别符，同时对重复实体进行合并。

以 RDF 三元组形式为例，若重复实体出现在 Subject 中，则认为该条三元组重复，需要删除。如以下示例，"java" 与 "Java" 为同一个实体，两条三元组知识为重复信息，仅需要保留以 "java" 为 Subject 的三元组。

```
<prefix:java/85979, "现公司", prefix:Oracle>
<prefix:Java/85979, "现公司", prefix:Oracle>
<prefix:java/85979, "推出时间", "1995-5">
<prefix:Java/85979, "推出时间", "1995-5">
```

若重复实体出现在三元组的 Object 中，则需将该 Object 替换为对齐后实体统一的 id。如以下示例，以 "java" 为最终的实体表述名称，则第一条三元组中的表达形式正确，而第二条三元组中的 Object 则需要被替换，与 "java" 对齐。

```
<prefix:小企鹅滑雪, "平台", prefix:java >
<prefix:小豆苗, "软件语言", prefix:Java >
```

在百科数据中测试时，使用上述方法处理重复实体对齐问题的效果非常显著，可以消除约百万数量级的重复实体。

2. 关系补全

基于开放世界假定，事实图谱中的知识一定是不完整的，因为图谱中不包含未知的知识，而未知并不意味着不存在。不过，部分未知知识可以根据图谱中已有的知识通过推理和挖掘来获取。下面将具体讨论如何对缺失知识进行补全。

实体间的关系往往存在一定的模式，例如已知 A 是 B 的妻子，便可以推导出 B 是 A 的丈夫。对此需要一条常识知识，即夫妻关系是成对出现的。受此启发，这种关于特定关系的先验知识，如果可以预先获取或者挖掘得到，便可以用于补充、扩展已有的实体间关系，也可以作为约束来检测和修正冲突的关系知识。

接下来，基于已有的图谱知识尝试挖掘较为高频出现的关系模式。先定义三种直观上较为常见的图结构类型，如图 4-11 所示。

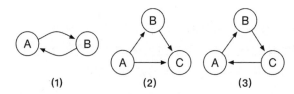

图 4-11　基于图结构关系模式挖掘

基于百科数据，得到表 4-1 中的结果。表中各列是对每一种图结构类型的统计，并按照出现频率由高到低进行排序，取前 10 个得到的结果。

表 4-1　高频关系模式

图结构 1	图结构 2	图结构 3
近义词—近义词	目 + 界 = 界	邻接星座—邻接星座—邻接星座
妻子—丈夫	科 + 界 = 界	好友—好友—好友
别名—别名	所属地区 + 方言 = 方言	近义词—近义词—近义词
儿子—父亲	所属专辑 + 专辑语言 = 歌曲语言	亦称—亦称—亦称
好友—好友	出生地 + 所属地区 = 国籍	姐妹—姐妹—姐妹
上一年—下一年	邻接星座 + 邻接星座 = 邻接星座	朋友—朋友—朋友
邻接星座—邻接星座	母亲 + 丈夫 = 父亲	主演—登场作品—上一部
反义词—反义词	弟子 + 师兄弟 = 弟子	情敌—情敌—情敌
所属地区—下辖地区	国家领袖 + 继任者 = 国家领袖	相关概念—相关概念—相关概念
后一位—前一位	导演 + 国籍 = 拍摄地点	译名—简称—全称

针对以上的统计结果，对三种图结构具体分析如下。

（1）图结构 1

图结构 1 包含两个结点和两条关系边，是由两个结点构成的闭环结构。从高频的统计结果中可以发现一定规律，即关系模式可以分为两种。

第一种为对称关系，如"好友—好友""反义词—反义词"等。A 结点到 B 结点的关系，与 B 结点到 A 结点的关系名称相同。在这种关系模式下，即使关系方向倒转，事实仍然成立。

第二种为互逆关系，如"妻子—丈夫""所属地区—下辖地区"等。互逆关系通常表现为上下位、空间相对位置、时间前后位置等逻辑上相对的关系。在这种关系模式下，关系成对出现并且无法颠倒方向。

（2）图结构 2

图结构 2 由三个结点和三条关系边组成，每一对结点与结点之间仅有一条关系边，三条关系边组成了一种推理结构：

关系 1（A->B）+ 关系 2（B->C）= 关系 3（A->C）

高频模式中同样呈现出了若干规律，可以大致分为三类。

第一种为上下位关系，如"所属地区 + 方言 = 方言"。在这种关系模式下，B 是 A 的上位，因此 A 继承了 B 的特定关系。如"翔安区"（B 结点）的所属地区是"厦门市"（A 结点），厦门市的方言为"闽南语厦门话"（C 结点），翔安区继承了厦门市的方言关系，其方言同样为闽南语厦门话。

第二种为同位关系，如"国家领袖 + 继任者 = 国家领袖"。其中，B 和 C 是同位关系，因此它们共享特定关系，即"国家领袖的继任者"仍然是"国家领袖"。如"日本"（A 结点）的国家领袖是"安倍晋三"（B 结点），而安倍晋三的继任者是"菅义伟"（C 结点），因此菅义伟也是日本的国家领袖。

最后一种是人物关系，如"母亲 + 丈夫 = 父亲"等价。人物之间的上下位以及同位关系较好理解，同时也是出现较多的关系模式。例如"周杰伦"（A 结点）的母亲是"叶惠美"（B 结点），叶惠美的丈夫是"周耀中"（C 结点），因此周耀中是周杰伦的父亲。

（3）图结构 3

图结构 3 是由三个结点组成的闭环结构，结点和结点之间同样仅有一条关系边。从统计结果来看，形成这种图结构类型的关系通常是对称关系的扩展，例如"朋友 – 朋友 – 朋友"，或是同义词的指代，如"亦称 – 亦称 – 亦称"。

另外，需注意一些统计上的噪声，例如图结构 2 中的最后一项"导演 + 国籍 = 拍摄地点"。虽然许多导演会选择在祖国拍摄电影，导致呈现出这种高频的关系模式，但先验知识并不总是成立，所以不能作为一种默认正确的事实。

因此，针对挖掘出的关系模式，仍需要进行人工验证，以确保其作为先验知识补充关系的正确性。而统计模式的出现频率并着重对高频出现的关系模式进行人工审核，能够有效降低人工成本，因为普遍出现的规律往往存在合理性，更有可能是正确的，这也是进行知识挖掘的典型思路。

4.2.2 模式完善

图谱的数据模式涵盖了实体的类型定义（概念层）和实体的属性定义，同时也包含了概念和属性的同位、上下位关系。不同类型的知识图谱，其模式构建策略也不同。对于领域知识图谱而言，其模式往往是自顶向下构建的，可以由领域专家预先定义一个小而精的数据模型，再将实际数据对应到这个较为完善的模式上。通用知识图谱则与之相反，其模式往往是自底向上构建的，即从真实数据出发，逐步形成和完善模式体系。这是由于通用知识图谱的数据量大且数据质量较低，其本质是不依赖于规范模式的知识体系，因此很难一开始便构建出完善的模式体系，只能逐步迭代完善。

同时，为了支持上层丰富的应用场景，如知识问答，模式的完善是必要的，如以下示例：

小米公司的总部地点在哪里？

通过查询表达式构造，抽取出"总部地点"这一待查询的属性后，结合通用知识图谱中包含的知识，如以下示例，便可以给出答案"北京市西二旗中路西侧，小米科技园"。

```
<prefix: 北京小米科技有限责任公司/3250213/1968，"总部地点"，"北京市西二旗中路西侧，小米
    科技园">
```

如果问题的表述略微发生变化，但问题的查询语义不变呢？例如，"总部地点"替换为"总部位置"，形成以下新的问句：

小米公司的总部位置在哪里？

此时提取出"总部位置"这一待查询的属性后，无法直接匹配原有的知识得出查询结果。这便需要有一个先验知识，以表示"总部地点"和"总部位置"拥有相同的语义，即同位词。

若再改造一下这个问句，使得提问的范围更加广泛，如以下示例：

小米公司的位置在哪里？

此时，提取出的待查询属性为"位置"，而图谱中的知识只有"总部地点"。"位置"作为一个属性名称，其包含的语义范围比"总部地点"大，因此"位置"是"总部地点"的上位属性。若模式中存在这样一条上下位关系的知识，即使语义有所偏移，也可以针对以上问句给出一个默认的答案。当然，我们知道小米公司有许多分部，其位置不是唯一的，因此该问句本身具有一定的语义歧义性。但对于知识问答系统来说，在实际应用场景中往往需要直面各式各样的问题，非常考验系统的鲁棒性。而模式的完善，能够大幅提升知识问答系统的语义解析和知识映射能力。

具体对模式进行完善时，可以分为两部分进行：一类是实体的类别，另一类是实体的属性。而需要完善的内容为同位关系（具有相同语义，以同义词为主）和上下位关系（语义

呈现子集包含关系，下位词往往是上位词的子集）。

实体类别和实体属性的完善策略整体上是一致的。我们先从实体类别的完善进行说明，即概念层完善。延续 4.1.4 节中的内容，前文中介绍概念层的简单构建策略为：使用百科词条的标签作为对应实体的概念。对百度百科数据中词条标签进行简单统计后，可以发现不同标签的总数共有 1 千多个。如按前文提到的，将这些标签直接作为概念并不合适，其中包含许多错误、重合等问题，且标签数量较多，人工完善的成本也较高，因此需要加入若干半自动化的策略。

1. 基于出现频率筛选

长尾效应普遍存在于真实世界的数据分布中。在通用知识图谱中，往往只有少部分的实体类别，其出现频率是较高的。

为了验证上述假设，下面对实体概念的出现数量进行一个简单的统计。通用知识图谱中的概念，在实体中的总出现次数约为 2000 万次，不同概念的总数约为 1000 个，因此平均一个概念出现约 2 万次（概念平均出现频次）。进一步统计出现频次小于 2 万的概念数量，结果约为 910 个。这意味着约 91% 的概念的出现频次是低于平均出现频次的，表明大部分概念很少出现或被用到。

上述统计结果证实了开头的假设，即实体类别的出现频次呈现长尾分布。因此，从效率以及人工成本的角度考虑，模式完善的初期只需要针对高频出现的概念进行人工干预。若将概念平均出现频率作为阈值分界线，则只需要对约 90 个概念进行细化。这样也可以为后面的实体分类任务做好准备，因为实体分类任务依赖于一个较为完善的实体类别体系。

表 4-2 展示了出现频次排在前十的概念。从中不难发现明显的同位和上下位关系，例如"书籍"是"小说"的上位词，而"小说"和"小说作品"则是同位关系。

表 4-2　出现频次排在前十的概念

高频概念	出现频次	高频概念	出现频次
书籍	2625860	网络小说	1380955
文学作品	1614945	中国文学	1279465
娱乐作品	1605445	人物	1087190
小说	1460051	出版物	1078250
小说作品	1415267	组织机构	919620

与概念类似，实体属性的出现频次也呈现明显的长尾分布。通用知识图谱中共有约 40 万个不同的实体属性，实体属性的总出现次数约为 5000 万次。因此，平均一个实体属性的出现频次约为 125 次。进一步针对出现频次小于平均值的实体属性进行统计，结果表明，

该部分属性占属性总数的比例约为 98.6%，即大部分实体属性也很少出现或被用到。因此，模式中实体属性的完善策略同实体概念的完善策略一致，初期应重点扩展高频属性的同位及上下位知识，以降低启动成本，后续再针对长尾的实体属性进行细化和完善。

表 4-3 展示了出现频次排在前十的实体属性。可以发现其中的"中文名""外文名"和"书名"三个属性名称，均可以作为"名称"的下位属性。

表 4-3　出现频次排在前十的实体属性

高频属性	出现频次	高频属性	出现频次
中文名	5812797	外文名	960285
作者	2641281	出版时间	927297
小说进度	1393111	ISBN	914624
连载网站	1377223	国籍	863119
出版社	974092	书名	822810

2. 基于相似语义筛选

对于模式中词汇的同位和上下位完善来说，最终所期望的结果是，语义上距离较为相近的词汇能够被聚集到一起，并能够形成层次结构。以树状结构来说，同位关系的词汇位于层次树的同一层，上下位关系的词汇则位于层次树的上下两层，且中间可能相隔多层。

层次结构的构建目前主要依赖于人工，而将语义上相似的词汇划分到一起的工作类似于一种聚类过程，可以通过自动化的方法进行加速。

为了计算目标词汇之间的语义相似度，一个较为有效的手段是利用词汇的向量化表示，即词向量。基于预训练的词向量，或者自行训练的词向量，便可计算候选词之间的相似度，筛选过滤语义距离较远的词汇，由此减少后续人工参与的成本。可以采用经典的余弦相似度度量方法。以下为利用词向量计算词汇间语义相似度的示例代码：

```
from gensim.models.keyedvectors import KeyedVectors
WORD_VECTOR_PATH = 'Tencent_ChineseEmbedding.bin'
word_vector = KeyedVectors.load_word2vec_format(WORD_VECTOR_PATH, binary=True)
similarity = word_vector.similarity('妻子', '老婆')
```

其整体流程是利用 gensim⊖ 包加载一个预训练的词向量，然后基于输入的一组词汇，找到它们对应的向量表示，最后基于两个词汇的向量表示计算它们之间的相似度。具体的，第一行代码引入了 gensim 包中的 KeyedVectors 类⊜。在第二行代码中指定了预训练词向量

⊖　https://radimrehurek.com/gensim/index.html。

⊜　https://radimrehurek.com/gensim/models/keyedvectors.html。

文件的存储路径。此处采用的是腾讯公开的预训练词向量[⊖]，它基于大规模中文语料训练，涵盖的词汇数量超过 800 万，向量表示维度为 200 维。第三行代码调用了 KeyedVectors 类的 load_word2vec_format() 方法，该方法以词向量文件的存储路径为参数，将磁盘中的词向量文件加载到内存中，形成 KeyedVectors.BaseKeyedVectors 对象。binary 参数表示词向量的存储形式为二进制格式，读者可根据自定义预训练词向量的实际情况选择合适的参数。由于预训练词向量的规模较大，加载时间可能需要 4~5min。第四行代码调用了 BaseKeyedVectors 类的 similarity() 方法，该方法接收两个词汇作为参数，计算它们之间的余弦相似度并返回，该函数的耗时约为 10ms。第五行代码将相似度计算结果输出，该示例代码的输出结果为 0.83515257，说明"妻子"和"老婆"这两个词汇的相似度较高，可由人工进一步校验。关于 KeyedVectors 类的其他细节内容，可参考官方文档。

需要注意的是，在实体概念和实体属性对应的词汇中，专有词汇、组合词汇的情况较多，很可能产生未登录词（Out of Vocabulary，OOV）问题，即词向量的词汇表中不包含一些专有词汇，无法获得这些词汇的向量表示。针对该问题，通常有两种解决思路。

一种解决思路是缩小词汇的表示学习的粒度，正常的词汇单元为词级别（word-level），而最小的词汇单元是字符级别（character-level）。一个词汇，例如"妻子"，可以被拆分为"妻"和"子"两个字符，进而由这两个字符的向量表示叠加得到"妻子"这一组合词汇的向量表示。

另一种解决思路是根据实际应用场景，保证词汇表覆盖所有需要使用的词汇，因此词向量的训练语料选择非常重要。针对通用知识图谱应用场景，可采用百科语料训练的词向量，保证模式中的词汇都出现在训练语料中。注意，在对语料进行分词时应将模式中出现的词汇作为一个整体进行分词。以 jieba 分词为例，加入用户自定义词表，可提升在分词时组合词汇的优先级，如以下代码所示：

```
import jieba
user_dict_dir = 'user_dict.txt'
jieba.load_userdict(user_dict_dir)
```

当自行训练时，可以汇总各个百科词条的摘要作为语料，也可以抽取整个词条中的文本作为更加完整的训练语料。以下为基于 gensim 训练词向量的示例代码：

```
1.  from gensim.models import Word2Vec
2.  from gensim.models.word2vec import LineSentence
3.  model = Word2Vec(LineSentence("w2v_corpus"),
4.                   size=300, window=10, min_count=5,
5.                   workers=multiprocessing.cpu_count())
```

⊖ https://ai.tencent.com/ailab/nlp/embedding.html。

```
6.   model.save("w2v.model")
7.   model.wv.save_word2vec_format("w2v.bin", binary=True)
```

其中，第一行和第二行代码分别引入了 gensim 包中的 Word2Vec 类[⊖]和 LineSentence
类。LineSentence 是一个加载训练数据的迭代器，它以一个训练数据文件的路径为参数，要
求训练数据格式以一行为一个句子单位，并且已分词，词之间用空格符号进行分隔。第 3~5
行代码为 Word2Vec 类对象创建和词向量训练。示例代码中的参数包括给定训练数据文件
路径的 LineSentence 对象、词向量的维度大小 size、词汇上下文的最大窗口大小 window、
允许词汇出现的最小次数 min_count（小于该数值的词汇会被忽略）、表示多线程运行时的
线程数 wokers（当前设置的值为主机所有可用 CPU 的数量）。关于 Word2Vec 类的其他细
节可参考官方文档。第六行代码负责将训练完毕的模型写入指定路径中，参数即为模型
的路径。与之相对的，第七行代码则用于保存词向量结果，与前文中加载词向量的方法
"KeyedVectors.load_word2vec_format"相对应。采用 KeyedVectors 存储词向量与保存模型
的方式可参考与 KeyedVectors 相关的官方文档。

4.2.3　实体链接：表述层与实体层之间的映射

通用知识图谱的知识层次共有三层，即表述层、实体层和概念层，它们分别在不同的
应用场景下发挥着重要的作用。各个知识层次在使用时不是独立的，往往需要由一层知识
映射到另一层，如谈及"小米"这一名称表述时（表述层），会联想到小米的"主营业务是
数码产品"（实体层），再联想到小米是一家"科技公司"（概念层）。本节将探讨表述层和实
体层的映射问题，该问题通常又被称为实体链接问题。下一节将讨论另一个知识层次间的
映射问题，即实体层和概念层之间的映射，往往通过实体分类的手段来解决。

表述层和实体层的知识映射是多对多的关系，即一个表述可能对应多个实体，一个实
体也可能对应多个表述。对百科数据进行统计可以发现，对应多个实体的实体表述超过 50
万个。

在实际的应用场景中，表述层和实体层的知识映射主要面对的问题是，如何在给定表
述的情况下，将其链接到正确的实体，即实体链接问题。至于实体发现，即在文档或句子
中找到可能为实体的对应表述，生成实体表述的候选，则是一个前置问题。后续的 6.3 节会
重点介绍实体发现，这里不再讨论。

实体链接的一大难点是如何解决歧义实体的问题。在不同的上下文情境下，同一个表
述会对应不同的实体，而实体链接需要找出其中一个正确的实体，因此在通用知识图谱的
构建过程中，需要尽可能补充可以用于实体消歧的特征信息，如下所示。

⊖　https://radimrehurek.com/gensim/models/word2vec.html。

1）实体的概括性总结，百科词条的副标题是较为简短的概括性总结，其本身便是用于区分百科中的同名实体，因此可用于消除同名实体的歧义。

2）表述的默认指代，指在日常使用中，一个表述在大多数情况下所指代的实体。该信息可以通过查看百科对于一个表述所指向的默认词条来获取。

3）实体短期内的热门程度，若近期一个实体的热度较大，则相较于其他同名实体，该实体更可能出现在一些应用中，如人机对话。该部分信息可以来自于热门事件源，与4.3.3节中的知识更新部分相关联。

实体链接的具体技术方法也将在后续的6.2节进行详细说明。接下来探讨一下4.1.2节中的一个遗留问题。在前文的实体层构建过程中，针对实体间的关系，主要通过信息框中是否存在超链接来判断属性值是否为一个实体。但由于众包数据的数据质量一般，很可能存在属性值不包含超链接，但实际为一个实体的情况。这种情况下，属性值就相当于一个表述，需要判断该表述是否对应一个具体的实体。显然，该问题属于实体链接的解决范畴。

需要注意的是，实体链接主要通过机器学习手段实现，那么必然会引入一定的错误。为了保证通用知识图谱中知识的正确性，仍然需要人工参与来验证链接结果是否正确。该过程可能需要花费一定的时间，因此建议采用迭代的方式，在增强图谱中的数据的同时，也增强实体链接模型的表现，这样模型效果提升后可进一步降低人工成本，形成正向循环。整个流程如图4-12所示。

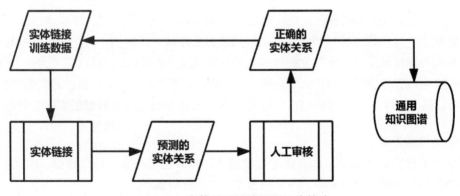

图4-12　实体关系链接预测迭代策略

与此同时，在通用知识图谱构建初期，可以先将属性值链接到表述层，作为临时方案。如图4-13所示，在小米公司实体的原始信息框数据中，"所属行业"这一属性包含"互联网服务"和"零售服务"两项属性值，但未包含超链接，因此不能直接判定两者有关系。

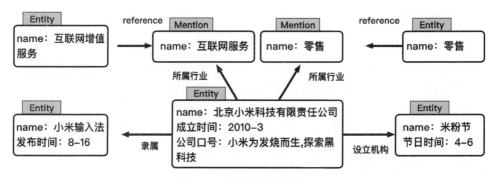

图 4-13　属性值链接示例

在表述层已经构建完毕的情况下,实体的所有别名可以形成一个名称集合,使用哈希方式存储以加速后续的匹配。对于一个待确定的属性值,在名称集合中查找,若命中,便认为该属性可能为一个关系,而属性值则对应一个实体。由于并不清楚具体对应哪个实体,因此只是链接到表述层,再由表述链接到可能对应的实体。这样做的好处是,在不影响通用知识图谱准确性的情况下,尽可能保留潜在的实体间关系,不断完善。同时,也可以针对这部分不确定性数据进行知识查询,例如将表述的默认指代作为唯一解,牺牲一定的精准率,以提高召回率。

原始的实体层构建方法得到的实体间关系数量约为 1000 万,经由实体链接,对表述形式的属性值再进行映射后,关系的数量可以增加约一倍。

4.2.4　实体分类:实体层与概念层之间的映射

经过 4.2.2 节的模式完善后,概念层已经具备了较为规范的层次结构。同时,概念的数量显著减少,这也为实体层和概念层之间的映射工作做好了铺垫。由于概念层是既定的,因此需要做的工作便是将实体对应到已经定义好的概念(类别)上,可以定义为一个分类问题(通常被称为实体分类)。同时,由于一个实体可以同时属于多个类别,如实体“小米集团”既可以属于“科技”,又可以属于“公司”,因此实体分类是一个典型的多标签分类问题。

1. 实体分类方法

实体分类面临诸多挑战,如实体的数量较大,且缺乏高质量的标注数据,因此在具体进行实体分类任务时,可以采用多种分类方式,具体分析如下。

(1)基于手工的分类

基于手工的分类方法,由人对知识库中的实体进行分类,参与人员主要包括领域专家、数据标注专员、众包人员等。该方法得到的实体类别准确率高,但是人工标注速度慢,无法满足大规模的实体分类需求。

（2）基于规则的分类

基于规则的分类方法分为通用规则和启发式规则，下面分别介绍这两种方法。

基于通用规则的实体分类方法，主要基于一些先验知识。概念层的层次结构体系本身是一种较强的先验知识，即在已知实体属于某个概念子类的情况下，进而推测出实体也属于相应的概念父类。例如，"科技公司"概念继承自父类概念"公司"，则当实体"小米集团"属于"科技公司"的概念子类时，同时也意味着它属于"公司"这一父类类别。这一点也告诉我们，进行实体分类任务时，应当尽可能将实体对应到细粒度的概念上，即概念层的子孙结点上。另一方面，许多概念类别是互斥的，一个实体无法同时属于互斥的两个类别，因此可以利用大类概念的互斥先验知识，检测和消除明显的错误。例如实体"双截棍"，在词条的原始标签中，同时包含了"武器装备"和"音乐"两个概念类别，而它们明显是互斥的，因此需要加以纠正。

基于启发式规则的实体分类方法，是指根据实体的命名规范编写启发式规则以抽取实体类别。如"实体后缀包含公司的实体大概率上属于公司类别""实体后缀包含大学、中学、小学的实体大概率上属于学校类别"等规则。通过该规则可以标注某个类别下的大部分实体，如"华为技术有限公司""北京小米科技有限责任公司""清华大学"等。同时，针对一些特殊的文本内容，例如词条的摘要，可基于实体所在上下文的特定模式，编写抽取规则，获得实体的类别。如对于实体"北京小米科技有限责任公司"，有如下摘要文本：北京小米科技有限责任公司成立于 2010 年 3 月 3 日，是一家专注于智能硬件和电子产品研发的移动互联网公司。利用正则表达式匹配，可以编写如下形式的抽取规则：

```
regex: "(?P<subject>.*?)( 是 )(?P<predicate>.*?)( 的 )(?P<object>.*?)(, |。| |; )"
```

通过该抽取规则，可以抽取到示例摘要中的"移动互联网公司"内容，若"移动互联网公司"在类别体系中，那么就可以给"小米集团"打上"移动互联网公司"的概念标签。

基于规则的分类方法简单高效，准确率高，但仍然需要人工不断编写和完善规则，以提升抽取的覆盖率。

（3）基于机器学习的分类

下面介绍基于机器学习的实体分类。分类模型是一类经典的机器学习模型，其大致流程为：基于一定规模的训练数据，即实体和类别的已知对应关系，将训练数据输入分类模型中，让模型从训练集中学习特征，最后预测实体对应的类别。该方法的关键在于找到有效的特征来表示实体，以提升预测实体类别的效果。同时，训练数据的规模也非常重要，由于初期很难收集足够规模的数据供模型训练，因此可以基于启发式规则生成部分训练数据。

实体分类任务的整体流程如图 4-14 所示，它采用规则、人工和模型混合的策略，以选代的方式不断完善实体分类的效果。

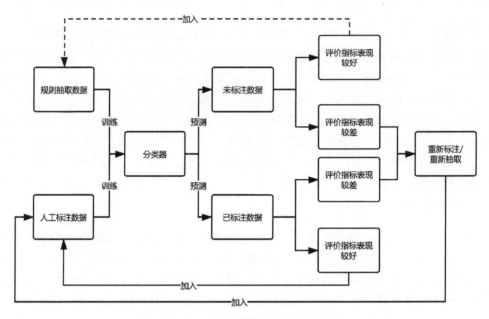

图 4-14   实体分类任务整体流程

输入到分类器的标注数据由两部分构成：一部分是由人工标注的实体分类数据，数据量较小，质量较高；另一部分是通过规则抽取得到的实体分类数据，数据量较大，质量一般。将这两部分数据合并形成训练数据，并采用 5 折交叉验证的策略，按照训练集与验证集为 8∶2 的比例随机生成。分类器基于数据进行训练，分别进行特征抽取、参数调优等工作，最终可以基于实体的特征输入，给出实体对应的类别，同时给出一个置信度。训练得到一个较优的分类器后，便可以对其他数据进行预测，此时又分为两个方向，分别是对已标注数据和未标注数据进行预测。

针对已标注数据进行预测，是为了检测出明显的错误数据，优化训练数据。对于模型的分类结果，需要设置一个置信度阈值，只有当预测结果的置信度高于该阈值时，才认为分类结果有效。据此，若标注类别和分类器预测的类别具有较高的相似度，则可以认为此类数据具备高质量，可作为下一轮模型迭代优化的训练数据；若标注类别和分类器预测的类别明显不同，则将其放入待标注池中，由人工进行审核，重新标注。

针对未标注数据进行预测，若预测结果的置信度较高，可认为该部分预测结果质量尚可，通过一定的规则过滤后，可加入训练数据中，用于下一轮模型的迭代优化。若预测结果的置信度较低，则说明模型对于该类数据的预测能力较差，可能缺乏部分特征的学习，因此需要加入待标注集合中，由人工进行审核。

2. 实体分类流程

从以上流程可以看出，实体分类任务是一个不断迭代优化的过程，直至分类器的分类结果达到设定的预期为止。接下来分步骤进行详细说明。

（1）数据准备及特征筛选

为了尽可能利用更多实体的相关信息，在实体分类任务中，可以加入百科词条中的所有主要信息，包括标题、摘要、信息框、标签和同名消歧描述。

对于原始数据，首先进行特殊符号（如标点符号等）的去除操作。特殊符号可能包含中英文两种不同的格式，需要分别进行处理。利用正则表达式可以完成该项工作，具体代码如下所示：

```
import re

punc_ch = "[！？。" # ￥ $ % & ' （ ） * +，－／∶；〈＝＞@［＼］＾＿`｛｜｝～《》「」、〝〞〉」』
    『』〔〕〖〗〘〙〚〛┅┅┄┄┄┄┄┄〓－－''""""……．]"
punc_en = "[!\"#$%&\'()*+,-./:;<=>?@[\\]^_`{|}~]"
punc_ch_pattern = re.compile(punc_ch)
punc_en_pattern = re.compile(punc_en)

def remove_punctuation(sent):
    sent = re.sub(punc_ch_pattern, ' ', sent)   # 去掉中文标点
    sent = re.sub(punc_en_pattern, ' ', sent)   # 去掉英文标点
    sent = re.sub('[ ]{2,}', ' ', sent)   # 去掉多余空格
    return sent
```

上述代码中定义了一个去除特殊字符的函数 remove_punctuation。函数的输入为待处理文本变量 sent、punc_ch 和 punc_en，它们分别枚举了常见的中英文特殊字符。利用 re.sub() 方法，可匹配 punc_ch 和 punc_en 中涵盖的特殊字符，并将它们替换为空字符。替换完成后，函数返回无特殊符号的文本变量。

此外，由于同名消歧描述、摘要、信息框的文本描述信息较多，需要对这三项做分词处理。分词工具可以使用哈工大 LTP（Language Technology Platform）的 Python 封装包 pyltp[⊖]。

可以直接使用 pip 安装 pyltp：

```
$ pip install pyltp
```

也可以从源代码安装：

```
$ git clone https://github.com/HIT-SCIR/pyltp
$ git submodule init
```

⊖ https://github.com/HIT-SCIR/pyltp。

```
$ git submodule update
$ python setup.py install
```

若 Mac 系统出现版本问题报错，则将最后一行改为：

```
$MACOSX_DEPLOYMENT_TARGET=10.7 python setup.py install
```

然后下载模型文件[⊖]，建议下载最新版本 3.4.0。

以上准备工作结束后，可使用 LTP 分词工具进行分词处理，示例代码如下：

```
from pyltp import Segmentor
segmentor = Segmentor()
segmentor.load(<your_model_path>/model)
words = segmentor.segment(sentence)
cws_result = " ".join(words)
```

其中，<your_model_path> 需替换为 LTP 依赖模型存放的路径，model 为模型名称，分词工具的模型名称为"cws.model"。sentence 则为待分词数据。cws_result 为分词得到的结果变量，是后续实体分类任务的训练数据。以实体"圣约翰大学"为例，其训练数据格式如表 4-4 所示，X 列为特征输入，Y 列为预测的标签，此处为"学校"。

表 4-4 实体"圣约翰大学"训练数据格式

X	Y
圣约翰大学 上海 教会 大学 圣约翰 大学 St John s University 简称 圣约翰 约 大 诞生 于 1879 年 初名 圣约翰 书院 1881 年 开始 完全 用 英语教学 是 中国 首座 全 英语 授课 的 学校 1892 年 起 正式 开设 大学 课程 1905 年 升格 为 大学 是 中国 第一所 现代 高等 教会 学府 1913 年 开始 招收 研究生 至 1949 年春 学校 占地 300 余亩 设有 文 理 医 工 神 5 个 学院 和 附属中学 在校学生 1200 余人 圣约翰 大学 是 当时 上海 乃 至 全 中国 最 优秀 的 大学 之一 也 是 在 华 办学 时间 最 长 的 一所 教会学校 卜舫济 主持 圣约翰 校政 长 达 53 年 之久 对 学校 的 发展 起到 了 很大 影响 73 年 的 办学 历程 中 圣约翰 大学 享有 东方 哈佛 外交 人才 的 养成 所 等 盛名 更 是 培育出 了 顾维钧 宋子文 颜福庆 严家淦 刘鸿生 林语堂 潘序伦 邹韬奋 荣毅 仁 经叔平 贝聿铭 张爱玲 周有光 等 一大批 声名显赫 的 校友 成为 中国 教育史 上 的 传奇 1952 年 院系 调 整 圣约翰 大学 停办 其 院系 分别 并入 华东师范大学 复旦大学 同济大学 交通 大学 上海 第二 医学院 上海 财政 经济 学院 华东政法学院 校址 划归 华东政法学院 2015 年 10 月 17 日 圣约翰 大学 第十一届 世界 校 友 联谊会 在 沪 召开 会上 圣约翰 校友 联谊会 主席 高尚 全 正式 宣布 圣约翰 大学 北京 校友会 加入 华东 师范大学 校友会 他 还 阐释 了 其中 的 原因 圣约翰 大学 与 华东师大 有 亲密 的 血缘关系 圣约翰 大学 的 很多 人物 等 教学资源 都 由 华东师大 继承 华东师大 正在 筹建 申江 书院 申江 与 St John 谐音 这 是 对 圣约翰 大学 最好 的 传承 和 纪念 中文名 圣约翰 大学 外文名 St John s University 简称 圣约翰 简称 约 大 校训 学而不思 则 罔 校训 思而 不学则 殆 校训 Light Truth 光 与 真理 创办时间 1879 年 类别 私立 教会 综 合性 大学 知名校友 顾维钧 知名校友 宋子文 知名校友 林语堂 知名校友 荣毅仁 知名校友 邹韬奋 知名校友 张爱玲 知名校友 周有光 所属地区 中国 上海 主要院系 文学院 主要院系 理学院 主要院系 医学院 主要院系 工学院 主要院系 神学院 主要奖项 民国时期 著名 的 综合性 大学 有 东方 哈佛 之 美誉 主要奖项 中国 第一 所 颁发 学士学位 的 高等学校 主要奖项 1921 年 创办 了 中国 乃至 亚洲 第一个 新闻 专业 主要奖项 中国 第一所 现代 高等 教会 学府 主要奖项 卜舫济 为 世界 上 任职 时间 53 年 最长 的 校长 撤销时间 1952 年秋 学校原址 上海市 长宁区 万 航渡 路 1575 号 组织机构 学校 外国大学	学校

⊖ http://ltp.ai/download.html。

（2）类别体系

在百度百科自身的类别体系中，包含了 11 个大类、4000 多个细类。由于类别繁多，人工标注过程非常缓慢，时间成本增加。同时，无法保证标注数据覆盖所有类别，标注数据分布不均，少样本数据特征不充分，导致分类器无法正确区分不同实体。基于上述原因，需要首先对原有的标注体系进行重构。基于 4.2.2 节中介绍的模式完善策略，可根据已标注的部分数据统计常用的类别标签，以尽量覆盖所有的类别。

由于一个实体可对应多个类别，对于一些特殊的细粒度实体类别，可采用组合标签的形式。例如"政治人物"，可使用"政治"和"人物"组合的方式进行表达。新的标注体系可以加快人工标注的速度，由于类别之间的区分度变大，分类器可以学到更多有效的特征，更容易提升分类模型的分类效果。

（3）训练数据生成

训练数据可以由两部分构成。一种是人工标注的实体分类数据，数据规模可能较小，一个实体可以对应一个或多个类别。另一种是通过规则抽取的训练数据，如应用一些启发式规则（详见前文基于规则的分类方法），但该方法通常只能对应单个类别。

在训练数据的生成过程中，不可避免会产生类别不平衡的问题。针对该问题，一方面，可以针对出现频次较少的实体类别，扩展更加细致的同义词和下位词词典，使得在规则抽取时覆盖更多的实体类别。例如实体类别"豆浆机"，属于实体类别"生活用品"，当规则抽取概念描述中包含关键词"豆浆机"时，便可以给该实体打上"生活用品"的标签。另一方面，百科中的实体本身存在类别分布不平衡问题，例如，有超过百万的词条属于"小说"类别。对于此类数据，则随机抽取部分数据作为训练数据，适当减少高频实体类别在训练数据中的占比，进而保证训练数据的平衡性。

（4）分类模型

分类模型有多种选择，这里采用了对文本分类支持较好的 fastText 模型[⊖]。fastText 是在 2016 年由 Facebook 推出的一个轻量级文本分类模型，该模型具有训练速度快、分类精度高等特点，因此适用于实体分类任务。

① 安装 fastText

可以直接使用 pip 安装，代码如下：

```
$ pip install fasttext
```

⊖　https://github.com/facebookresearch/fastText。

也可以通过源代码安装：

```
$ git clone https://github.com/facebookresearch/fastText.git
$ cd fastText
$ pip install .
```

②准备数据集

数据集是从人工标注和规则抽取中得到的实体条目标注数据，并经过了数据平衡化处理，但是数据还需要按照 fastText 约定的格式进行整理，并切分训练集和测试集。格式处理示例代码如下所示：

```
def process_fasttext_format(X, y, filename):
    with open(filename, 'w') as f:
        for i, v in enumerate(X):
            line = "%s __label__%s\n" % (v, y[i])
            f.write(line)
        f.close()
```

X 表示去除特殊符号和分词的实体条目的文本描述列表，y 表示实体条目的标签列表，X 和 y 一一对应。filename 表示待保存文件。按行读取 X 和 y 中的内容，每一个实体条目被处理成 fastText 要求的格式，在每一个标签前面加上"__label__"标记，方便模型识别标签数据，格式示例如下：

示例实体条目的文本描述 __label__ 标签类别

数据格式处理完成后，需要切分训练数据和测试数据，按照 8 : 2 的比例随机生成，并将其分别保存成训练数据集和测试数据集。

```
from sklearn.model_selection import train_test_split

def train_test_data_split():
    x_train, x_test, y_train, y_test = train_test_split(X, y, test_size=0.2)
    process_fasttext_format(x_train, y_train, "your_file_path/train_data.txt")
    process_fasttext_format(x_test, y_test, "your_file_path/test_data.txt")
```

对于训练集和测试集的随机切分，这里采用了 sklearn 的 train_test_split 方法，只需要提供训练样本的特征列表 X、标签列表 y、测试样本占比 test_size，就可以随机生成训练集和测试集，调用之前的数据格式处理函数 process_fasttext_format，分别保存数据。

③模型训练及评价

模型训练及评价的代码如下所示：

```
from fasttext import train_supervised
```

```
def fasttext_train():
    train_test_data_split()
    model = train_supervised(input="your_file_path/train_data.txt", epoch=30, lr
        =0.6, wordNgrams=2, minCount=1)
    model.save_model('your_file_path/fasttext_model.bin')
    print_results(*model.test("your_file_path/test_data.txt"))

def print_results(N, p, r):
    print("N\t" + str(N))
    print("P@{}\t{:.5f}".format(1, p))
    print("R@{}\t{:.5f}".format(1, r))
```

训练模型采用 fastText 的 train_supervised 方法，该方法包含如下几个重要参数。

❑ input：表示训练集。

❑ epoch：1 个 epoch 表示遍历一遍样本集中的所有样本。

❑ lr：表示初始学习速率。

❑ wordNgrams：表示将一个词和后面的词组合在一起，其值为 2 表示当前词和后面一个词组合在一起作为特征训练。

❑ minCount：参与计算的词的最小出现次数。

参数可以根据训练的模型效果自行调整。将训练好的模型保存到本体，方便下次直接调用，同时构建评价模型 print_results 输出模型预测效果，评价指标结果如下所示：

```
Read 73M words
Number of words:  3350044
Number of labels: 183
P@1 0.96112
R@1 0.96112
```

模型共读取了 73M 的词，其中包含 3350044 个不同的词，标签总数为 183 个，覆盖了类别体系中所有的类别，精准率（Precision）和召回率（Recall）为 0.96112，模型的预测达到了较好的效果。

（5）模型预测结果分析

本次实体分类任务在 fastText 分类模型上面达到了较好的效果，但也需要看到该模型应用于实体分类任务的不足：实体分类任务是一个多分类任务，即一个实体可以属于多个标签，但 fastText 模型只能预测单标签，感兴趣的读者可以尝试其他多标签的分类模型。

4.3　百科知识存储与更新

为了形成最终可用的通用知识图谱，经过加工的知识需要被持久化存储到数据库中。

本节将以 Neo4j 图数据库为例，介绍如何将百科知识存储到 Neo4j 中，并提供实时的通用知识查询服务。同时，为了保证通用知识的新鲜程度，也会介绍几种数据的更新策略。

4.3.1   属性图存储模型

为了便于读者直观理解百科数据的基本形态，前文在表示知识时采用的是 RDF 三元组表示形式。同时，Neo4j 的数据存储模型为属性图模型，3.3 节已对 Neo4j 数据库进行了基本的介绍，读者可以自行回顾。Neo4j 数据库不支持直接的 RDF 数据导入，因此在存储百科知识时，首先需要设计合适的存储模型，以适配 Neo4j 的属性图模型。

基于百科知识，图 4-15 是一个应用属性图模型建模的实例。该实例围绕小米公司和米粉节两个实体，囊括属性图模型中的三个重要元素，结点类型（Label）、结点属性（Property）和结点间关系（Relationship），可以推广到整个通用知识图谱的建模存储中。其中，一个椭圆框表示为一个结点，结点间采用有向边连接。每一个结点绑定一个结点类型，以矩形深色背景框表示。同时，结点中存放实体的属性信息，以键值对形式存储。

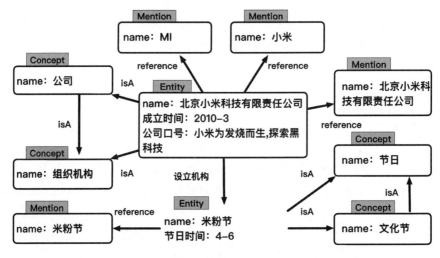

图 4-15   通用知识图谱属性图模型示例

接下来便针对三个属性图的基本元素，分别阐述实例中的设计。

1. 结点类型

结点类型，在图 4-15 中表示为椭圆框（结点）上依附的矩形框。结点类型直观来说是对结点进行分类，其主要作用是对整个图谱进行划分，产生若干个子图。而基于子图进行查询，可以有效提高图谱的查询效率。

从抽象层次来看，通用知识图谱共分为三层，即表述层、实体层和概念层。由此，直观的建模方式便是根据三层结构划分，定义出三种类型的结点：

1）表述（Mention），如图 4-15 中的"小米""米粉节"等表述；

2）实体（Entity），如图 4-15 中的"北京小米科技有限责任公司"和"米粉节"实体；

3）概念（Concept），如图 4-15 中"米粉节"实体所属的概念"文化节"和"节日"。

这里部分读者可能会产生疑问，为什么不直接将概念的具体表述作为实体结点的类型进行存储呢？如在米粉节的结点类型中直接存储"节日""文化节"等概念。主要原因有两个。

1）通用知识图谱基于百科数据，原始数据质量一般，无法在初期形成较为完善的模式定义，需要不断迭代优化。若将定义不够充分的概念直接作为结点的类型，那么一旦需要更新，其代价将会很大。例如"组织"这一概念，若在后期发现应当采用更加合适的"组织机构"替换该定义，便需要修改所有标为"组织"的结点，可能是几十万甚至几百万的数量级，需要进行大量的数据库操作。但如果采用结点方式建模和存储这个概念，便可以直接修改"组织"结点的名称，仅需要一次数据库修改。因此结点的建模方式灵活，适用于不确定性数据和数据迭代。

2）概念层除了与实体层之间存在映射关系，其内部还刻画了概念的上下位和同位关系，可以视为一个独立子图。如图 4-15 中，"文化节"为"节日"的下位概念。采用结点的建模方式，可以完整保留概念层的子图结构。而如果采用实体标签的方式存储，则会丢失该信息，需要其他方式建模和存储概念层的上下位和同位关系。因此结点的建模方式是契合概念层的图结构需求的方式。

2. 结点属性
Neo4j 中结点属性的存储，需要满足键值对形式。

整体上，对于每一个结点，需要固定设置一个字段"name"，用于存储该结点的名称。对于表述来说，name 为表述的具体文本内容；对于实体来说，name 指实体的标准名称；对于概念来说，name 指概念的名称。

此外，实体结点可以存储更多与该实体相关的属性。如图 4-15 所示，"小米公司"结点包含"成立时间"和"公司口号"两个属性。

3. 结点间的关系
通过关系，可以将结点连接到一起。在图 4-15 中，存在 4 种类型的关系。

1）实体 -> 实体：实体间的具体关系，由百科数据决定。示例中，米粉节实体和小米公司实体之间存在的关系为"设立机构"。

2）实体 –> 表述：实体指向表述的关系，采用一个固定的名称"reference"。

3）实体 –> 概念：实体指向概念的关系，采用一个固定的名称"isA"。

4）概念 –> 概念：概念间的上下位关系，出结点为入结点的下位概念，同样定义为"isA"。

4.3.2　知识存储

在定义完知识的存储模型后，可以正式进入知识存储阶段。

图 4-16 是完整的百科数据导入流程图，从原始数据的输入，到最终形成存储于 Neo4j 数据库的通用知识图谱。除了对数据进行基本加工，如格式转换，还将使用两个主要的 Neo4j 数据导入工具，即 BatchInserter 和 Load CSV。前面 3.3 节介绍了 Neo4j 的各个导入方式，这里不再赘述。

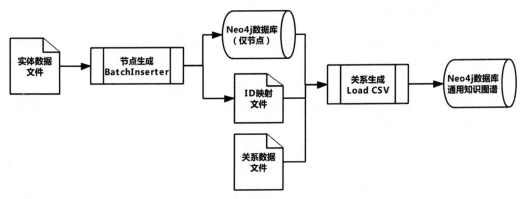

图 4-16　数据导入流程图

接下来，针对流程中的各个子模块分别进行详细阐述。

1. 结点数据文件

结点数据文件，需要包含图谱存储的所有结点的信息，包括结点类型和结点属性。以下是结点数据文件的一个样例，是基于图 4-15 样例中的结点信息：

```
{"name": "北京小米科技有限责任公司", "label": ["Entity"], "url_name": "北京小米科技有
    限责任公司", "url_id": "3250213", "disambiguation": ["小米公司"], "成立时间":
    "2010-3", "公司口号": ["小米为发烧而生","探索黑科技"]}
{"name": "米 粉 节", "label": ["Entity"], "url_name": "米 粉 节", "url_id": "",
```

```
            "disambiguation": [], " 节日时间 ": "4-6"}
{"name": " 公司 ", "label": ["Concept"]}
{"name": " 组织机构 ", "label": ["Concept"]}
{"name": " 文化节 ", "label": ["Concept"]}
{"name": " 节日 ", "label": ["Concept"]}
{"name": " 北京小米科技有限责任公司 ", "label": ["Mention"]}
{"name": " 小米 ", "label": ["Mention"]}
{"name": "MI", "label": ["Mention"]}
{"name": " 米粉节 ", "label": ["Mention"]}
```

在这份样例数据中，每一行表示一个独立的结点数据。以换行符为分隔符，样例中共计 10 行 10 个结点。数据格式采用 JSON，可以匹配 Neo4j 结点属性的存储格式要求，即键值对形式。

注意，数据格式不是强制的，读者也可以自行规定结点数据文件的保存格式。只需要确保在流程的第二阶段，利用 BatchInserter 批量导入该数据时，程序可以正常读取结点的信息即可。

可以发现，每个结点的数据中都包含两个必要字段，分别是"name"和"label"，分别代表结点的名称和结点的类型。注意，"label"字段的字段值为数组类型，这么做是允许一个结点拥有多个结点类型，也是 Neo4j 原生支持的结点存储方式。

实体类型的结点（Entity）包含三个固定的字段。如示例中的"北京小米科技有限责任公司"和"米粉节"，这三个字段分别如下。

1）url_name，对应百度百科词条 url 的词条名称部分，与 url_id 组合唯一识别一个实体，并与一个唯一的百度百科词条对应。

2）url_id，对应百度百科词条 url 的词条数字 id 部分，与 url_name 组合唯一识别一个实体，并与一个唯一的百度百科词条对应。

3）disambiguation，百科对于同名实体的概括性消歧短语，可能存在多个。

基于 Python 对结点数据进行处理时，可以将 Python 原生的 dict 数据结构保存为 JSON 类型的字符串格式，样例代码如下：

```
1.  import json
2.
3.  node_dict = {
4.      "name": " 北京小米科技有限责任公司 ",
5.      "label": ["Entity"],
6.      "url_name": " 北京小米科技有限责任公司 ",
7.      "url_id": "3250213",
8.      "disambiguation": [" 小米公司 "],
```

```
9.        "成立时间": "2010-3",
10.       "公司口号": ["小米为发烧而生", "探索黑科技"]
11. }
12. node_json_str = json.dumps(node_dict, ensure_ascii=False)
13. with open("test_node.json", "w") as f_out:
14.     f_out.write(node_json_str + "\n")
```

其中主要利用的是 json 包。第 3 ~ 11 行构建了一个 dict 类型的结点数据样例。第 12 行利用 json 包的 jumps() 方法将 node_dict 转换为 JSON 格式的字符串。其中参数 ensure_ascii 表示生成的字符编码格式，当置为 True（默认）时，生成的字符串的中文将以 ASCII 编码方式呈现，丧失可读性。第 13 ~ 14 行则将生成的 JSON 格式的字符串写入文件中。

若想要预览某个结点的数据，可以在 JSON 包的 jumps() 方法中加入参数 indent，手动控制缩进，使生成的 JSON 字符串具有更好的可读性，具体代码如下：

```
node_json_str = json.dumps(node_dict, ensure_ascii=False, indent=4)
print(node_json_str)
```

格式化 JSON 的呈现效果如下所示：

```
{
    "name":"北京小米科技有限责任公司",
    "label":[
        "Entity"
    ],
    "url_name":"北京小米科技有限责任公司",
    "url_id":"3250213",
    "disambiguation":[
        "小米公司"
    ],
    "成立时间":"2010-3",
    "公司口号":[
        "小米为发烧而生",
        "探索黑科技"
    ]
}
```

2. 结点生成：BatchInserter

BatchInserter 是 Neo4j 原生支持的批量数据导入工具，在生成结点方面效率非常高，并且基于 Java 语言，可以动态适配输入数据的格式。但 BatchInserter 的缺点是内存开销较大，尤其在生成边关系时，约为结点生成所需内存的 6 倍，而通用知识图谱的实体量级通常在千万级别，关系很可能达到亿级别，因此，在整个通用知识图谱的存储流程中，BatchInserter 将作为结点生成的主要手段，而结点间关系的构建则在第 4 阶段，利用 Load CSV 方法实现。

由于 BatchInserter 需要采用 Java 语言编写，若读者对 Java 不是特别熟悉，可跳过本流程的后续内容。在确保结点信息文件的格式与流程 1 保持一致，并以 "node.json" 命名后，便可直接执行命令批量生成结点：

```
Java -jar Neo4jImporter.jar
```

以上命令实际是对后续介绍的代码进行的封装。

利用 BatchInserter 进行的核心操作为生成结点，这里先以一个简单的示例了解一下 BatchInserter 生成 Neo4j 数据库文件的基本方法，如下代码所示：

```java
1.  import org.neo4j.graphdb.Label;
2.  import org.neo4j.unsafe.batchinsert.BatchInserter;
3.  import org.neo4j.unsafe.batchinsert.BatchInserters;

5.  import java.io.File;
6.  import java.util.HashMap;
7.  import java.util.Map;
8.
9.  public class DemoImporter {
10.     private void generateSampleKG(){
11.         String outputPath = "./graph.db";
12.
13.         Map<String, Object> properties = new HashMap<String, Object>(){{
14.                 put("name", "北京小米科技有限责任公司");
15.                 put("url_name", "北京小米科技有限责任公司");
16.                 put("url_id", "3250213");
17.                 put("disambiguation", new String[]{"小米公司"});
18.                 put("成立时间", "2010-3");
19.                 put("公司口号", new String[]{"小米为发烧而生", "探索黑科技"});
20.             }
21.         };
22.         Label[] labelArray =  new Label[]{Label.label("Entity")};
23.
24.         BatchInserter inserter = null;
25.         try{
26.             inserter = BatchInserters.inserter(new File(outputPath).
                    getAbsoluteFile());
27.             long nodeId = inserter.createNode(properties, labelArray);
28.         }catch (Exception e){
29.             e.printStackTrace();
30.         }finally {
31.             if ( inserter != null ) {
32.                 inserter.shutdown();
33.             }
34.         }
35.     }
36.
37.     public static void main(String[] args){
```

```
38.            DemoImporter demoImporterTest = new DemoImporter();
39.            demoImporterTest.generateSampleKG();
40.        }
41. }
```

首先观察第 24 ～ 34 行的代码，它整体由一个 try、catch、finally 的异常捕捉处理块构成，是涉及 BatchInserter 操作的主要代码。第 24 行声明了一个 BatchInserter 对象，第 26 行通过指定 Neo4j 数据库文件生成的目录路径，初始化了 BatchInserter 对象。第 27 行则基于 properties（结点属性，必须为 Map 类型）和 labelArray（结点类型，必须为 Array 类型）两个变量创建了一个结点，关于这两个变量的详情稍后进行分析。第 29 行代码用于输出异常信息。第 31 ～ 33 行表示，当 BatchInserter 对象不为空时，执行 shutdown() 操作，只有在该操作执行后，Neo4j 才能完成数据的持久化存储。同时，以上关于 BatchInserter 操作的代码，需要依赖 Neo4j 的库，即第 1 ～ 3 行代码导入的库。

properties 变量，位于代码的第 13 ～ 21 行，用于存放结点的属性键值对。沿用小米公司的示例，这里使用 Java 内置的 HashMap 类型存放公司属性信息，等价于 Python 的 dict 类型。在初始化构造函数中添加了 6 个键值对。注意，disambiguation 和 "公司口号" 这两个属性的属性值类型与其他属性有所不同，由于它们的属性值可能不唯一且包含多个，因此采用的是 Array 类型。在 3.3 节中曾经介绍过 Neo4j 支持的 Python 内置数据类型，同样的，Neo4j 也支持部分 Java 数据类型，具体的映射关系可参考图 4-17。值得注意的是，从实践中发现，List 类型不支持在创建结点时作为属性值存在，但是 Array 类型可以。这可能是 Neo4j 的 Java 版本驱动与 BatchInserter 所在包略有不同所导致的。

Neo4j	Java
Null	null
Boolean	java.lang.Boolean
Integer	java.lang.Long
Float	java.lang.Double
Bytes	byte[]
String	java.lang.String
List	java.util.List<T>
Map	java.util.Map<K, V>
Node	org.neo4j.driver.v1.types.Node
Relationship	org.neo4j.driver.v1.types.Relationship
Path	org.neo4j.driver.v1.types.Path

图 4-17　Neo4j 变量类型与 Java 变量类型的映射关系

注：https://neo4j.com/docs/developer-mannal/3.3/drivers/cypher-values/。

labelArray 变量，位于代码第 22 行，用于存放结点的类型，为 Array 类型。数组中的变量则为 Label 类型，Label 是 Neo4j 的一种内置数据类型。本示例以字符串"Entity"初始化了一个 Label 对象，并存放到了 labelArray 中。

　　基于以上生成思路，只需要将变量 properties 和 labelArray 的赋值转为动态读取结点信息，加上一个数据的预处理流程，便可实现结点的批量生成。修改后的代码如下所示：

```java
1.  import com.alibaba.fastjson.JSON;
2.  import com.alibaba.fastjson.JSONArray;
3.  import com.alibaba.fastjson.JSONObject;
4.  import org.neo4j.graphdb.Label;
5.  import org.neo4j.unsafe.batchinsert.BatchInserter;
6.  import org.neo4j.unsafe.batchinsert.BatchInserters;
7.
8.  import java.io.*;
9.  import java.util.*;
10.
11.
12. public class CommonImporter {
13.     private String nodeDir = "./node.json";
14.     private String nodeIdDir = "./node_id.txt";
15.     private String outputPath = "./graph.db";
16.
17.     private void generateKG(){
18.         String lineStr = null;
19.         int lineCount = 0;
20.         BatchInserter inserter = null;
21.         try{
22.             inserter = BatchInserters.inserter(new File(outputPath).
                    getAbsoluteFile());
23.             OutputStreamWriter nodeOut = new OutputStreamWriter(
24.                 new FileOutputStream(new File(nodeIdDir), false));
25.             BufferedReader bufferedReader = new BufferedReader(
26.                 new InputStreamReader(new FileInputStream(nodeDir),
                    "UTF-8"));
27.             while ((lineStr = bufferedReader.readLine()) != null) {
28.                 lineCount ++;
29.                 Map<String, Object> properties = new HashMap<>();
30.                 Label[] labelArray =  new Label[]{};
31.                 JSONObject propertyJson = JSON.parseObject(lineStr);
32.                 for(Map.Entry entry:propertyJson.entrySet()){
33.                     String propertyKey = (String)entry.getKey();
34.                     Object propertyValue = entry.getValue();
35.                     if(propertyKey.equals("label")){
36.                         List<Label> labelList = new ArrayList<>();
37.                         for (Object singleValue:(JSONArray)propertyValue) {
38.                             labelList.add(Label.label((String)singleValue));
39.                         }
40.                         labelArray = new Label[labelList.size()];
41.                         labelList.toArray(labelArray);
42.                     }else{
43.                         if (propertyValue instanceof String){
```

```
44.                          properties.put(propertyKey, propertyValue);
45.                      }else{
46.                          List<String> valueList = new ArrayList<>();
47.                          for (Object singleValue:(JSONArray)propertyValue)
                             {
48.                              valueList.add((String)singleValue);
49.                          }
50.                          String[] valueArray = new String[valueList.
                             size()];
51.                          valueList.toArray(valueArray);
52.                          properties.put((String) entry.getKey(),
                             valueArray);
53.                      }
54.                  }
55.              }
56.
57.              long nodeId = inserter.createNode(properties, labelArray);
58.              nodeOut.write(nodeId + "\n");
59.          }
60.          nodeOut.close();
61.      }catch (Exception e){
62.          e.printStackTrace();
63.          System.out.println("Error text: " + lineStr);
64.          System.out.println("Error line: " + lineCount);
65.      }finally{
66.          if ( inserter != null ) {
67.              inserter.shutdown();
68.          }
69.      }
70.  }
71.
72.
73.  public static void main(String[] args){
74.      CommonImporter test = new CommonImporter();
75.      test.generateKG();
76.  }
77. }
```

延续流程 1 中的输出文件格式定义，即 JSON，这里采用开源工具包 fastjson [⊖] 来进行解析，第 1 ～ 3 行代码导入了必要的 fastjson 依赖。

整体的处理流程分析如下。

1）读取结点信息文件中的一行 JSON 字符串，流程 1 中规定了以行为结点单位保存信息。第 25 ～ 27 行代码创建了一个文件读取流。

2）针对每一行结点信息，解析 JSON 字符串，并遍历其中的每一个键值对，即第 31 ～ 32 行代码。

⊖ https://github.com/alibaba/fastjson。

3）针对每一组键值对，若 label 为键，则当前的键值对将被用于构建结点的类别，同时将 JSONArray 对象转换为 Label 类型的数组 labelArray，对应第 35 ～ 41 行代码。反之，键值对作为属性将被存储于 properties 中，对应第 42 ～ 54 行代码。此时键值对中的值可能存在两种类型，需要通过 instanceof 方法进行类型判断。如果为 String 类型，直接存储即可。如果为 JSONArray 对象，则需要将 JSONArray 对象转换为 String 类型的数组，再存储到 properties 中。

4）回到步骤 1，重复以上流程，直到结点信息文件读取完毕。

同时，为了更好地定位可能出现的错误情况，在第 62 ～ 63 行代码中增加了错误信息的输出，即当错误发生时，输出错误信息对应的 JSON 字符串内容以及所在的行数。

3. 数据库文件夹及 id 映射文件

经过步骤 2，会生成一个文件夹 graph.db，即数据库文件夹，以及一个文件 node_id.txt，即 id 映射文件。

首先观察一下 id 映射文件，按照代码中的逻辑，每一行保存的是一个 Neo4j 结点的 id，与结点信息文件中的各行对应。打开该文件后便会发现，第一行的结点 id 为 0，第二行的结点 id 为 1，且 id 是逐行递增的，表明 Neo4j 在使用 BatchInserter 生成结点时，id 采用的是递增的方式。因此，实体所在的行数即为 Neo4j 中的实体结点的 id。

其次观察 graph.db 文件夹，其包含的内容即 Neo4j 的数据库文件，由此也证实了，BatchInserter 可以直接生成 Neo4j 数据库。在 3.3 节已经介绍过该文件夹的基本信息，这里不再赘述。下面按照 3.3.2 节中介绍的 Neo4j 部署方法，基于已有的数据库文件，启动 Neo4j。

（1）创建路径存放数据库

创建用于存放 Neo4j 数据库的路径：

```
/kg/general-kg/data/database
```

注意，从 data 开始子目录路径需严格保持一致。将步骤 2 中生成的 graph.db 数据库文件目录移动到刚刚所创建的路径下。

（2）启动 Neo4j

以 docker 方式启动 Neo4j：

```
$ docker run -d \
-p 7474:7474 -p 7687:7687 \
```

```
-v /kg/general-kg/data:/var/lib/neo4j/data \
-v /kg/general-kg/import:/var/lib/neo4j/import \
--env=NEO4J_dbms_memory_heap_max__size=10G \
--env=NEO4J_dbms_memory_pagecache_size=10G \
neo4j
```

下面是启动命令中的参数详解（从第 2 行至第 6 行依次解读）。

❑ 将容器内部的 7474 端口（HTTP 前端访问端口）和 7687 端口（bolt 数据库连接端口）暴露到主机中，使其可以在本机中直接访问。

❑ 将本机路径的 data 目录映射到容器中，持久化存储 Neo4j 的数据库和账户管理文件。

❑ 将本机路径的 import 目录映射到容器中，用于后续的关系边数据导入。

❑ 配置 Neo4j 的启动参数，将最大的 Java heap 空间设置为 10GB。由于 Neo4j 基于 Java 运行，因此所有的查询处理、事务等均需要 Java heap 空间支持。

❑ 配置 Neo4j 的启动参数，将最大的 pagecache 空间设置为 10GB。按照 Neo4j 的缓存机制，Neo4j 会将最近查询过的数据加载到内存，这样在后续查询时便可直接获取，提升了数据查询速度。

由于通用知识图谱的数据量级较大，因此需要根据数据的实际情况调整 heap_max__size 和 pagecache_size 的大小，这里设置的参数仅为示例。

（3）图谱可视化

打开 Neo4j 前端直观查看图谱情况，将以下 URL 中的 <host ip> 替换为部署 Neo4j 的主机 ip 地址，并在浏览器中打开页面：

```
http://<host ip>:7474
```

详细的 Neo4j 前端操作方法可参考 3.3.3 节。

在前端可查看本阶段结点的导入情况，通过以下命令可查看结点的数量：

```
$ MATCH (n) RETURN count(n)
```

通过以下命令，可随机浏览 25 个结点：

```
$ MATCH (n) RETURN n LIMIT 25
```

4. 关系数据文件

关系数据文件用于结点间关系的导入，并将通用知识图谱中的关系持久化存储到 Neo4j 中。关系数据文件需符合一定格式，以适配下一个步骤中 Load CSV 的要求。首先该文件必须严格遵守 CSV 格式规范，从 Load CSV 的命名便可以得知待导入的文件格式必须是 CSV。其次，关系中涉及的结点需要和第三步中生成的结点对应起来，最简单的方式便是利用 Neo4j 的结点 id。最后，需要规定 CSV 文件中的字段，由于前文中均采用 RDF 三元组方式表示，此处也可以直接用 Subject、Predicate、Object 三个字段作为 CSV 的表头。

延续图 4-15 的示例内容，在该示例中共存在 11 条关系边，若转换为以表格的方式呈现，则如表 4-5 所示。为了区分各个结点，在表中的结点名称前加上了结点类型的前缀。由表 4-5 可知，该示例已经符合 CSV 的规范，接下来需要解决结点映射的问题。

表 4-5　关系三元组示例

Subject	Predicate	Object
Entity: 米粉节	isA	Concept: 文化节
Entity: 米粉节	isA	Concept: 节日
Entity: 北京小米科技有限责任公司	设立机构	Entity: 米粉节
Entity: 北京小米科技有限责任公司	isA	Concept: 公司
Entity: 北京小米科技有限责任公司	isA	Concept: 组织机构
Mention: 米粉节	reference	Entity: 米粉节
Mention: 小米	reference	Entity: 北京小米科技有限责任公司
Mention:MI	reference	Entity: 北京小米科技有限责任公司
Mention: 北京小米科技有限责任公司	reference	Entity: 北京小米科技有限责任公司
Concept: 文化节	isA	Concept: 节日
Concept: 公司	isA	Concept: 组织机构

表 4-6 是一个结点信息到结点 id 的映射的示例。事实上，在目前的百科图谱数据中唯一识别一个结点时，仅通过结点名称识别是不够的，还需要通过结点的类型等其他信息。对于 Concept 和 Mention 类型的结点，通过结点名称 + 结点类型可以唯一确定一个结点，并与结点 id 对应。但是对于 Entity 类型的结点，则需要通过结点名称 + 结点 id+ 结点类型来共同唯一确定一个结点。

表 4-6　结点信息到结点 id 的映射

结点信息	结点类型	结点 id
{"name": " 北京小米科技有限责任公司 ", "url_name": " 北京小米科技有限责任公司 ", "url_id": "3250213"}	Entity	0
{"name": " 米粉节 ", "url_name": " 米粉节 ", "url_id": ""}	Entity	1
{"name": " 公司 "}	Concept	2
{"name": " 组织机构 "}	Concept	3
{"name": " 节日 "}	Concept	4
{"name": " 文化节 "}	Concept	5

（续）

结点信息	结点类型	结点 id
{"name": " 北京小米科技有限责任公司 "}	Mention	6
{"name": " 小米 "}	Mention	7
{"name": "MI"}	Mention	8
{"name": " 米粉节 "}	Mention	9

　　通过上述方法，便可将表 4-5 中的各个结点（Subject 和 Object）映射并替换为结点 id，再顺利传递给下一步的 Load CSV，以创建关系边。如前三条关系：

```
<Entity: 米粉节 , isA, Concept: 文化节 >
<Entity: 米粉节 , isA, Concept: 节日 >
<Entity: 北京小米科技有限责任公司 , 设立机构 , Entity: 米粉节 >
```

可映射并转换为：

```
<1, isA, 5>
<1, isA, 4>
<0, 设立机构 , 1>
```

同时，这里给出一段相应的 CSV 文件生成样例代码：

```
1.  import csv
2.
3.  data_list = [
4.      ("Subject", "Predicate", "Object"),
5.      (1, "isA", 5),
6.      (1, "isA", 4),
7.      (0, " 设立机构 ", 1),
8.  ]
9.
10. with open('rel.csv', 'w') as f:
11.     f_csv = csv.writer(f)
12.     f_csv.writerows(data_list)
```

　　其中 list 类型的 data_list 初始化了一个数据表，数据表中的第一行数据（对应第 4 行代码）指定了待生成 CSV 文件的表头，同时也规定了列数为三列。其后的第 2 ～ 4 行代码为样例数据。第 10 行代码创建了一个文件写入流，在第 11 行中传递给 CSV 的 writer 方法，同时初始化一个 CSV 写入对象，并在第 12 行代码中代用了该对象的 writerows 方法，将 data_list 数组写入了文件。代码执行后，可打开 "rel.csv" 查看文件情况，检查是否符合 CSV 格式。

5. 关系生成：Load CSV

Load CSV[⊖]是 Neo4j 原生支持的数据批量导入工具，作为 Cypher 语言的一部分，可直

⊖ https://neo4j.com/docs/cypher-manual/current/clauses/load-csv/。

接在 Neo4j 的终端中执行。Load CSV 与 BatchInserter 不同，BatchInserter 可以在 Neo4j 数据库关闭的情况下（也必须关闭，无法在已有数据库上操作）直接操作和生成 Neo4j 数据库文件。而 Load CSV 需要在 Neo4j 开启的情况下使用，但其优点是采用事务的方式执行，支持数据热更新。

本阶段利用 Load CSV 完成的工作是将剩余的结点间关系边存储到 Neo4j 中。首先需要读取上一步中生成的关系数据文件，将该数据文件移动到该目录：

```
$ /kg/general-kg/import
```

在流程 3 中创建 Neo4j 的 Docker 容器时，该目录与 Docker 容器中的 Neo4j 数据库导入目录进行了映射同步。将关系数据移动到该目录，便可以在 Docker 容器中同步访问。

之后便可以开始批量导入数据，导入命令如下所示：

```
$ USING PERIODIC COMMIT 10000
LOAD CSV WITH HEADERS FROM "file:///rel.csv" AS line
MATCH (s) where id(s)=toInteger(line.Subject)
MATCH (o) where id(o)=toInteger(line.Object)
MERGE (s)-[:r{name:line.Predicate}]->(o);
```

注意，以上命令需要作为一个整体一次执行。

其中，第 1 行表示单次提交的事务数量。Load CSV 是在 Neo4j 启动的情况下，基于事务执行数据插入操作的，COMMIT 操作执行时数据才会被写入。因此，需要谨慎设置单次提交的数据量。数据量不能太大，否则会导致内存溢出，出现和 BatchInserter 类似的情况。但数据量也不能太小，否则大数据量的导入将会非常耗时。默认情况下，使用 USING PERIODIC COMMIT 时，Neo4j 会以 1000 行为单位提交，即读取数据文件达到 1000 行时触发 COMMIT 进行写入操作。同时也支持手动设置的方式，如示例命令中所示，这里指定的 COMMIT 行数为 10000 行。读者可根据自身数据量级以及主机的内存大小动态调整该数值。

第 2 行命令指定了待导入数据文件的文件名，此处为 rel.csv。每一行的读取结果以 line 这一别名进行指代，它也可以被视为一个内置对象，允许后续从中取出需要的数据。同时，该命令指定了 Load CSV 的文件读取方式为 WITH HEADERS，即以 CSV 表头的方式读取，此时可以通过"line. 列名称"，如"line.Subject"，读取某一行的 Subject 字段值。当然也支持没有表头的方式以及任意分隔符的方式读取，此时可以通过 line[index] 方式读取某一行的第 index 个字段值，如 line[1]。感兴趣的读者可以参考官方文档了解更多内容。

第 3 行和第 4 行为结点查询语句，通过关系数据文件中的结点 id，查询 Neo4j 中对应的具体结点，并以 s 和 o 两个别名分别进行命名。对于每一行数据来说，line.Subject 取出了其中的 Subject 字段（String 类型），即出结点 id，并将其转化为 int 类型，以适配 Neo4j 结点 id 的数据类型（int 类型）。入结点的查询匹配同理。

第 5 行代码的作用是创建结点间的边关系，MERGE 关键词表示关系创建时会进行去重操作，若使用 CREATE 关键词则不会去重，去重在出结点、入结点、关系方向、关系类型、关系属性均一致的情况下触发，相当于略过当前的创建操作。同时，箭头指定了关系边的方向，s 为出结点，o 为入结点。关系的类型（type）为 r，并在关系边上创建了一个 name 属性，属性值为关系名称，从 line 中的 Predicate 字段得到。这里也可以选择将关系的名称直接赋给 type，由于考虑到通用知识图谱的关系名称较为复杂多样，在没有进行彻底的数据清洗的情况下，建议以属性方式存放。

若关系数据文件较复杂，如不只三个字段，可相应调整创建命令中的数据字段，将其他的字段加入关系边的属性中。

当数据处于导入中的状态时，前端页面将不能被关闭，且终端会持续显示一个旋转的圆圈。完成数据导入后会提示此次导入操作创建的关系边的总数。

最后，为了支持上层应用，可选择创建索引，以便于针对某个类型的结点进行查询，创建命令如下：

```
$ create index on:Entity(name)
$ create index on:Concept(name)
$ create index on:Mention(name)
```

注意，以上命令需要分步执行，不能同时执行。

以第 1 行命令为例，该命令是在 Entity 类型的结点的 name 属性字段上创建索引，后续在用实体名称查询通用知识图谱时，就会得到索引的加速，如以下命令所示：

```
$ MATCH (e:Entity {name: " 米粉节 "}) RETURN e
```

注意，索引是针对 Entity 结点类型建立的，查询语句中必须包含 Entity 结点类型限制，否则 Neo4j 会对所有结点进行查询，使得索引无法工作。同时，若没有创建索引，Neo4j 将会在 Entity 类型的结点中遍历，效率很低。因此，结点的类型，从某种程度上来说，也是一种索引。

4.3.3　知识更新

知识图谱中知识的新鲜度是衡量知识图谱好坏的一个重要指标。因此相应的知识更新模块也变得尤为重要。对于通用知识来说，几乎是时时刻刻都在变化着，这也为通用知识图谱的更新策略带来了不小的挑战。

数据的更新方式往往分为两种，全量更新和增量更新。它们的适用场景不同，本节将依次介绍这两种知识更新策略在通用知识图谱中的应用。

1. 全量更新

全量更新，顾名思义，是针对整个知识图谱进行更新的策略。全量更新的代价较大，往往采用周期性的方式执行，例如每隔一个月执行一次。

通用知识图谱的知识量级较大，一次全量更新，便需要将前文提到的所有流程再执行一遍。因此，对于通用知识图谱的全量更新机制，需要关注并完善整个图谱构建的工作流程，包括数据的获取、清洗、挖掘和导入。每次全量更新后的知识图谱，建议追加版本号或时间戳，以便在出现问题时可以回滚到历史版本。

2. 增量更新

增量更新是指可以在已有数据的基础上小规模更新部分数据。当知识图谱的规模较大、而知识更新规模较小时，增量更新更加适用。

对于通用知识图谱，增量更新策略的一大难点在于定位需要更新的实体。在 4.1.1 节中介绍了百科数据源，提到每个词条都会包含一个最新的更新时间。该信息可以被用来判断当前词条对应的实体是否需要更新，当词条最新的更新时间大于对应实体在图谱中的更新时间时，便需要进行更新。但是对所有词条进行遍历显然是不现实的，这同样需要消耗大量的资源。所以，基于通用知识图谱的数据特性，可以采用热点事件驱动的增量更新策略。

热点事件，指的是诸如热点新闻、热搜等实时动态事件，它们是当前被大众重点关注的内容。如以下热点示例：

美团、小米一起火了，今天双双大涨。

热点事件中包含事件相关的实体，如上述示例中的"美团"和"小米"。这就为知识更新提供了依据，可以针对性地查找热点实体对应的词条更新时间。其背后有两条直观的假设。一是热点事件中出现的实体大概率会发生信息变化，导致百科数据源中的信息同步更新，应当被更新到通用知识图谱中。二是热点事件中的实体是大众目前较为关注的，图谱的查询需求也会相应增加，应当更新通用知识图谱中的相应知识。

由此，可以构建一个定时抓取热点事件的爬虫，抽取热点事件中的相关实体，形成待更新的候选实体集合，依次去百科数据源中检查是否可以更新相关的知识。

解决增量更新的目标获取问题后，下一步便需要考虑如何以较小的代价对一个实体的相关知识进行更新。这里介绍一种通用的增量更新策略，其效率并不是最高的，但是适用于大部分更新场景。延续 Neo4j 的存储方式，以图 4-18 为例，该示例以小米公司结点为中心，包含 5 条关系边，其中 1 条为入边，4 条为出边。

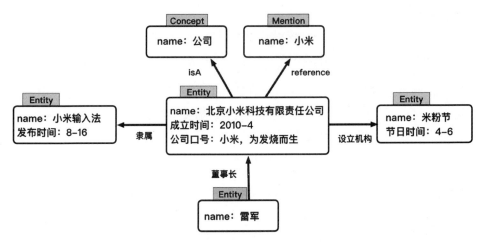

图 4-18 知识更新示例：待更新实体

此时检测到小米公司词条信息发生了变化，需要更新该图谱中的小米公司结点及相关的关系。以图 4-19 为依据来对整体流程进行详细说明。

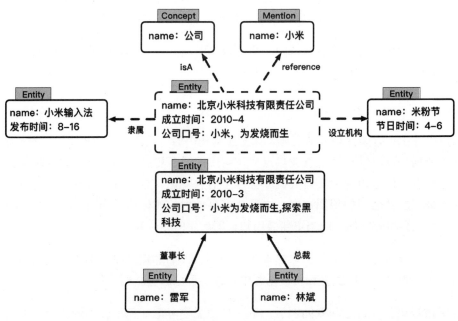

图 4-19 知识更新示例：更新实体创建

（1）创建新实体结点

图 4-19 中的中心位置包含两个小米公司实体结点，旧实体结点以虚线框表示，新实体结点则以实线框表示。可以发现，新实体结点中的"成立时间"和"公司口号"两个属性字段均进行了更新。由于实体的属性被直接存储在结点上，因此在创建新的实体结点时，便可以完成所有属性的更新。

（2）删除旧实体结点的入边

实体结点的入边信息均来源于该实体对应的百科词条。由于词条发生了更新，相关的关系也可能发生变化，因此直接删除所有入边。示例中，表示雷军和小米公司之间关系的入边被删除。

（3）创建新实体结点的入边

基于更新后的词条信息创建新实体结点的入边。示例中，雷军、林斌与小米公司的关系被创建到了新的小米公司结点上。

（4）转移旧实体结点的出边至新实体结点

实体结点的出边信息来源于其他实体词条或数据源，由于无法得知这些关系是否发生了变化，所以需要将出边整体转移到新的实体结点上。示例中，小米公司的旧实体结点的出边均标为虚线，等待被迁移到新的实体结点上。

（5）删除旧实体结点

当出边均被转移到新结点上后，旧实体结点已不存在任何连接的关系边，可以被安全删除。最终的更新结果如图 4-20 所示。

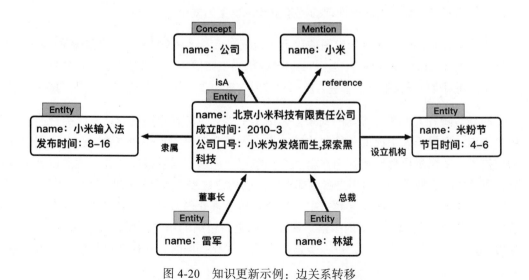

图 4-20　知识更新示例：边关系转移

CHAPTER 5

第 5 章

领域知识图谱构建

随着知识图谱发展以及落地的需要，越来越多的研究和工业应用转向更为细致的领域知识图谱 (Domain-specific Knowledge Graph，DKG)。所谓领域知识图谱，即知识图谱在细分领域的聚焦，如医药、教育、金融领域知识图谱等，也可以视为通用大图谱中的各个领域小子图。领域知识图谱与第 4 章介绍的通用知识图谱有诸多不同，本章将通过实际代码和示例，介绍典型的领域知识图谱构建方法。

5.1 领域知识图谱概览

与通用知识图谱相比，领域知识图谱在知识表示方面更为细致，深度更深，且对知识的要求也更为苛刻。在知识获取方面，领域知识图谱需要更多的领域专业知识，需要专家参与知识的获取与审核，因此专业程度也更高。在知识应用方面，由于领域知识图谱在领域内的知识相对密集，因此可推理的链条更长，也更为复杂。

本章会分别以医药领域知识图谱和用户画像知识图谱来介绍领域知识图谱的构建过程。对于医药领域知识图谱的构建，除了要借鉴通用知识图谱的构建方法外，还需要针对性地设计模式，利用自然语言处理技术进行医药领域内信息抽取，并将信息整合成可用的知识图谱。

同样，随着人工智能时代的到来，无论是手机、智能音箱还是对话系统类产品，针对用户特点，提供千人千面的个性化推荐，将大大提升用户的感知和体验。在保证用户隐私的前提下，从海量信息中挖掘用户信息，洞察用户需求，提供精准服务，就变得越来越重要。因此，后文将详细介绍用户画像知识图谱的构建过程，指导产品形成设计闭环。例如，从聊天机器人产品的人机交互数据中，结合自然语言处理方法，提取出用户静态和动态的信息，构建个性化稠密的知识图谱，从而形成更为精细的用户画像，然后结合产品设计，为用户提供服务，获取反馈，进一步指导产品的优化。同时，在这个过程中，还可以将各种用户属性外的知识图谱如兴趣图谱、美食图谱等关联在一起，实现产品和用户生活网络的统一。

5.2 医药领域知识图谱

作为知识图谱最为重要的应用领域之一，医药领域知识图谱是智慧医疗的重要组成部分，可以带来更加高效、智能和精准的医疗服务。目前已知的医药领域开放知识图谱包括中医药科学研究所构建的中医药知识图谱[⊖]、中科院软件研究所刘焕勇老师团队构建的医疗知识图谱[⊜]等。其中中医药知识图谱包含中医药各细分领域的知识图谱，如中医特色疗法知识图谱、中医养生知识图谱等。图 5-1 展示了中医养生知识图谱[⊜]中与"糖尿病"相关的信息。

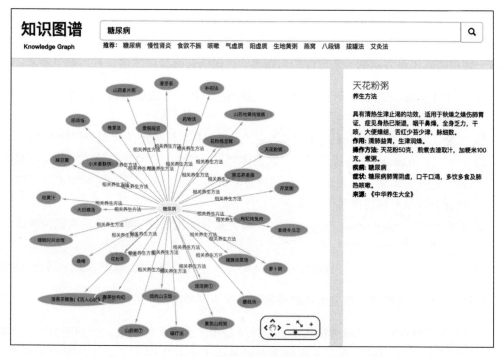

图 5-1　中医养生知识图谱

本节将带领读者从零构建一个医药领域知识图谱，让读者对领域知识图谱有一个更加

⊖　http://www.tcmkb.cn/kg/。

⊜　https://github.com/liuhuanyong/QASystemOnMedicalKG。

⊜　http://www.tcmkb.cn/kg/graph_intro.php?graph=health2。

深刻的认识。具体地，主要从领域模式构建、领域知识获取、领域知识图谱构建、图谱展示几个方面叙述，下面分别介绍。

5.2.1 领域模式构建

图谱的模式构建属于知识建模的范畴。模式构建是构建知识图谱概念模式的过程，一个良好的模式可以提高图谱的利用效率，减少冗余。知识图谱的模式构建通常有两种方式，一种是自底向上（bottom-up）的构建方式，该方式需要对所有的实体进行类别归纳，先归纳成最细致的小类，然后逐层往上，形成大类概念，该方式普遍适用于通用知识图谱的构建。另一种是自顶向下（top-down）的构建方式，该方式需要为图谱定义数据模式，并从最顶层的概念开始定义，逐步往下进行细化，形成类似树状结构的图谱模式，最后将实体对应到概念中，此类构建方式通常适用于领域或者行业知识图谱的构建。医药知识图谱作为一种领域图谱，通常采用自顶向下的策略构建模式。

在医药领域，人们主要关注药物与疾病症状之间的关系，制药企业主要关注某些药物的知识产权情况，药物研制企业则主要关注与药物相关的分子和竞争企业。据此，本文选取若干常用的实体作为示例，来设计和构建典型的医药领域知识图谱，具体如下所示。

- ❏ 分子（Molecule）：指研究机构或个人研制的可用于人或者其他动物并能产生生物药效的物质。
- ❏ 人物（Person）：研制分子的主体之一，也可以是具体分子的知识产权拥有者。
- ❏ 公司（Company）：也是研制分子的主体之一，通常人们会关注该公司的一些基本信息，包括公司名、公司地址、公司财务状况等，还会关注该公司对相关分子的研制情况，以及专利的申请信息等。
- ❏ 知识产权（Intellectual Property）：一般为某分子在完成临床试验后由机构申请的受到法律保护的知识财产。
- ❏ 适应症（Indication）：一般指特定疾病的症状，分子作用的领域，如小细胞肺癌等。

根据不同的应用场景，以上实体的类别可以有不同程度的扩充。

图 5-2 为一种医药知识图谱模式示例，该图谱由 5 大类实体构成，分别是分子、人物、公司、知识产权和适应症。在引入实体类型的基础上，它还加入了实体之间的关联关系，具体分析如下。

- ❏ 公司和分子之间的关联关系，分子由公司研制，或正在研究中。
- ❏ 公司和知识产权之间的关联关系，公司研制完分子后需要申请相应的知识产权保护研究所得。
- ❏ 公司和人物之间的关联关系，人物隶属于某个公司，或者人物和公司合作研制分子。

❑ 公司和公司之间的关联关系，公司与公司之间可能存在竞争或者合作的关系。

❑ 分子和知识产权之间的关联关系，知识产权的主体是研制成功的分子。

❑ 分子和人物之间的关联关系，分子的研制主体可能是某个具体的人物。

❑ 分子和适应症之间的关联关系，每一个分子的目标都是针对一种特定的适应症，并且由于分子的研制需要经历多个临床阶段，因此分子和适应症之间存在临床阶段这一关系。

❑ 分子和分子之间的关联关系，由于研制的分子一般是合成的，可以作用于人或者其他动物体内的细胞分子，因此分子内部也存在关系。

❑ 人物和知识产权之间的关联关系，知识产权的申请主体也可以是具体的人物。

❑ 人物和人物之间的关联关系，与公司间关系类似，人与人之间也可能存在合作或竞争的关系。

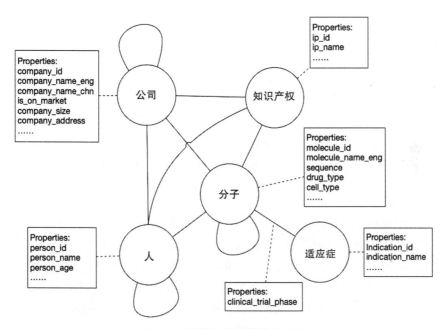

图 5-2　医药知识图谱模式示例

上述内容定义了实体和实体之间的关联关系，而知识图谱中还存在另一种普遍的联系：实体—属性—属性值。针对不同特性的实体，属性也有所不同。如图 5-2 所示，公司实体包含相对较多的属性，以虚线方式与实体结点相连，并以矩形框展示具体的属性定义。若用户或者竞争者想更全面了解一个公司实体结点的属性信息，就会涉及诸多公司属性，包括公司名、公司地址、公司规模、公司市值等信息。对于分子，用户想了解的信息包括分子名、分子序列、制药方式、细胞种类等，这些属性都是专业领域信息，需要从专业信息平台获取或者需要专家参与构建，这里先做简要介绍。

❑ 分子序列：表示分子作用的 DNA 或氨基酸的序列表达式。

❑ 制药方式：分子的制作方式，分为大分子制药、小分子制药等。

❑ 细胞种类：只有制药方式为大分子制药时才拥有细胞种类，其中细胞种类又包含 rodent、bacterial、human、yeast 等多种类型。

5.2.2 领域知识抽取

领域知识抽取包括领域内实体、关系和属性的抽取。

医药领域的实体抽取，指的是从医药数据源中抽取出特定类型的命名实体，可以采用基于医药词典及规则的方法进行实体抽取，也可以采用医药数据库与统计学习相结合的方式进行实体抽取，还可以采用混合抽取方法，即采用将机器学习与深度学习相结合的方法进行实体抽取，如 LSTM+CRF 模型。

医药领域的关系抽取是指从医药数据源中抽取相关实体的关联关系，也包括对属性和属性值的抽取，主要的抽取方法有基于规则的关系抽取、监督学习和半监督学习的抽取方法等。图 5-2 中的实线表示实体间需要抽取的关系，而旁边方框中的内容表示需要抽取的属性，如分子的序列、细胞种类和制药方式等。由于医药领域知识具有较高的专业性，有时也需要领域专家参与一部分知识的抽取与校验，以保证抽取数据的准确性。

本书 2.2 节详细阐述了实体及关系的抽取方法，在此不做赘述。下面通过 PubMed [⊖] 中一个具体的例子，简要介绍如何基于该数据库的数据源进行知识抽取。

PubMed 是目前世界上查找医学文献利用率最高的网上免费数据库，也具备强大的检索和链接功能，它提供了生物医学方面的论文搜索，其数据来源为 MEDLINE [⊜]，核心主题为医学，同时也包括医学相关的领域，如护理学或其他健康学科。此外，PubMed 也提供对于相关生物医学资讯上较为全面的资源，如生化学和细胞生物学。PubMed 的资讯并不包括期刊论文的全文，但可以链接到提供全文的资讯方。医药领域的知识抽取，可以借助 PubMed 搜索引擎提供的论文题目或摘要作为数据源，抽取有关的实体以及关系。

在 PubMed 网站上，输入分子的关键字，如 PD-1 和 JS-001，可以搜索到如下论文的题目："Preclinical evaluation of the efficacy, pharmacokinetics and immunogenicity of JS-001, a programmed cell death protein-1 (PD-1) monoclonal antibody"，如图 5-3 所示。其中 PD-1 和 JS-001 为不同的两个分子，两者之间存在抗体（Antibody）的关系，因此基于该特征，可以通过实体及关系的抽取方法得到三元组 <PD-1, antibody, JS-001>。此外，从图 5-3 的搜索结果中还可以直接获取半结构化的信息，如论文的作者，由于在模式中人物和分子之间存

⊖ https://www.ncbi.nlm.nih.gov/pubmed/。

⊜ https://www.medline.com/。

在关联关系，因此可以抽取得到人物和分子之间的关系，如 <Jie Fu, research, JS-001>,<Jie Fu, research, PD-1> 等。

图 5-3   PubMed 基于分子 PD-1 和 JS-001 的检索结果

其他类型的实体及关系抽取可以通过查找相应的数据源获得，如医药公司的官网会公布该公司正在研制的分子、分子的治疗领域，以及目前的研究阶段，由此可以抽取包括公司与分子的关联关系，分子、临床阶段以及适应症的关联关系，分子之间的关联关系等关系。如图 5-4 所示，Novartis 公司官网公布了该公司研制的分子"Tabrecta"已通过 FDA 的批准，该分子的适应症是"metastatic non-small cell lung"，从这里可以抽取出公司、分子、适应症，以及它们之间的关联关系。

图 5-4   Novartis 公司官网⊖截图

此外，医药知识产权网站会公布分子的知识产权申请主体、知识产权号等信息，可以抽取到公司与知识产权、分子与知识产权之间的关联关系。

⊖ https://www.novartis.com/news/media-releases/novartis-announces-fda-approval-met-inhibitor-tabrecta-metastatic-non-small-cell-lung-cancer-metex14。

5.2.3 领域图谱构建

5.2.1 节主要介绍了医药领域图谱模式，从概念层定义了医药领域知识图谱的认知框架，明确了医药领域的基本概念以及概念之间的语义关联；5.2.2 节主要介绍了医药领域知识图谱中相关实体和关系的抽取方法，以及医药领域相关的数据源。本节将在已获取实体和关系的抽取结果的基础上，基于这些结构化数据，实际构建图谱。

将结构化数据导入图谱中，需要编写相应的数据导入脚本，以适配图谱模式。本节以常用的 Excel 表单数据为例进行构建，对于其他类型的结构化数据，如 CSV 或关系数据表，读者可采取类似的方法编写相应的导入脚本。

1. 原始样例数据

由于原始样例数据的抽取来自多个数据源，为了便于导入脚本，对原始数据进行整理，存入同一个表中，表包含多个表单，每一类相同的实体存入同一个表单中，第一行存放属性名称，如 company_id、compay_name_eng、company_name_chn，从第二行开始每一行存储一个实体的属性信息，如在使用 Company 命名的表单中存在数据（c0013、Novartis、诺华等），如表 5-1 所示。

表 5-1　Company 实体属性表示例

company_id	compay_name_eng	company_name_chn	......
c0013	Novartis	诺华	......
......	......	......	......

表中还拥有实体关系的表单，如分子和公司之间的关系表单命名为 Molecule_Company，该表用于存储从数据源中抽取的具体公司和分子的关系，通过唯一识别 id 进行关联，如公司 Novartis 的 id 为 c0013，分子 Tabrecta 的 id 为 m0025，则 Molecule_Company 存储的格式为（m0025，c0013），如表 5-2 表示。

表 5-2　Molecule_Company 关系表示例

Molecule_id	Company_id
m0025	c0013
...	...

2. 数据导入脚本

前文提到，在知识抽取阶段已经获得了结构化的实体—关系—实体，以及实体—属性—属性值，因此在图谱构建阶段，需要将结构化的知识转换为 Neo4j 可以识别的格式。读取 Excel 结构化知识，代码如下所示：

```
# 标准数据字段表导入
import xlrd
ExcelFile = xlrd.open_workbook('./data.xlsx')
```

上述代码是一个加载数据的过程，结构化的知识存储在 data.xlsx 表中，通过调用 xlrd 包的 open_workbook 将数据导入。

3. 创建结点和关系类型

根据模式构建步骤定义的结点和关系，在导入脚本中分别创建相应的数据结构，以存储结点和关系，代码如下所示：

```
# 构建结点字典
company_node_dict = {}   # 公司结点
molecule_node_dict = {}   # 分子结点
person_node_dict = {}   # 人物结点
indication_node_dict = {}   # 适应症结点
ip_node_dict = {}   # 知识产权结点
# 建立边关系
molecule_rel_dict = {
    'indication': [],
    'company': [],
    'person': [],
    'IP': []
}
company_rel_dict = {
'IP': []
'person': []
}
person_rel_dict = {
    'IP': []
}
```

在上述代码中，结点使用字典（dict）对象进行刻画和存储，每个类型的结点字典中存放了实体的具体信息，以 key-value 的形式存储。key 为每个实体的 id，通过 id 来唯一识别该实体。value 为实体的具体属性信息，同样以字典的形式存储，以存放实体的属性和属性值，如公司类型字典 company_node_dict 中存放的数据结构如下：

```
company_node_dict =
{'c0013':{ 'company_id': 'c0013', 'compay_name_eng': 'Novartis', 'company_name_
    chn': '诺华'}}
```

该结构中包含具体公司的 id 以及属性信息。结点字典建立完成后，对各个结点建立边关系，若在模式中的实体存在连接边，则在边关系字典中创建该关系。molecule_rel_dict 的组织方式，是以分子为出结点，以其他类型的实体为入结点设计的，因此这个数据结构可以单向从分子 id 连接到其他类型实体 id。引用步骤 1 所举的例子，分子 Tabrecta 和公司 Novartis 之间存在关联关系，molecule_rel_dict = {'company':[['m0025','c0013', {}]]} , 'm0025'

表示边的出结点为 id='m0025' 的分子结点，入结点为 id='c0013' 的公司结点，第三个位置存放边上的属性，若无属性，则置为空。company_rel_dict 和 person_rel_dict 与此类似，分别以公司和人物为出结点，以类型为入结点。

4. 按照格式导入结点和属性信息

前面三个步骤都是脚本构建的准备工作，接下来这一步是针对导入的 data.xlsx 数据表，对每个 sheet 进行解析，并将解析出的数据按照规范格式存入各结点字典和边关系字典中。以 Company 的表单为例，具体读取脚本如下所示：

```python
def xlsx_process_company():
    sheet = ExcelFile.sheet_by_name(Company')
    for x in range(1, sheet.nrows):
        company_id = sheet.cell(x, 0).value  # 公司 id
        company_name_eng = sheet.cell(x, 1).value  # 公司英文名
        company_name_chn = sheet.cell(x, 2).value      # 公司中文名
        # 判断公司 id 是否在 company_node_dict 中，若不在，创建公司结点，并将属性加入公司
          结点
        # 若存在，判断属性是否加入过该结点，若没有，则添加属性
        if company_id not in company_node_dict:
            company_node_dict[company_id] = {}
        company_detail = company_node_dict[company_id]
        company_detail['company_id'] = company_id
        company_detail['company_name_eng'] = company_name_eng
        company_detail['company_name_chn'] = company_name_chn
```

5. 使用 Neo4j 创建结点

在使用 Neo4j 创建结点前需要准备一套 Neo4j 环境以部署领域知识图谱，并在脚本中连接 Neo4j 图数据库，实现 Cypher 语句的增、删、查、改等操作。连接方式如下所示：

```python
from neo4j.v1 import GraphDatabase, basic_auth

class KGDao:
    def __init__(self):
        neo4j_dict = {
            'bolt': os.environ.get('NEO4J_URL', 'bolt://localhost:7789'),
            'user': 'neo4j',
            'pwd': neo4j
        }
        self.kg_driver = GraphDatabase.driver(neo4j_dict['bolt'],
                    auth=basic_auth(neo4j_dict['user'], neo4j_dict['pwd']))
        self.kg_session = self.kg_driver.session()
    # 创建结点
    def create_node(self, label_list, property_map, is_merge=True):
        # generate label string to insert cql
        label_string = ''
        for label in label_list:
            label_string += (':' + label)
        # generate property string to insert cql
```

```
            property_string = self.generate_property_string(property_map)
            # excute cql
            node_id = 0
            if is_merge:
                cql = 'MERGE (n{} {}) return ID(n)'.format(label_string, property_
                    string)
            else:
                cql = 'CREATE (n{} {}) return ID(n)'.format(label_string, property_
                    string)
            cql_result = self.kg_session.run(cql)
            for record in cql_result:
                node_id = record['ID(n)']
            return node_id
    # 创建关系
    def create_relationship_with_type(self, node_id_1, node_id_2, rel_type,
        property_map):
        # generate property string to insert cql
        property_string = self.generate_property_string(property_map)
        # excute cql
        cql = 'MATCH(node_1) WHERE ID(node_1)={} ' \
              'MATCH(node_2) WHERE ID(node_2)={} ' \
              'MERGE (node_1)-[:{} {}]->(node_2)'\
            .format(node_id_1, node_id_2, rel_type, property_string)
        cql_result = self.kg_session.run(cql)
        for record in cql_result:
            pass
```

类 KGDao 中包含初始 __init__ 函数，该函数存放了 Neo4j 的连接地址 'bolt'，登录图数据库所需要的用户名 'user' 以及密码 'pwd'，并执行了连接操作。此外还定义了两个函数。create_node 为结点构建函数，将导入脚本中的结点通过 Cypher 语句存储到 Neo4j 图数据库中。注意，代码中的 cql 语句包含两种类型，分别是 MERGE 和 CREATE，若该结点的 id 在 Neo4j 中已存在，则执行 MERGE 操作，将新结点和原先结点合并，否则执行 CREATE 操作，创建一个新的结点。create_relationship_with_type 为关系创建函数，为实体结点创建关系边，创建的逻辑是，根据实体结点的 id 匹配相应的实体，通过 MERGE 操作建立两个实体结点的连接。

创建公司结点，代码如下所示：

```
# 创建公司结点
for company_id in company_node_dict:
    company_detail = company_node_dict[company_id]
    company_neo4j_id = kg_dao.create_node(['Company'], company_detail)
    company_detail['id'] = company_neo4j_id
```

在步骤 3 中，company_node_dict 存放了公司实体结点以及公司的属性和属性值，唯一识别 id 为 company_id，结点类型为 Company，通过 kg_dao.create_node 函数将其存储到 Neo4j 图数据库中。创建其他类型结点的方法与此相似，这里不再详细展开。

6. 使用 Neo4j 创建关系

在使用 Neo4j 图数据库创建关系之前必须先创建结点，因此要在步骤 5 创建完结点后开始创建关系。根据模式的定义，结点之间共包含 5 种关联关系，下面以分子和公司的关系为例进行介绍。

创建分子和公司的关联关系，代码如下所示：

```
molecule_company_rel_list = molecule_rel_dict['company']
for molecule_company_rel in molecule_company_rel_list:
    molecule_id = molecule_company_rel[0]
    molecule_neo4j_id = molecule_node_dict[molecule_id]['id']
    company_id = molecule_company_rel[1]
    company_neo4j_id = company_node_dict[company_id]['id']
    kg_dao.create_relationship_with_type(molecule_neo4j_id, company_neo4j_id,
        'Molecule_Company', molecule_company_rel[2])
```

由上述代码可知，从 molecule_rel_dict 中取出分子与公司的关系数据，命名为 molecule_company_rel_list，该列表存放了一系列三元组，即出结点 molecule_id、入结点 company_id 和关系，将关系类型命名为 Molecule_Company，然后通过 kg_dao.create_relationship_with_type 函数对 Neo4j 中的相关结点建立边关系。

创建其他结点之间关系的方法与此相似，这里不再详细展开。

5.2.4 图谱展示

通过上述领域模式构建、领域知识获取、领域图谱构建等环节，即可得到如图 5-5 所示的领域知识图谱（部分示例）。

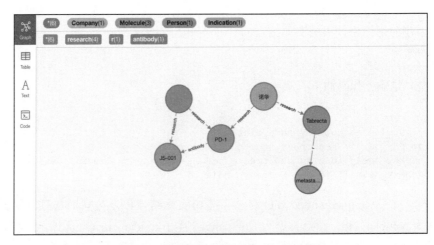

图 5-5 医药领域知识图谱（部分示例）

5.3　用户画像图谱

近年来，随着移动互联网的飞速发展，人们真正进入了一个大数据的时代，并无时无刻不在产生数据，如人口基本属性、社会关系、生活习惯、消费行为、出行记录等。这些数据有着重要的价值，可以为精准推荐、用户聚类分析、行业前景预测、精细化运营等提供可靠的依据，而用户画像又是服务于这些应用的关键。用户画像是特定用户的个人信息呈现，通常由一系列精确的属性及数值表示。传统用户画像通常是基于标签的建模方法来构建，用户的标签设计主要依赖于业务人员的经验，以人工整理归纳为主。虽然标签的制定难度不高，但对于标签进行语义理解进而开展联想推理等深层的应用则较为困难，而这正是知识图谱所擅长的。知识图谱将客观世界的知识通过实体与属性、实体与关系、实体与概念等结构抽象表示并存储成机器可以理解的格式，让用户对于画像标签的理解不再停留在文本表示（表述层）本身，而是可以利用背后的知识库的实体层和概念层实现深层的画像应用。本节主要介绍如何以图谱方式构建用户画像，尤其深入阐述了如何在聊天机器人（Chatbot）及对话系统中进行用户画像的图谱建模。

在 Chatbot 领域，为每个用户构建差异化画像有如下作用。

- ❑ 精准推荐：例如根据用户的历史听歌行为，分析用户的喜好，精准推荐音乐。
- ❑ 个性化回复：千篇一律的回复难以满足用户的期待，而结合用户的事件、聊天的话题、用户的情绪状态生成的个性化的回复以及个性化的聊天，可以达到更好的情感陪伴。
- ❑ 精准营销：根据用户历史行为进行分组细化，实施针对性的营销。

知识图谱除了可以存储海量的百科知识外，还可以针对特定场景构建小而密的领域图谱。用户画像本身可看作在 Chatbot 人机交互场景中，围绕用户构建的一种领域知识图谱，而用户画像图谱可以看作更精细化的用户画像的知识表现。前文提到知识图谱常见的构建方法有两种，结合具体应用场景，Chatbot 领域的用户画像图谱相对适合自顶向下的构建方法。本节将首先介绍用户画像的知识表示方法，接着详细介绍构建用户画像图谱的知识抽取的相关技术，最后结合两个具体的案例来讲解知识抽取技术的实际应用。

5.3.1　用户画像知识表示

在用户画像图谱中，我们可以将每个用户都看作一个实体，用户的基本属性可以视作该实体的属性，与该用户产生一系列关联的人、事、物可看作图谱中与用户关联的实体。具体的，在用户画像图谱中，我们会存放用户的基本属性、人际关系、兴趣爱好、生活工作事件等。但是这些围绕用户的数据并非一成不变，除了相对稳定的数据如姓名、性别、年龄、出生年月等人口统计学属性外，还有很多动态数据如用户的出差行程、用户使用产品的一些行为轨迹数据等。因此，我们在做用户画像图谱知识表示时要考虑到这些问题。

图 5-6 是一个围绕用户"小明"的用户画像图谱并展示了其所包含的基本内容。其中，圆角矩形表示实体结点，矩形内的键值对表示该实体的若干属性和属性值；实体上方灰色矩形小框表示该实体的标签（label）类型；实体之间的箭头表示关系，箭头边上的内容为两个实体间关系的名称，箭头由出度和入度构成，表示 [出结点名称] 是 [入结点名称] 的 [关系名称]。

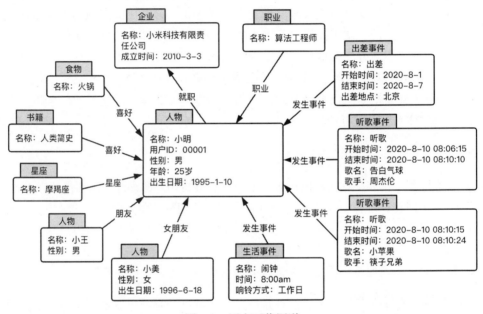

图 5-6　用户画像图谱

❑ 人物结点：小明、小美和小王分别是三个人物实体结点，每个结点包含一些基本信息的属性，如性别、年龄、生日等。如图 5-6 所示，小美是小明的女朋友，小王是小明的朋友。

❑ 工作事件结点：图 5-6 中包含一个名为"出差事件"的工作事件结点，这是一个动态信息结点，记录了用户"小明"的一次出差行程的信息，包含出差开始时间、结束时间和出差地点信息。

❑ 生活事件结点：图 5-6 中包含一个闹钟结点，该结点属于用户的一个生活事件结点，在每个工作日的早晨 8:00 响铃。

❑ 行为事件：图 5-6 中包含 2 个听歌事件结点，表示用户在 2020 年 8 月 10 日 8 点 6 分 15 秒到 8 点 10 分 24 秒的两段听歌行为的信息，其中包含听歌的曲目名称、歌手名、歌曲播放的开始时间和结束时间等。

❑ 其他相关结点：图 5-6 中还构建了一些结点，分别表示与用户相关的其他信息，如星座、喜好、就职的公司以及职业名称。

接下来将详细介绍如何在人机交互场景下，理解用户的自然语言输入，并抽取出用户画像相关结点的信息。

5.3.2　知识抽取和挖掘

本节将先介绍构建用户画像图谱的数据来源，再详细介绍如何利用 NLP 技术从中抽取和挖掘所需的知识信息。

1. 用户画像图谱数据来源

在不同领域构建用户画像图谱所需的数据不尽相同，数据来源方式也多种多样。例如用户使用各种 App 软件、人机交互智能设备等产生的数据，网页浏览、点击行为，电商平台的购买交易记录，银行信息数据，用户出行数据，公安数据等。要想从这些数据中提取出所需信息，有显示获取和隐式获取两种方式。

显式获取，是指可以由用户数据直接获取的信息。例如：通过用户注册账号时提交的信息获取其基本信息，如出生日期、年龄、性别、所在城市；通过用户在购物网站提供的收货地址获取用户的姓名、手机号、常用住址等信息；通过用户的历史订单、收藏夹等获取用户最近关注的商品信息；通过豆瓣等评论推荐型平台获取用户的喜好，如用户给《复仇者联盟 4》打了 5 颗星，给其他电影打了 1 颗星等具体行为。

隐式获取，是指不能直接获取用户数据，需要结合分析归纳或利用机器学习模型隐式获得的信息。例如用户的注册信息虽然为男性，但是浏览的商品多为女性服饰、护肤品、化妆品等，那么该用户的购物性别实际上应为女性，不能完全按照注册信息来刻画用户画像。

除此之外，为了更好地补全用户画像，需要进行跨平台的用户信息融合。例如用户在注册一些网站时通常跳过个人信息的填写，而微博等社交平台上则填写得相对更详细，如性别、生日、感情状况、所在地、教育背景、公司、个人简介等，此时可以通过对不同平台的信息融合，获取用户的信息。另外，用户关注的博主、超话等也能够侧面反映用户的兴趣和偏好。

在真实的人机交互场景下，有哪些用户数据可以用于构建用户画像图谱呢？本节将以智能音箱产品为切入点，具体分析用户知识图谱的数据来源和知识抽取方法。用户在使用智能音箱时，通常需要下载相应的 App 来绑定音箱，可以在 App 中控制音箱播放音乐、设置闹钟提醒等，也可以直接和音箱进行语音交互，通过语音命令触发功能意图或者闲聊等。在使用智能音箱产品的过程中，有以下数据可以利用。

- 人机交互语音数据：通过对语音数据进行特征抽取，可以辨识出用户的性别、年龄信息，如果用户语音带有地方口音特征，甚至可以判断出用户的老家在哪里。
- 人机交互文本数据：人机交互的 log 数据是用户直接与机器人交互的内容，通常由语音识别技术将其转换为文本形式，这些文本蕴含着丰富的信息，但是由于文本是非结构化的，机器无法直接利用，需要利用信息抽取技术从中提取并存储其中有用的信息。
- 用户触发智能音箱功能的数据：主流的智能音箱大多包含播放音乐、播报新闻、设置闹钟提醒、播放故事等功能，通过用户经常触发的功能以及使用过程中的一些行为轨迹数据，可以挖掘出用户潜在的喜好和用户的群体特征，例如用户所听的历史歌单、用户收藏夹里的歌曲列表等。
- 用户的地理位置信息：若用户授权 App 获取地理位置的权限，则可以根据用户的位置信息进行相关内容的推荐，如 1 公里以内有什么好吃的餐厅、3 公里以内有什么评价高的电影院等。除此之外，还可以根据用户的位置判断用户是否在常用的地址，如果不在，可能是用户触发了出差或者旅游等事件。

有了数据源，下一节将详细介绍如何在实践中抽取信息来构建用户画像图谱。

2. 用户画像知识抽取方法

用户画像的知识抽取是从非结构化文本中抽取知识的过程，本质是一个信息抽取的任务。信息抽取（Information Extraction，IE）是从海量的自然语言文本中抽取有价值信息的技术，是自然语言处理领域一个很重要的分支。信息抽取主要包含的子任务有命名实体识别（Named Entity Recognition，NER）、关系抽取（Relation Extraction，RE）和事件抽取（Event Extraction，EE）等。除此之外，还需要借助一些其他自然语言处理的技术，例如中文分词、词性标注、情感分析、句子主干提取等。针对通用型的任务，目前市面上已经有一些效果不错的 NLP 工具包，例如斯坦福大学的 CoreNLP[⊖]包含了通用领域的分词、词性标注、命名实体识别、依存分析、句法分析、关系抽取、情感分析等接口，哈尔滨工业大学的 LTP 工具包[⊖]也包含了分词、词性标注、命名实体识别、依存分析和语义角色标注等功能模块。然而对于特定领域场景下的任务，还是需要根据领域定制 NLP 模型，常用的自然语言处理技术有传统的基于规则的方法、分类模型方法、序列标注模型方法、半监督学习方法，以及关键词提取等方法。

（1）基于规则的方法

传统的基于规则的方法，即使在如今机器学习、深度学习方法盛行的背景下，仍有其

⊖ http://corenlp.run/。
⊖ https://github.com/HIT-SCIR/ltp。

一席之地。一方面是因为规则方法在特定任务下准确度高，方便定制，另一方面是因为很多任务在初期没有训练数据，很难解决冷启动的问题。例如在做命名实体识别任务时，基于时间模板的方法就非常适用，在对地名和机构名进行抽取时，结合地点词表和地名固定句式的方法可以准确识别出绝大多数场景下的地名和机构名。

如图 5-7 所示，时间、机构名、地名通常都是具有一定格式特点的，匹配时间的规则模板可以抽象成一个匹配主流时间格式的正则表达式，机构名和地名模板中的 {} 内引入的是一个变量，该变量可以是预先定义好的城市字典或地名字典，通过这样的规则模板可以将句子中满足条件的实体都抽取出来。规则模板通常需要由领域专家撰写，便于场景化的快速定制，且无须积累大量数据去训练模型。规则除了可以基于预设的句式外，还可以包含上下文单词、词语边界、词性、句法分析、依存分析的结果等。

图 5-7　基于规则抽取实体示例

（2）分类模型方法

很多知识抽取的任务最终都可以转换为分类任务来解决，例如关系抽取和情感分析。信息抽取领域权威会议（Automatic Content Extraction，ACE）定义了 6 种关系类型和 18 种子关系类型，包含如整体与部分（Geographical，Subsidiary）、人的社会关系（Business，Family）、方位关系（Located，Near）等常见的关系类型。情感分析中常见的分类任务有情绪分类（如常见分类：happy、sad、angry、surprise、fear）、观点持有者对特定对象的观点和态度（positive、neutral、negative）等。表 5-3 是情绪分类任务的数据示例。

表 5-3　情绪分类数据示例

Sentence	Label
你怎么什么都不会？	angry
心情激动呀，要有钱了，哈哈哈	happy
明明我可以做到但是我却不去做，觉得自己太没用了	sad
打雷声好响，吓死个人了	fear
哎呀，你居然记住我的生日了	surprise

分类任务的基本思路如下所示。

❏ 确定分类的标签。标签设计的原则是尽可能让所有标签包含一个全集的情况，并且标签和标签之间的边界尽可能明确。

❏ 特征选择。由于是文本分类任务，特征的选择可以从词汇、短语、句子角度出发，如词汇层面的常用特征有词性、词频等；短语层面的常用特征有是否特定固定搭配、短语语法结构；句子层面的常用特征有句法分析、依存分词等。另外，针对一些特定任务，比如情感分析，是否包含情感特征词也是一项重要特征。

❏ 准备训练数据。构建训练数据集时要尽量兼顾数据平衡的问题，也要参考各个类别真实的数据比例。如果某些类别的数据特别多，某些类别的数据特别少时，可以根据实际情况做大类的拆分和小类的合并，或有针对性地补充数据。

❏ 训练分类模型。目前较好用的文本分类模型有机器学习方法中的 SVM 分类模型，神经网络模型中的 fastText、TextCNN[1]，基于 BERT 做微调的分类方法等。

（3）序列标注模型方法

序列标注模型是解决信息抽取问题的一大法宝，如应对关系抽取、事件抽取等任务，其核心是为输入的文本序列预测一个隐藏状态序列，而这个隐藏状态序列会标注出句子中哪些是待抽取的内容，哪些是无关的文字。除了信息抽取领域外，序列标注在 NLP 的其他多个任务中也发挥着重要作用，如分词、词性标注、NER 等。常用的状态标签体系有 BIO（Beginning-Inside-Outside）、BMES（Beginning-Middle-End-Singleton） 和 BIOES（Beginning-Inside-Outside- End-Singleton）等。不同的任务会选择不同的标签体系，如分词、词性标注任务的每一个词均有对应的状态标签，因此通常选择 BMES 标签体系，而抽取类任务大多采用 BIO 或者 BIOES 标签体系。标签通常由两部分构成，中间用"-"连接。例如"B-PERSON"这个标签，"B"表示当前字符处于实体的位置，"PERSON"表示实体类型是人名。图 5-8 是一个序列标注任务示例。

图 5-8　序列标注任务示例

应对序列标注问题时通常需要根据任务确定标签体系，定义好实体类型，再准备对应的训练数据。解决序列标注问题的经典模型有隐马尔可夫模型（HMM）、最大熵马尔可夫模型（MEMM）和条件随机场（CRF）模型等。近年来，随着深度学习相关研究的不断推进，逐步涌现出很多较传统基于统计的机器学习方法更优的序列标注模型，包括卷积神经网络（Convolutional Neural Network）、循环神经网络（Recurrent Neural Network）、注意力机制（Attention Mechanism）、Transformer 以及它们的变种。使用这些模型时，通常会利用它们在大规模语料上抽取特征代替传统的人工构造的特征模板的方法，形成特征的向量表示，再通过 CRF 模型做条件约束时进行解码，输出传入文本每个词对应的序列标记信息。除此之外，还可以基于一些高质量预训练模型进行微调开展下游序列标注任务，如 BERT、XLNet、GPT 等。目前业界效果较好的基于神经网络的序列标注模型是 LSTM+CRF，关于它的详细讲解可参见 2.2 节。

（4）半监督学习方法

对于一些信息抽取任务，如果没有足够的训练数据来进行有监督学习模型的训练，则可以基于一些半监督学习方法来完成任务。主流的半监督学习方法包含两种，一种是基于种子的启发式方法（Seed-based 或 Bootstrapping），另一种是远程监督（Distant Supervision）方法。

①基于种子的启发式方法

首先准备一些高质量的实体—关系对作为初始种子（Seed）。如图 5-9 所示，作者刘慈欣与《三体》这两个实体之间是创作人的关系，可以用 < 刘慈欣，三体，创作人 > 三元组来表示，同时需要准备一个大规模语料库提供种子进行模板（pattern）的学习。整个过程会不断重复以下步骤：

- ❏ 以初始种子为基础，在大规模语料库中匹配所有相关的句子；
- ❏ 对这些句子的上下文进行分析，提取出一些可靠的模板；
- ❏ 接着再通过这些模板去匹配语料，发现更多待抽取的实例（新的种子）；
- ❏ 然后通过新抽取的实例去发掘出更多新的模板。

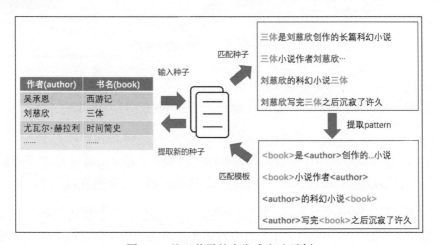

图 5-9　基于种子的启发式方法示例

如此不断迭代学习，直到满足预设的收敛条件。通常可以设置不再发现新的实体或者模板作为收敛条件，也可以通过设计评测指标，当新发掘的实例和模板质量低于特定条件时结束迭代。

该方法构建成本低，适合进行大规模的数据构建，并且可能发现新的隐含关系。然而它对初始种子的质量要求高，总体准确率较低，在不断迭代过程中可能会发生语义偏移的情况，例如图 5-8 中第四个句子虽然同时包含 < 刘慈欣 > 和 < 三体 > 实体，但是二者之间并非 < 创作人 > 的关系，需要做较多的条件约束来控制提取出的数据的质量。

②远程监督方法

远程监督方法最早由 Mintz[2] 提出，它结合了监督学习和基于种子的启发式方法的优点，用于做关系抽取任务。远程监督方法基于一个前提假设：如果两个实体之间存在某种关系，那么所有同时提到这两个实体的句子都能够描述这种关系。其核心思想是利用实体在语料中抽取潜在关系，再用关系反向定位抽取实体。首先基于远程监督方法获取大量的标签数据，再使用机器学习或深度学习等有监督方法训练分类器，接着对程序自动标注的数据进行划分，将质量较高的自动标注数据加入训练数据，而将质量低的数据丢弃或者交由人工标注审核，整个流程可以参考图 5-10。

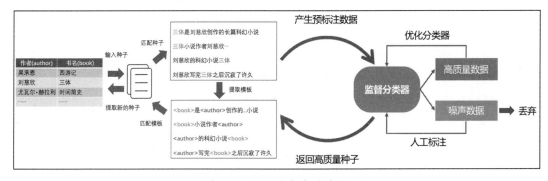

图 5-10　远程监督方法流程

远程监督方法可以快速获取大量标注数据，但它也存在两个明显缺点：

❑ 在某些情况下，前提假设可能不成立，导致学习到很多噪声数据；
❑ 基于远程监督方法标注的数据在提取特征训练分类器时，前序 NLP 任务如词性标注、句法分析等构建特征时，存在错误传递的问题，会影响分类器的效果。

但总体来说，远程监督方法依旧是一种很优秀的方法，目前取得 state-of-the-art（最先进的）效果的方法大多基于该方法，且有很多工作致力于解决以上两个问题来提升任务效果，比如 Riedel[3] 提出了一个加强版的前提假设，即两个实体之间某种关系成立的前提，必须至少有一个包含这两个实体的句子描述了这种关系；再比如在特征构建过程中，也可以摒弃传统 pipeline 的特征抽取过程，改用 CNN 网络 [4][5] 和 Attention 机制 [6] 来抽取特征。

（5）关键词提取

关键词提取在信息抽取和文本挖掘领域起着很重要的作用，通过几个关键词将用户核心关注的信息提取出来，从而更准确地表达文本信息。关键词提取在识别用户喜好时也起着重要作用，人机交互的大部分意图属于闲聊，是没有明确的内容边界的开放域对话，此时可以通过关键词提取方法抽象出用户的聊天话题，并分析出用户的聊天喜好，为后续交互提供参考。

抽取关键词的方法可以分为两类。一类是监督学习方法，主流方法有两种：一是将关键词提取转换为分类问题，将关键词预设好类别，搜集标注数据训练分类模型；二是将关键词提取转化为序列标注问题，这样核心关注的就只有 1 和 0 两种状态，即是否为关键词。更多关于这两种方法的详细内容可以参考前文介绍。

另一类是无监督学习方法，即无须标注数据，基于大规模无标注语料就可以开展，包括基于统计特征、基于词的图模型和基于主题模型的关键词提取方法，下面详细介绍。

①基于统计特征的关键词提取方法

基于统计特征的关键词提取方法的核心是选择一些统计特征作为词语的关键性衡量指标，然后根据评分对候选词进行排序。常用的统计特征有表示词语在文档中权重的特征，如词性、词频、逆向文档频率、相对词频、词长等；表示词语在文档中的位置信息，如文章开头 N 个词，结尾 N 个词，段首，段尾，是否出现在标题、引言中，词跨度等；还有一些表示词和词、词和文档的关联度的指标，如互信息、Hits 值、共现概率、TF-IDF 值等。其中 TF-IDF（Term Frequency/Inverse Document Frequency，词频 / 逆文档频率）是一个很有代表性的指标，它基于词袋模型（Bag-of-Word），表示一个词 w 对于一个文档的重要性，计算公式如下。

$$词频（TF）= \frac{词 \ w \ 在文档中出现的次数}{该文档总词数}$$

$$逆文档频率（IDF）= \log\left(\frac{语料库的文档总数}{包含 \ w \ 的文档数 +1}\right)$$

$$TF\text{-}IDF = 词频（TF）× 逆文档频率（IDF）$$

针对短文本，则文档可以看作一个句子，若干句子构成的语料库就是全部文档数。由公式可知，一个单词出现的次数越多且出现的文档数越少，说明它的表征能力越强。TF-IDF 的思想虽然非常简单，但是普适性很强，对于长短文本都适用，还可以结合词性等特征对句中词语加权，适用于各种领域场景，但本质是采用了词袋模型，忽略了词在文中的顺序和上下文信息。下面介绍的基于词的图模型的关键词提取方法则将词与词的位置和顺序信息也编码到图结构中。

②基于词的图模型的关键词提取方法

基于词的图模型的关键词提取方法首先要构建文档的语言网络图，然后在图上寻找具有重要作用的词或者短语作为文档的关键词。在图的构建过程中，以词作为结点，以词与词之间的关系作为边，边的权重一般由连接的两个词之间的关联度表示。语言网络图根据构建词连接的方式不同，又分为共现网络图、语法网络图、语义网络图等。在使用语言网络图获得关键词时，需要评估各个结点的重要性，然后根据重要性对结点排序，选取 Top K 个结点的词作为关键词。结点的重要性计算方法有结点的度的数量、结点与其他结点距离的接近程度、聚集系数、紧密度中心性等。最经典的算法要属 TextRank，其基本思想来源于 PageRank 算法思想，即如果一个网页被很多其他网页链接到，说明该网页比较重要，如果一个网页被一个重要性高的网页链接到，那么该网页的重要性也会相应增加。计算公式如下：

$$PR(V_i) = (1-d) + d \times \sum_{j \in In(V_i)} \frac{PR(V_i)}{Out(V_j)}$$

其中，V_i 是待更新的网页结点，V_j 是所有链接到 V_i 的网页结点，$PR(V_i)$ 是对每一个 V_j 的 PR（V_j）值除以 V_j 出度网页总数后求和，d 是阻尼系数（用于平滑处理），可以理解为用户会有一定概率继续浏览网页中的超链接页面。

如图 5-11 所示，假设要更新 A 网页的分值，链接到 A 的有 B 和 C 两个网页，计算公式如下：

$$In(V_A) = \{V_B, V_C\},$$
$$Out(V_B) = |\{V_A\}| = 1,$$
$$Out(V_C) = |\{V_A, V_B\}| = 2,$$
$$PR(V_A) = (1-d) + d * (PR(V_B)/1 + PR(V_C)/2)$$

在将 PageRank 的思想应用到文本中词的重要性计算时，TextRank 将某一个词与它前面几个词以及后面几个词视为有相邻关系，具体实现是设置一个长度为 N 的滑动窗口，将窗口内的词都视作中间词的相邻结点，不同词对之间的共现概率视作图中边的权重 w，计算公式如下：

$$\mathrm{TR}(V_i) = (1-d) + d * \sum_{j \in \mathrm{In}(V_i)} \frac{w_{ji}}{\sum_{V_k \in \mathrm{Out}(V_j)} w_{jk}} \mathrm{TR}(V_j)$$

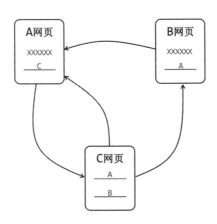

图 5-11　PageRank 算法示例

与 PageRank 算法不同，在 TextRank 算法中，结点和结点之间边的权重不再是 1，而是 w，TextRank 算法会先计算 V_j 结点出度的所有边的权重和，再计算 V_j 到 V_i 的边的权重 w_{ji} 占权重和的比例与 $\mathrm{TR}(V_j)$ 的乘积，统计所有链接到 V_i 的结点的更新值之和来更新 $\mathrm{TR}(V_i)$ 的值。图的网络结构比词袋模型的集合结构包含更多的信息，同时也考虑了文章内词汇的顺序，但计算性能上相对较差。

③基于主题模型的关键词提取方法

主题模型（Topic Model）是一种在文档中发现抽象主题的统计模型，是常见的文本挖掘工具。直觉来讲，如果一篇文章围绕某一个中心思想，那么文中定会有一些特定词语频繁出现。主题模型试图从数学角度来建模这一特点，通过统计每一篇文章内的词语，来判断当前文章含有哪些主题，以及每个主题的占比各为多少。目前主流的主题模型技术主要有四种：潜在狄利克雷分布（LDA）、潜在语义分析（LSA）、概率潜在语义分析（pLSA）以及基于深度学习的 lda2vec。使用主题模型来提取关键词的核心思想认为文章是由若干主题呈概率分布组成的，而构成文章的词则是以一定概率从各个主题中选取，不同的主题都有各自词的概率分布。以 LDA 主题模型抽取关键词为例，LDA 将文档看作单词、主题和文档三层结构，利用文档中单词的共现关系来对单词聚类获得主题，并获取"文档—主题"和"主题—单词"2 个概率分布。

具体步骤如下所示。

- ❑ 生成候选关键词：对文本进行分词，也可以根据去停用词、词性来选取候选关键词。
- ❑ 主题模型训练：根据大规模文档语料学习来得到主题模型。
- ❑ 计算文章的主题分布：根据学习得到的主题模型计算文章的主题分布和候选关键词分布。
- ❑ 排序获取关键词：计算文档和候选关键词的主题相似度并排序，选取前 n 个词作为文档的关键词。

5.3.3　抽取案例

前一节详细介绍了在构建用户画像图谱时数据的来源以及在信息抽取时会涉及的 NLP 技术，本节将从音乐推荐和聊天话题体系构建两个具体的应用实例来说明如何在用户画像建模中运用这些技术。

1. 音乐推荐

音乐推荐是一个应用广泛的实际场景，其推荐的核心是基于用户的音乐喜好，包括喜好的歌手、歌曲风格、歌曲名称、歌曲语言等。该场景可以利用的音乐数据主要有用户交互日志、用户听歌历史轨迹数据、用户收藏歌单等。本节仅侧重于介绍用户音乐喜好信息的抽取，并且聚焦于歌曲名、歌手名、曲风三方面喜好特征，推荐算法暂不讨论。

（1）从结构化数据中获取用户喜好

用户听歌历史轨迹数据、歌曲收藏夹等都是结构化的数据，可以快速从中统计出用户所听的歌曲、歌手、曲风等特征的概率分布信息，该信息可以作为一个重要特征。然而在听歌历史轨迹数据中，用户主动触发音乐意图所播放的歌曲只占一部分，当用户未指定歌曲时，系统会随机播放为用户推荐的歌曲列表，因此听歌分布数据并不能完全真实地反映用户听歌喜好。此时，挖掘用户的听歌行为数据则很重要。例如：用户在较短时间内重复听了周杰伦的《我是如此相信》，以及系统推荐《小苹果》给用户时，用户听了不到 10s 就发出换歌指令，前者表明了用户的一个较强的喜好倾向，后者则表达了用户近期不喜好这首歌。因此，我们可以设计如下规则：

- ❑ 24 小时内，用户听取 A 歌曲次数 $> N$，则在近一周内增加 A 歌曲的推荐权重。
- ❑ 用户在最近两次听取 B 歌曲时，时间均 $< M$ 秒，则从推荐列表中删除 B。

在具体实践中，我们还需要结合实际业务场景设计规则。

（2）从无结构化数据中获取用户喜好

还有大量和音乐喜好相关的数据蕴藏在用户和机器人交互的日志数据中，但这些数据属于无结构化数据，无法直接获取，需要利用信息抽取技术来获取。例如图 5-12 中的三个句子。

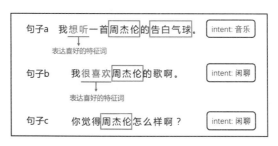

图 5-12　包含音乐实体的数据示例

句子 a 是一个音乐意图的句子，是最能直观反馈用户喜好的一类数据。句子中包含的信息有"想听"这一表达喜好的特征词，"周杰伦"这一歌手实体和"告白气球"这一歌曲实体。句子 b 和句子 c 均是闲聊意图的句子，其中句子 b 明确表达了用户对特定歌手的喜爱，句子 c 虽然也包含歌手实体，但并没有表达对其的喜好。

对于音乐意图的句子，可以将其转化为一个领域命名实体识别任务，待识别的实体类型有歌手名（Artist）、歌曲名（Song）、曲风（Genre）三种。针对该特定任务，我们可以通过多种方法进行实体抽取，如基于词典匹配、基于规则模板以及基于序列标注模型等方法。

对于非音乐意图的句子，大多属于闲聊意图，如句子 b 与句子 c，该类句子可能只是谈及具体某个音乐的实体，如"周杰伦"，并非一定表达对其的喜好，所以一个常用的处理方法是做观点挖掘（Opinion Mining）。观点挖掘属于情感分析领域的一个分支任务，负责挖掘分析出文本的主题、意见持有者、主客观性、情绪态度和观点等信息，进而识别出文本的情感趋向。句子 b 中的喜欢是一个很正面的情感趋势，而句子 c 是一个未表达观点的疑问句。因此，针对这种情况，可以将任务拆分成两部分：一部分做领域实体抽取，同音乐意图的实体抽取方法；另一部分做观点挖掘，将其转换为一个分类任务来做，可以简单地定义正面、中性、负面三种观点态度分类，搜集数据训练一个分类学习模型来预测用户的观点、态度。

（3）音乐 NER 具体实现

针对通用领域的 NER 任务，已经有一些效果较好的开源工具包可以使用，然而在实际应用场景中，除了人名、地名、机构名、时间词等信息可以看作实体外，针对不同领域，还需要识别出各种各样的实体类型。例如用户的音乐喜好信息抽取可以看作音乐领域的实体抽取任务，需要抽取的实体类型有歌手名、歌曲名、曲风这三种，而识别领域实体的方法有基于词表匹配的方法、基于规则的方法、基于机器学习的方法、基于深度学习的方法。

①基于词表匹配的方法

在音乐领域，我们可以较为轻松地获取到歌手名、歌曲名称、歌曲风格等词典的数据，如果已经预先确定一条文本是跟音乐意图相关，那么我们就可以基于词典做最大匹配的方法快速匹配出文本中所包含的实体信息。

②基于规则的方法

基于规则的方法通常需要编写特定规则模板来抽取所需要的实体，规则通常由领域的业务人员和熟悉数据的开发人员一同制定。在音乐领域，我们可以设计如下正则模板来抽取对应的实体信息。

```
regex1: "播放 ( 一首 )?(?P<singer>.*?) 的 (?P<song>.*?)"
regex2: "我想听 (?P<song>.*?) "
regex3: "我想听 (?P<singer>.*?) 的歌 "
```

③基于机器学习的方法

命名实体识别是 NLP 任务中典型的序列标注问题，可以通过机器学习中的序列标注模型来训练一个领域下的 NER 模块。上文提到，主流的序列标注模型有 HMM、MEMM 以及 CRF 模型等。训练一个模型的基本流程如图 5-13 所示。

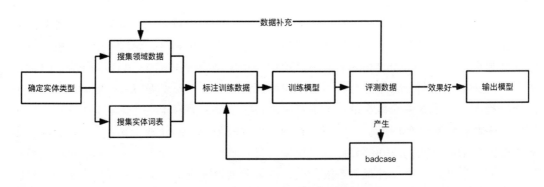

图 5-13　训练 NER 模块流程图

具体训练步骤如下所示：

- ❑ 首先要确定待抽取的实体类型，音乐领域有歌手名、歌曲名和曲风三种；
- ❑ 其次，搜集领域数据，包括触发音乐播放场景下用户的日志数据，对应实体类型的词典有歌手名词典、歌曲名词典、曲风描述字典等；
- ❑ 接着，构建训练数据集和标准测试集；
- ❑ 训练序列标注模型，评测模型效果，将表现不好的数据返回重新审核标签；

❏ 利用新训练的模型预测更多未标注的数据以降低人工标注数据难度，补充标注数据；
❏ 不断迭代训练和数据优化过程，直到训练的模型能达到预期的指标。

数据的标注标签的设计，可以参考主流 NER 标签体系 BIOES 来设计。

标签分为 2 段式，开头字母表示字的状态，− 后面的部分表示实体的具体类型
B：表示开始
E：表示结束
I：表示在中间
S：表示单独成实体
O：表示非实体
-AR：Artist 表示歌手实体，取开头字母
-SO：Song 表示歌曲实体，取开头字母
-GE：Genre 表示曲风实体，取开头字母

图 5-14 展示了一个包含音乐实体的句子的标注示例。

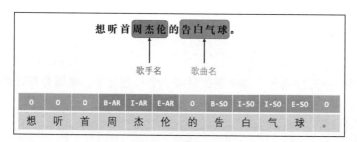

图 5-14　音乐领域 NER 标注示例

④基于深度学习的方法

在使用深度学习的方法做音乐实体 NER 任务时，可参考前面几种方法构建数据集，并参考 5.3.2 节中介绍的深度学习方法进行模型选型。值得注意的是，通常深度学习的方法较传统机器学习方法需要更多的训练数据，但是无须人工构造特征，而且网络自动学习语义特征的效果往往比传统方法更好。

（4）音乐 NER 系统搭建
下面从数据准备、环境安装、模型训练、模型测试以及模型预测等流程来介绍如何搭建一个音乐 NER 系统。

①数据准备

我们参考 CCKS 2018 评测比赛中面向音乐领域的命令理解任务⊖中开放的 1.2w 标注数

⊖　https://biendata.com/competition/CCKS2018_2/。

据，将其中的歌手名、歌曲名和曲风三种实体的标注提取出来，整理成数据集，并按照比例（8 : 2）对训练集（music_ner_train.txt，占 80%）和测试集（music_ner_test.txt，占 20%）进行划分。数据需要整理成如下格式：

```
播    O
放    O
周    B-AR
杰    I-AR
伦    E-AR
的    O
告    B-SO
白    I-SO
气    I-SO
球    E-SO
。    O

放    O
个    O
儿    B-GE
歌    E-GE
。    O
```

每一条数据按字符分隔开，每个字符对应一个状态标签，每条数据之间通过一个换行符分隔开。

②环境安装

我们采用 CRF++ 来训练 NER 模型。

模型下载和环境要求：

```
官网: https://taku910.github.io/crfpp/#templ
自行下载: CRF++-0.58.tar.gz
环境要求: 安装 C++ 编译器，且 gcc 版本 3.0 及以上
```

安装：

```
$ tar zxvf CRF++-0.58.tar.gz
$ cd CRF++-0.58
$ ./configure
$ make
$ sudo make install
```

Python 环境适配：

```
$ cd python
$ python setup.py build
$ python setup.py install
```

测试是否安装成功：

```
$ python
>>> import CRFPP
```

③模型训练

模型训练的核心指令如下：

```
$ crf_learn template_file train_file model_name
```

命令中可选参数和参数详解如下：

```
crf_learn 的可选参数：
    -f，—freq=INT 使用属性的出现次数不少于 INT( 默认为 1)
    -m，—maxiter=INT 设置 INT 为 LBFGS 的最大迭代次数 ( 默认为 10k)
    -c，—cost=FLOAT 设置 FLOAT 为代价参数，过大会过度拟合 ( 默认为 1.0)
    -e，—eta=FLOAT 设置终止标准 FLOAT( 默认 0.0001)
    -C，—convert 将文本模式转为二进制模式
    -t，—textmodel 为调试建立文本模型文件
    -a，—algorithm=(CRF|MIRA) 选择训练算法，默认为 CRF-L2
    -p，—thread=INT 线程数 ( 默认为 1)，利用多个 CPU 减少训练时间
    -H，—shrinking-size=INT 设置 INT 为最适宜的迭代变量次数 ( 默认为 20)
    -v，—version 显示版本号并退出
    -h，—help 显示帮助并退出
```

④模型测试

模型测试的核心指令如下：

```
$ crf_test -m model_name test_file
```

实际上，这个命令执行的是调用模型预测文件 test_file 的操作，会将预测的结果都打印出来，因此，这里采用重定向指令将输出内容写入文件：

```
$ crf_test -m model_name test_file > test_out_file
```

得到的 test_out_file 文件示例如下，其中第一列是原句子的字符，第二列是字符的标准答案标签（true label），第三列是模型预测的结果标签（predict label）。

```
播    O       O
放    O       O
勇    B-SO    B-SO
往    I-SO    I-SO
直    I-SO    I-SO
前    E-SO    E-SO
```

```
。      O       O
一      B-SO    B-SO
万      I-SO    I-SO
个      I-SO    I-SO
理      I-SO    I-SO
由      E-SO    E-SO
。      O       O
```

得到预测的序列标注结果后，我们可以对该结果进行处理，统计预测的标签和标注答案标签是否一致，并通过分别计算三类实体的精确率（Precision，P）、召回率（Recall，R）、F1 值（F1-score）来对模型效果进行评估。

首先写一个 tidy_crf_format 函数，将 test_out_file 预测的结果提取出来，具体代码如下：

```python
def tidy_crf_format(filename, col):
    '''
    提取 crf_test 命令预测出的文件中匹配到的实体并返回
    :param filename: crf_test 预测文本
    :param col: 序列标注的列号，0 为文本，1 为标准答案，2 为预测结果
    :return: 返回匹配到的实体
    '''
    matched = []
    one = [0, -1, '', '']  # 行号、开始位置、实体字符串 list、实体标签
    line_num = 0  # 记录行号
    index = 0   # 记录当前字符在句子中的下标
    with open(filename, encoding='utf8') as infile:
        for line in infile:
            line = line.rstrip()   # 仅去掉右端的空格和换行
            if line:
                combo = line.split('\t')
                ch = combo[0]
                tag = combo[col]
                if tag.startswith('B'):  # 表示一个实体的开始
                    one[0] = line_num  # 实体所属行号
                    one[1] = index  # 开始位置
                    one[2] += ch  # 当前字符添加到实体字符串
                    one[3] = tag.split('-')[1]  # 添加实体标签
                elif tag.startswith('I'):  # 实体中间，实体字符串添加当前字符
                    one[2] += ch
                elif tag.startswith('E'):  # 实体结束
                    one[2] += ch
                    matched.append(one)
                    one = [0, -1, [], '']  # 刷新 one
                elif tag.startswith('S'):  # 单字符表示一个实体，既是实体开始又是实体结束
                    one[0] = line_num
                    one[1] = index  # 开始位置
                    one[2] += ch
                    one[3] = tag.split('-')[1]
                    matched.append(one)
                    one = [0, -1, '', '']
```

```
            index += 1
        else:
            index = 0
            line_num += 1

    return matched
```

tidy_crf_format 函数核心思路：记录每一行数据所匹配到的实体内容、实体在句中的位置以及实体的标签，将其表示成一个四元组的列表形式。以"我要听周杰伦的歌。"为例，假设这句话是测试用例中的第一条，那么行号就是 0（物理下标），匹配到了一个歌手实体"周杰伦"，"周杰伦"在句中的开始下标为 3（同样是物理下标），实体标签为"AR"，那么这样一个实体提取出的四元组结果"one"组成的列表就是 [0, 3, ' 周杰伦 ', 'AR']。

```
我      O       O
要      O       O
听      O       O
周      B-AR    B-AR
杰      I-AR    I-AR
伦      E-AR    E-AR
的      O       O
歌      O       O
。      O       O
```

其中输入是 test_out_file 模型对测试集的预测结果，待解析的列号；输出是解析列匹配到的实体信息，格式为 list，存放多个四元组 one。

由于预测数据是存在文本中的，并且一个字符的标签结果为一行，每个测试句子之间用换行符分隔，因此按行读取处理。首先去掉末尾的换行符，查看该行文本 line 是否非空，若非空，则包含字符，若为空，则表示句子和句子间的分隔符，行号计数加 1。当非空时，可以通过分隔符 '\t' 将该行数据拆分为：字符、标准答案标签、模型预测标签。根据传入参数 col 处理对应列的标签（col=1 时表示处理标准答案标签列，col=2 时表示处理预测标签列），标签的具体含义如下：

❑ 以'B'开头说明是一个实体的开始，记录实体所在的句子行号 line_num，实体开始位置 index，实体字符，实体标签；
❑ 以'I'开头，表示处于一个实体中间，则只要添加当前字符到实体字符串中即可；
❑ 以'E'开头，表示处于实体结束为止，添加字符，再将记录的信息添加到 matched 列表，并初始化 one；
❑ 以'S'开头，说明该字符单字成实体，该字符既是实体的开始，也是实体的结束，需要同时记录 one 的每一项信息后，添加到匹配列表，并重新初始化 one。

判断完当前字符以后，字符的下标加 1。

下面分别调用转换标注答案标签列和预测标签列的信息。

```
y_true = tidy_crf_format('test_out_file', 1)
y_pred = tidy_crf_format('test_out_file', 2)
```

分别对标注答案标签列和预测标签列做处理，得到匹配的信息 y_true 和 y_pred 列表。对比匹配到的信息即可计算出 P、R、F1 值，具体计算方法参考 compute_p_r_f1 函数。

```python
def compute_p_r_f1(y_true, y_pred):
    y_true = [str(e) for e in y_true]
    y_pred = [str(e) for e in y_pred]
    p = len(set(y_true).intersection(y_pred)) / len(y_pred)
    r = len(set(y_true).intersection(y_pred)) / len(y_true)
    f1 = 2 * p * r / (p + r)
    return p, r, f1

def evaluate_entity(y_true, y_pred):
    so_true = list(filter(lambda x: x[3] == 'SO', y_true))
    ar_true = list(filter(lambda x: x[3] == 'AR', y_true))
    ge_true = list(filter(lambda x: x[3] == 'GE', y_true))

    so_pred = list(filter(lambda x: x[3] == 'SO', y_pred))
    ar_pred = list(filter(lambda x: x[3] == 'AR', y_pred))
    ge_pred = list(filter(lambda x: x[3] == 'GE', y_pred))

    so_p, so_r, so_f1 = compute_p_r_f1(so_true, so_pred)
    ar_p, ar_r, ar_f1 = compute_p_r_f1(ar_true, ar_pred)
    ge_p, ge_r, ge_f1 = compute_p_r_f1(ge_true, ge_pred)

    print(' 歌曲: ', so_p, so_r, so_f1)
    print(' 歌手: ', ar_p, ar_r, ar_f1)
    print(' 曲风: ', ge_p, ge_r, ge_f1)
```

调用 evaluate_entity() 函数评估模型效果。

```
evaluate_entity(y_true, y_pred)
```

evaluate_entity 函数解读如下。按照三类实体，分别计算出对应的 P、R、F1 值，调用功能函数 compute_p_r_f1，具体计算公式如下：

$$P = \frac{\text{预测为实体 E 且预测正确的数量}}{\text{预测为实体 E 的总数}}$$

$$R = \frac{\text{预测为实体 E 且预测正确的数量}}{\text{实际标注为实体 E 的总数}}$$

$$F_1 = \frac{2PR}{P+R}$$

其中，E 为某一特定实体类型，可以是 SO、AR、GE 之一。一条实体匹配信息包含句子行数、在句中的位置、实体字符串和实体标签，通过 filter 函数可以根据实体类型将数据划分开，分别将每个类型实体的正确结果和预测结果输入 compute_p_r_f1 函数中，利用集合运算中的交集运算，根据公式分别获得 P 和 R 值，再由 P 和 R 计算得出 F1 值。

⑤模型预测

模型预测用于对未标注的数据实现自动标注。为了方便在 Python 程序中调用，本文提供了 Python 版预测代码。

```python
import CRFPP

class MusicNER():
    '''
    CRF 做音乐歌曲名、歌手名、曲风的识别
    '''
    def __init__(self):
        self.crf_model = 'model_music_ner'   # 模型路径
        self.tagger = CRFPP.Tagger("-m " + self.crf_model)   # 创建一个标注器

    def ner_predict(self, sent):
        '''
        程序入口，预测一个句子的音乐实体
        :param sent：输入一个句子
        :return：返回句子中匹配到的实体列表
        '''
        sent = sent.replace(' ', '')   # 去空字符
        self.tagger.clear()   # 清空标注器
        a = [self.tagger.add((w)) for w in sent]   # 将句子按字符加入标注器
        self.tagger.parse()   # 调用标注模型预测
        size = self.tagger.size()
        xsize = self.tagger.xsize()
        entity_list = []
        entity = ''
        start = 0
        label = ''
        # 记录标注结果
        for i in range(0, size):
            for j in range(0, xsize):
                char = self.tagger.x(i, j)
                tag = self.tagger.y2(i)
                if tag.startswith('B'):
                    entity += char
                    start = i
                    label = tag.split('-')[1]
                elif tag.startswith('I'):
                    entity += char
                elif tag.startswith('E'):
                    entity += char
```

```
                            entity_list.append((entity, start, label))
                            entity = ''
                    elif tag.startswith('S'):
                        label = tag.split('-')[1]
                        start = i
                        entity_list.append((char, start, label))
                        entity = ''

            return entity_list
```

调用模型进行预测：

输入句子: 我想听邓紫棋的喜欢你
预测结果: [(' 邓紫棋 ', 3, 'AR'), (' 喜欢你 ', 7, 'SO')]

构建一个 MusicNER 类，将模型加载函数写入 __init__ 函数，创建一个预测函数 ner_predict。之所以特地将模型加载写入初始化函数，是希望实现加载一次模型就可以持续进行句子的预测，而不用每一次预测时都重新加载模型。其余逻辑与上文 evaluate_entity 函数类似，分别对 B、I、E、S 集中标签做对应数据的记录，最后将结果存入 entity_list，结果以实体三元组列表的格式返回，三元组的第一位是实体内容，第二位是实体在句中的开始位置，第三位是实体的类别标签。

2. 聊天话题体系构建

上一小节详细介绍了音乐推荐应用下知识抽取的方法，本小节将讨论用户画像图谱构建中另一个重要的应用，即用户聊天话题的喜好抽取。人们日常聊天是一个开放域的对话任务，内容广泛且没有边界，很难准确把握用户的聊天喜好。例如用户 A 是一个"篮球迷"，而用户 B 是一个"二次元控"，如何从用户的聊天内容中提取出这样的信息呢？这就需要我们能对用户聊天话题进行抽象和总结，将相关话题进行关联，对相似话题进行归类，从而形成一套聊天话题的体系，对用户输入的句子进行话题的识别，并对用户触发的话题进行统计分析进而得到用户的聊天喜好。聊天话题体系的构建，一方面可以辅助用户聊天喜好的抽取，另一方面可以为话题的跳转、相关话题的联想提供方向。聊天话题之间本身会存在一定的上下位关系，例如休闲娱乐包含旅游、摄影、K 歌、游戏、看书等多个不同的下位话题，当用户谈论旅游话题时，可以知道用户在谈论休闲娱乐领域的内容，此时可以联想到其他相关的话题进行答句生成，如图 5-15 所示。

下面介绍根据真实数据构建聊天话题体系的方法思路。首先，需要从用户日志中抽取出一些潜在话题候选词，其次对话题词进行聚类，获得基本的类别特征，然后借助外部知识库等信息获得话题词的领域概念信息，最后构建一个话题的体系。这个话题体系本质上就是一个话题领域图谱，图谱中每一个实体便是一个话题，话题和话题之间存在上下位关系，同级话题之间保持着一定的相关度，并且每一个话题都可以看作一个概念，通过外接知识库，可以做话题的扩展、联想和跳转。每一次当用户输入一句聊天内容时，先对其做话题识别，然后可以生成围绕该话题的回复，也可以联想跳转到其他相关话题做回复。具体步骤分析如下。

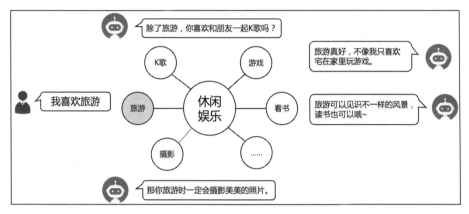

图 5-15　聊天话题联想示例

❑ 数据筛选：搜集大量用户日志，去掉无关信息，如唤醒词、功能指令等。
❑ 关键词筛选。
　○ 对语料先做分词、词性标注，可以采用多个分词工具和词性标注工具，以获得多个答案，从多角度进行筛选。
　○ 为句中每个词计算 TF-IDF 权重、训练 LDA 主题模型，获取每个主题下包含的关键词列表。
　○ 结合词性、TF-IDF 权重，以及是否在主题模型关键词列表等信息对候选词进行打分，从话题抽取角度来说，通常一个句子中动词、名词相对重要，形容词、副词次之，助词、代词、介词、数词等词往往不太重要，可以过滤掉。
❑ 话题领域映射。
　○ 借助通用百科知识图谱，可将关键词映射到图谱中以寻找对应的标签、属性和所属概念，可以抽象出很多类别的话题信息，并进行一定的领域划分。
❑ 剪枝：
　○ 根据话题的频率、所属标签和领域的频率信息，去掉太过低频的信息。

通过以上步骤，即可获得很多话题关键词以及它们的标签和概念信息，通过统计分布可以大致了解用户喜欢和机器人聊些什么内容，并以此为依据构建话题体系。构建完成后，还需要人工加以整理和干预，即基于用户的关注话题范畴，将其划分层级，并补充整理一些同属领域的其他话题内容，以完善整个话题体系。图 5-16 展示了一个相对完整的话题内容的体系结构，可供读者参考。

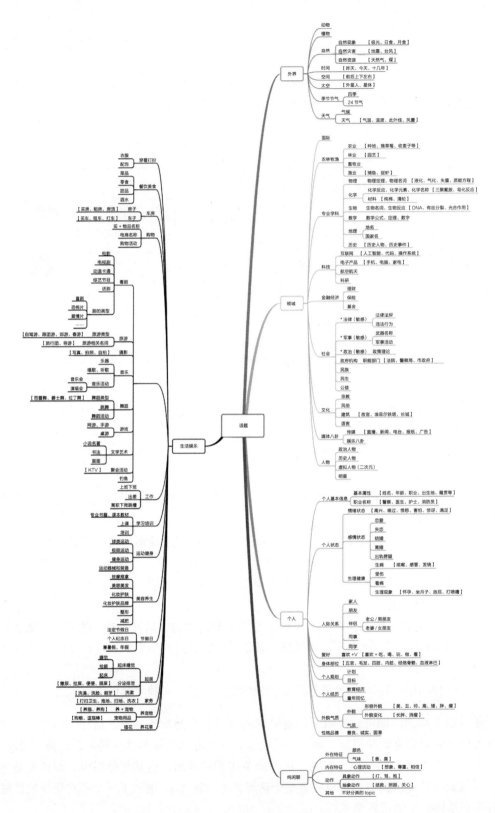

图 5-16　聊天话题体系图

参考文献

[1]   Kim Y. Convolutional Neural Networks for Sentence Classification[J]. arXiv preprint arXiv: 1408.5882, 2014.

[2]   Mintz M, Bills S, Snow R, et al. Distant Supervision for Relation Extraction without Labeled Data[C]. Proceedings of the Joint Conference of the 47th Annual Meeting of the ACL and the 4th International Joint Conference on Natural Language Processing of the AFNLP. 2009: 1003-1011.

[3]   Riedel S, Yao L, McCallum A. Modeling Relations and Their Mentions without Labeled Text[C]. Joint European Conference on Machine Learning and Knowledge Discovery in Databases. Springer, Berlin, Heidelberg, 2010: 148-163.

[4]   Zeng D, Liu K, Lai S, et al. Relation Classification via Convolutional Deep Neural Network[C]. Proceedings of COLING 2014, the 25th International Conference on Computational Linguistics: Technical Papers. 2014: 2335-2344.

[5]   Zeng D, Liu K, Chen Y, et al. Distant Supervision for Relation Extraction via Piecewise Convolutional Neural Networks[C]. Proceedings of the 2015 conference on empirical methods in natural language processing. 2015: 1753-1762.

[6]   Lin Y, Shen S, Liu Z, et al. Neural Relation Extraction with Selective Attention over Instances[C]. Proceedings of the 54th Annual Meeting of the Association for Computational Linguistics (Volume 1: Long Papers). 2016: 2124-2133.

第 **6** 章

知识图谱应用

知识图谱应用是图谱构建的价值体现，也是验证图谱构建效果的黄金标准。在第 5 章的领域图谱构建过程中，读者可能已经意识到图谱的底层设计和构建需要涵盖哪些实体类型，需要利用哪些关系属性。本章我们将围绕知识图谱的应用展开，首先介绍落地较为成熟的知识可视化，然后介绍与语义理解相关的重要应用——实体链接，接着介绍业界研究和应用广泛的知识问答，最后介绍一种前瞻性的应用方式——联想。

6.1 知识可视化

知识可视化是指将结构化的知识以可视化的图谱形式呈现。使用可视化方法可以更加直观地传递知识，更加方便地挖掘知识之间的关联关系，以及更加友好地与用户交互。根据是否内置 Neo4j 连接，可将可视化工具分为内置 Neo4j 连接的可视化工具、无直接连接的可视化工具、独立的第三方可视化工具三种[⊖]。本节主要介绍以 D3 为代表的无直接连接的可视化工具，以 ECharts 为代表的第三方知识可视化工具，以及一些其他可视化工具。

6.1.1 D3

D3 [⊜]（Data-Driven Document）是一个基于 Web 标准展现可视化数据的 JavaScript 库，可以帮助用户使用 HTML、CSS、SVG 以及 Canvas 来展示数据。以"结点—关系—结点"方式展示的图谱被称为力导向图（Force-Directed Graph），是 D3 展示数据的一种重要方式，下面将详细介绍如何通过力导向图实现知识图谱的可视化。

⊖ https://neo4j.com/developer/tools-graph-visualization/。
⊜ https://d3js.org。

1. 数据准备

D3 力导向图的数据类型分为两种，分别为结点和边，同时结点类型可以写在结点数据中，作为结点的一个属性。数据格式为 JSON 数据，结点共包括"人物""公司""产品"三种可能的类型，目标是构建一个包含上述三种类型的可视化知识图谱。

结点的数据格式如下所示：

```
"nodes":[{
    "name": " 小米科技 ",
    "type": " 公司 "
},{
    "name": " 欧菲科技 ",
    "type": " 公司 "
}]
```

结点通过一个数组表示，数组中每个字典类型的数据表示一个具体的结点，结点与结点用逗号分隔。在每个字典内，name 表示结点的名称，type 表示结点的类型，除此之外，还可以添加其他属性值。

关系的数据格式如下所示：

```
"edges":[{
    "source": 11,
    "target": 21
},{
    "source": 11,
    "target": 22
}]
```

关系同样通过一个数组表示，数组中每个字典类型的数据表示一组具体的关系边，关系边与关系边用逗号分隔。在每个字典内，source 表示边的源结点序号，如上述第一条关系边中的数字 11，D3 读取 JSON 数据时默认第一个结点的序号为 0，第二个结点的序号为 1，依次类推。target 表示边的目标结点序号，在本示例中数字 11 表示公司"小米科技"，数字 21 表示产品"小米 9"，因此"小米科技"和"小米 9"之间存在连接关系。此外还可以在结点中定义唯一识别的 id，边的连接关系通过指定 id 来关联，而非结点序号。

2. 构建关系图谱

（1）导入 D3 程序库

在导入 D3 程序库时，既可以在线导入，也可以离线导入。若使用离线方式导入 D3 程序库，则需要将 D3 程序库下载到本地。以 5.12.0 版本为例，可以从官方地址[⊖]下载，下载

⊖ https://github.com/d3/d3/releases/download/v5.12.0/d3.zip。

完成后在目标文件夹内建立一个关系图谱构建的 HTML 文件，并使用如下代码将 D3 程序库插入 HTML 文件中：

```
<script src="d3.min.js" type="text/javascript" charset="utf-8"></script>
```

若使用在线导入方式，则可插入如下代码来在线使用：

```
<script src="https://d3js.org/d3.v5.min.js"></script>
```

（2）数据导入

D3 支持多种格式的数据导入操作，包括 JSON、CSV、TEXT、XML 等常用格式，本示例使用 JSON 数据，导入数据代码如下所示：

```
d3.json("d3_data.json",function(error,data){
        if(error){
                return console.log(error);
        }
        console.log(data);
})
```

在上述代码中，函数 d3.json() 可以加载 JSON 数据，返回一个 JSON 对象的数组，其中包含两个参数，第一个参数是 JSON 文件的 URL 地址，第二个参数是回调函数，在加载完 JSON 文件后执行，若加载数据出错，则返回错误信息，否则获取步骤 1 中的结点和关系数据。

需要注意的一点是，部分浏览器禁止跨域访问，因此，若 JSON 文件存储在本地，在读取时会被禁止，解决方法是找到浏览器的本地目录，给浏览器传入允许启动参数，使得浏览器可以访问本地文件，避免本地代码调试出错，也可以启动一个网页服务来服务本地的数据。

（3）力导向图布局

与 D3 的其他类相同，力导向图布局允许使用一个简单的声明调用多个 setter 方法。首先构造一个新的力导向图布局，代码如下所示：

```
var force = d3.layout.force()
                .nodes(data.nodes)
                .links(data.edges)
                .size([1000,800])
                .linkDistance(140)
                .charge([-500]);
```

定义一个力导向图 force，其中 .nodes 指定结点数组为外部导入的 data.nodes 数据；.links 指定关系数组为外部导入的 data.edges 数据；.size 指定布局大小，即关系图的范围，一般为二维数组 $[x,y]$，x 表示宽度，y 表示高度，单位为像素（px），size 影响力导向图的两个方面，即重心和初始的随机位置；.linkDistance 指定链接结点的连接长度，连接长度为常量，如示例中的 140，表示所有链接结点的连接长度都为固定值 140；.charge 指定电荷强度，电荷强度为常量，如示例中的 −500，表示所有结点具有相同的电荷强度，若数值为负数，则结点之间为排斥关系。此外还有其他参数，感兴趣的读者可参考官方手册[⊖]。

当力导向图布局完成后，启动使作用生效，代码如下所示：

```
force.start();
```

（4）绘制结点及关系

步骤 3 构建了一个力导向图，但只传入了数据，没有传入可视化信息，本步骤将把数据转换成可视化的结点和线段，代码如下所示：

```
var links = svg.selectAll("line")
                .data(data.edges)
                .enter()
                .append("line")
                .style("stroke","#000")
                .style("stroke-width",1);
var color = d3.scale.category10();
var nodes = svg.selectAll("circle")
                .data(data.nodes)
                .enter()
                .append("circle")
                .attr("r",20)
                .style("fill",function(d){
                        return color(d.type);
                })
                .call(force.drag);
var texts = svg.selectAll("text")
                .data(data.nodes)
                .enter()
                .append("text")
                .attr("class","good")
                .attr("dx",25)
                .attr("dy",5)
                .text(function(d,i){
                        return d.name;
                })
                .style("fill","black");
```

⊖　https://github.com/d3/d3/wiki。

首先定义一个关系变量 links，D3 通过生成和操纵可扩展矢量图形（Scalable Vector Graphics, SVG）进行可视化，SVG 代码可直接嵌入 HTML 文档中，因此结点和关系的绘制通过 SVG 来实现。通过 .data(data.edges) 传入关系数据，让每一条关系数据生成相应的线段（line），.style("stroke","#000") 表示所有线段的颜色都为黑色（#000），.style("stroke-width",1) 表示所有线段的宽度都为 1。

为了区分不同类型的结点，需要先定义结点颜色，d3.scale.category10() 表示构造一个有 10 种颜色的序数比例尺。

定义结点变量 nodes，同样通过 SVG 实现可视化，通过 .data(data.nodes) 传入结点数据，让每一条结点数据生成相应的圆（circle），.attr("r",20) 表示圆的半径是 20，.style ("fill",function(d){return color(d.type);}) 表示填充不同类型的结点为不同颜色，.call(force.drag) 表示结点可以被拖动。

此外还需要定义一个结点描述文字变量 texts，传入结点信息，使用结点名字作为结点的描述信息，.style("fill","black") 表示设置文字颜色为黑色，.attr("dx",25) 和 .attr("dy",5) 表示结点名字相对结点的位置坐标。

（5）更新结点和关系

结点和关系的更新代码如下所示：

```
force.on("tick", function(){
    links.attr("x1",function(d){ return d.source.x; })
        .attr("y1",function(d){ return d.source.y; })
        .attr("x2",function(d){ return d.target.x; })
        .attr("y2",function(d){ return d.target.y; });
    nodes.attr("cx",function(d){ return d.x; })
        .attr("cy",function(d){ return d.y; });
    texts.attr("x", function(d){ return d.x; })
        .attr("y", function(d){ return d.y; });
});
```

使用 force.on() 监听力导向图布局的位置变化，由于力导向图在不断发生运动，因此需要不断更新结点和连线的位置，对于每一个时间间隔，力导向图布局 force 会调用事件 tick 更新结点和连线的位置坐标。

3. 图谱生成

经过数据准备和图谱构建两个阶段，基于 D3 力导向图构建的关系图谱如图 6-1 所示，其中"雷军""任正非"结点表示人物，"小米科技""华为"等结点表示公司，"小米 8""红米 K20""华为 mate 30"等结点表示产品，通过 D3 实现了知识图谱可视化。

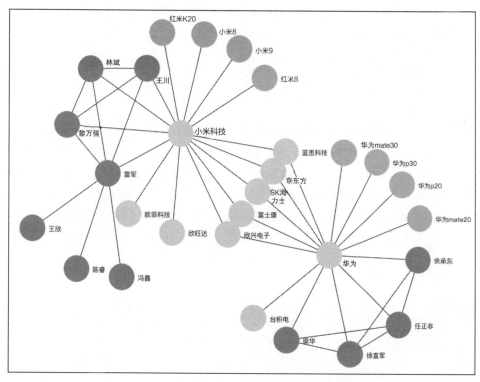

图 6-1　基于 D3 绘制的可视化图谱

6.1.2　ECharts

ECharts 是一个使用 JavaScript 实现的数据可视化图表库，它可以提供直观、交互丰富、可高度个性化定制的数据可视化图表[⊖]。ECharts 提供了包括折线图、柱状图、盒形图、地图、关系图、旭日图在内的 20 多种可视化类型，并且支持图与图之间的混搭。使用 ECharts 关系图可以构建结点之间的连接关系，实现知识的可视化。

1. 数据准备

ECharts 关系图的数据类型分为三种，分别是结点、关系、结点类型。本实例数据与 D3 使用的数据相同，结点类型包括"人物""公司""产品"，目标是构建一个包含上述三种类型的可视化知识图谱。

结点的数据格式如下所示：

```
Data:[{
```

⊖　https://echarts.apache.org/zh/index.html。

```
    "name": " 雷军 ",
    "symbolSize": 20,
    "draggable": true,
    "value": 1,
    "category": " 人物 ",
    "label": {"normal": {"show": true}}
}]
```

结点通过一个数组表示，数组中每个字典类型的数据表示一个具体的结点，结点与结点用逗号分隔。在每个字典内，name 表示结点的名称，symbolSize 表示结点在关系图中显示的大小，可以设置成单一数字或以数组的形式表示宽和高，draggable 表示该结点是否可以拖曳，类型为布尔型，value 表示结点的值，可以是数值类型或数组类型，category 表示结点所在类目的 index，该项需要与结点类型项相对应，label 表示结点的标签样式，里面包含若干个参数，show 表示是否显示标签，类型为布尔型。更多其他参数可参考官方文档[⊖]。

关系的数据格式如下所示：

```
Links:[{
    "source": " 雷军 ",
    "target": " 林斌 ",
    "value": 100
},{
    "source": " 雷军 ",
    "target": " 小米科技 ",
    "value": 170
}]
```

关系通过一个数组表示，数组中每个字典类型的数据表示一组具体的关系边，关系边与关系边用逗号分隔。在每个字典内，source 表示边的源结点名称，如上述第一条关系边中的"雷军"，target 表示边的目标结点名称，value 表示边的长度，单位为像素。

结点类型的数据格式如下所示：

```
Categories:[{
    "name": " 人物 "
},{
    "name": " 公司 "
},{
    "name": " 产品 "
}]
```

结点类型同样通过一个数组表示，数组中每个字典表示一个具体的类型，不同类型用逗号分隔。在每个字典内，name 表示类型名称，用于和主代码中图例组件（legend）以及格式化提示框（tooltip）中的内容对应。

⊖ https://echarts.apache.org/zh/option.html#series-graph。

2. 数据导入

本书所提供的示例在 Gallery[⊖]平台上开发。Gallery 是 ECharts 官方可视化案例展示平台，可提供在线编辑和分享功能，并支持多种格式的外部数据导入操作。

首先打开 Gallery 平台，在上方导航栏点击"新建"，新建一个在线项目，项目左侧为代码输入框，右侧为关系图谱生成框，如图 6-2 所示。

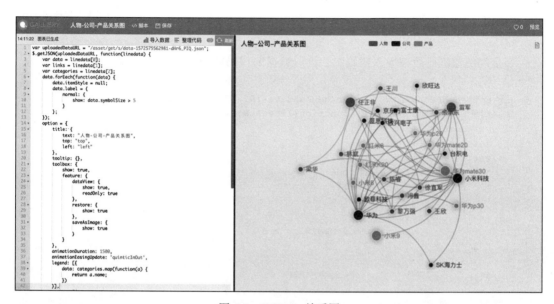

图 6-2　ECharts 关系图

点击左侧代码输入框上方的"导入数据"，导入步骤 1 中准备好的格式化数据，这里支持 5MB 以内任意格式的数据，待数据上传到云端后通过生成的链接获取数据，在数据上传成功后点击"插入到代码"，如图 6-3 所示。

图 6-3　ECharts 数据导入页面

⊖　https://gallery.echartsjs.com/。

当数据上传成功后，左侧代码框会生成读取数据的 URL，代码如下所示：

```
var uploadedDataURL = "/asset/get/s/data-1572575562981-dHr6_PIQ.json";
```

3. 构建关系图谱

关系图谱的构建分为两个步骤，第一步是读取数据文件中不同类型的数据，第二步是设置各个组件展示样式，下面分别介绍。

（1）读取数据

准备好的数据已经被导入代码中，读取数据的代码如下：

```
var uploadedDataURL = "/asset/get/s/data-1572575562981-dHr6_PIQ.json";
$.getJSON(uploadedDataURL, function(linedata) {
    var node = linedata[0];
    var links = linedata[1];
    var categories = linedata[2];
    node.forEach(function(node) {
        node.itemStyle = null;
        node.label = {
            normal: {
                show: node.symbolSize > 5
            }
        };
    });
```

上述代码中使用 getJSON 方法请求获取 JSON 数据，并将其赋值到设置的变量中。变量 node 获取 JSON 数据中的结点数据，即"雷军"等结点；变量 links 获取 JSON 数据中的关系数据，即"雷军""小米科技"等关系，变量 categories 获取 JSON 数据中的结点类型数据，即"人物""公司"等结点类型。对于每个结点，可以设置相应的阈值以确定是否显示结点的标签，当结点较多、关系密集时，可以显示关键结点的标签，如图 6-4a 显示了所有结点的标签，图 6-4b 显示了关键结点的标签。

（2）设置组件样式

设置标题组件 title 时，首先设置图谱的标题，代码如下所示：

```
title: {
    text: "人物-公司-产品关系图",
    top: "top",
    left: "left"
}
```

其中 text 表示要展示的标题内容，top 表示标题离容器上侧的距离，left 表示标题离容器左侧的距离。top 和 left 的值可以是具体的像素值，也可以是相对于容器高宽的百分比或 top、left 等相对于容器的固定位置，关于标题组件的其他参数可查看官方文档。

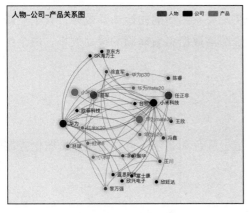 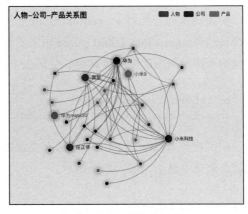

a) 显示全部结点标签　　　　　　　　　　　　b) 显示部分结点标签

图 6-4　根据阈值确定是否显示标签

提示框组件 tooltip 可设置是否显示，默认显示。点击结点，可以显示结点的 name 和 value，点击边，显示出边和入边。若不想显示提示框，只需设置：

```
tooltip: {show: false}
```

工具栏组件 toolbox 内置了导出图片、数据视图、动态类型切换、数据区域缩放、重置这五个工具，这里只使用其中三个工具，代码如下所示：

```
toolbox: {
    show: true,
    feature: {
        dataView: {
            show: true,
            readOnly: true
        },
        restore: {
            show: true
        },
        saveAsImage: {
            show: true
        }
    }
}
```

{show:true} 表示显示工具栏，feature 表示各个工具配置项，dataView 是数据视图工具，可以展现当前图谱所用的数据，{readOnly: true} 表示只可查看数据，{readOnly: false} 则表示可在线编辑数据及更新动态。restore 是配置项还原工具，saveAsImage 是保存图片工具，当设置 {show: true} 时，点击右上方下载按钮，可以将当前关系图谱保存为图片形式。

初始动画时长组件 animationDuration 用于实现关系图谱的初始动画效果，数据更新动画缓动组件 animationEasingUpdate 用于实现关系图谱数据更新动画的缓动效果，两个组件的值均采用示例图谱中的默认值，代码如下：

```
animationDuration: 1500,
animationEasingUpdate: 'quinticInOut'
```

图例组件 legend 展现了不同结点类型的标记、颜色和名字。可以通过点击图例控制哪些结点类型不显示，代码如下所示：

```
legend: [{
    data: categories.map(function(a) {
        return a.name;
    })
}]
```

上述代码表示图例的名字从原始数据的结点类型（categories）中读取，关系图谱展示原始数据中的结点类型，如图 6-1 中所示的 "人物" "公司" "产品"。

系列列表组件 series 中的每个系列通过 type 决定自己的图表类型，本示例为关系图谱，因此设置 {type: 'graph'}，本示例的系列列表参数配置代码如下所示：

```
series: [{
    name: '人物 – 公司 – 产品关系图',
    type: 'graph',
    layout: 'force',
    force: {edgeLength: 200, repulsion: 100, gravity: 0.2},
    data: node,
    links: links,
    categories: categories,
    focusNodeAdjacency: true,
    roam: true,
    label: {normal: {show: true, position: 'right'}},
    lineStyle: {color: 'source', curveness: 0.3},
    itemStyle: {normal: {borderColor: '#fff', borderWidth: 1,
            shadowBlur: 10, shadowColor: 'rgba(0, 0, 0, 0.3)'}},
    emphasis: {lineStyle: {width: 10}}
}]
```

在 series 定义的参数中：

- name 表示系列名称，用于 tooltip 的显示，当提示框组件 tooltip 为 true 时，点击结点，会显示参数 name 定义的名称，即 "人物 – 公司 – 产品关系图"；

- layout 表示图的布局，设置为 force 表示采用力导向图布局，同时可配置力导向图布局的相关参数，设置为 edgeLength 表示通过边相连的两个结点之间的距离，设置为 repulsion 表示结点与结点之间的斥力因子，该值越大则结点之间间隔越大，设置为 gravity 表示结点受到的向中心的引力因子，该值越大则结点越往中心点靠拢；

- data 表示关系图谱的结点数据列表，links 表示关系图谱的关系数据列表，categories 表示关系图谱的结点类型列表，在本示例中，结点、关系以及结点类型已经在第一步读取完成，在这里只需要将读取后的变量值赋予 data、links、categories 即可完成数据的赋值；

- focusNodeAdjacency 表示是否在鼠标移到结点上的时候突出显示结点以及结点的边和邻接结点，值为 true 则表示突出显示；

- roam 表示是否开启鼠标缩放和平移漫游，默认为不开启，如果只想要开启缩放或者平移漫游，可以设置成 scale 或者 move，设置成 true 则表示都开启。

- label 表示图形上的文本标签，用于说明图形的一些数据信息，比如值、名称等，{position: 'right'} 表示标签位于右侧；

- lineStyle 表示关系边的线条样式，color 表示线的颜色，在本示例中 {color: 'source'} 表示边的颜色与出结点的颜色相同，curveness 表示边的曲度，支持从 0 到 1 的值，值越大曲度越大；

- itemStyle 表示图形样式，borderColor 表示图形的描边颜色，支持的颜色格式为 rgb 格式、rgba 格式，其中 a 表示 alpha 通道（不透明度），采用十六进制格式，如 #fff；borderWidth 表示描边线宽，值为 0 表示无描边；shadowBlur 表示图形阴影的模糊大小；shadowColor 表示阴影颜色，格式同 borderColor；

- emphasis 表示高亮的图形样式，lineStyle 表示线条样式设置，在示例中，将线宽设置为 10。

其他参数可参考 ECharts 官方说明文档[⊖]。

4. 图谱生成
最后通过代码生成图谱，如图 6-5 所示。

```
myChart.setOption(option)
```

⊖　https://echarts.apache.org/zh/option.html#series-graph。

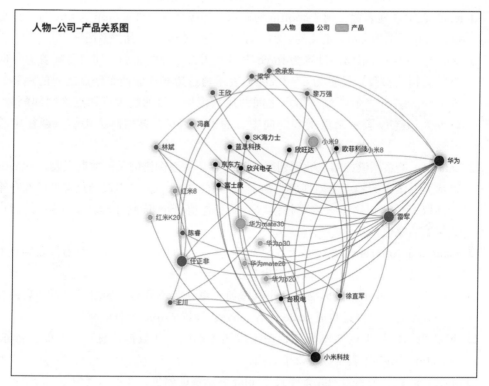

图 6-5　基于 ECharts 的人物 – 公司 – 产品关系图谱

6.1.3　其他工具介绍

1. Neovis.js

Neovis.js[⊖]是内置 Neo4j 连接的可视化工具，可以作为依赖项包含在应用程序中。它旨在将 JavaScript 可视化和 Neo4j 集成在一起，无须编写 Cypher 即可使用，只需少量 JavaScript 即可集成到项目中。Neovis.js 具有很多特征，具体包括：

❑ 用户可以与 Neo4j 实例连接，获取实时数据；
❑ 展示用户指定的标签和属性；
❑ 填充用户指定的 Cypher 查询语言；
❑ 为同类型的边指定边属性；
❑ 为同类型的结点指定结点属性；
❑ 为同权重的结点指定结点属性。

图 6-6 是通过 Neovis.js 渲染的《权力的游戏》的人物关系图。

⊖　https://github.com/neo4j-contrib/neovis.js。

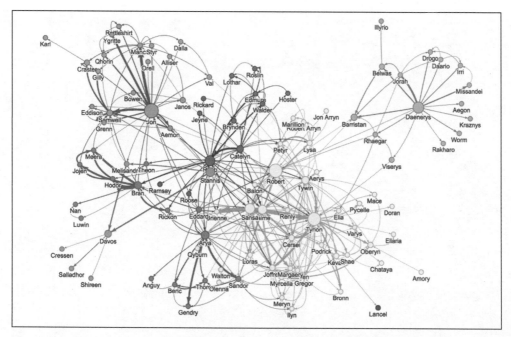

图 6-6 《权力的游戏》的人物关系图

2. Popoto.js

Popoto.js[⊖]是一个基于 D3.js 构建的 JavaScript 库，旨在为 Neo4j 图数据库创建交互式且可自定义的可视化查询生成器。除了可以基于图的查询被转换为 Cypher 语言并在数据库上检索，Popoto.js 还可以使用自定义展示结果。若用户想在应用程序中使用 Popoto.js，只需要在 HTML 页面中将每个组件绑定到容器 ID 中即可。一个使用 Popoto.js 的应用通常包含如下组件。

❑ 图形组件：可视化的交互界面，旨在为无相关技术背景的用户构建查询，图形由结点和关系组成，如图 6-7 中的 1 所示。

❑ 工具栏组件：辅助用户操作可视化图形，实现部分图谱操作功能，如图 6-7 中的 2 所示，可实现关系展示、图谱重置、图谱位移、全屏展示、文字自适应等功能。

❑ 分类器组件：展示可视化图形的结点类型，并统计每类结点的数量，如图 6-7 中的 3 所示，结点类型包含 Person 和 Movie，这里 Person 结点的数量为 133 个，Movie 结点的数量为 38 个。

❑ 查询框组件：展示用户做图谱查询的结构化查询表达式，如图 6-7 中的 4 所示，查询表达式为 Cypher 查询语言，由当前用户在图谱上探索自动生成。

❑ 结果框组件：结果框展示了可视化图形查询的结果，如图 6-7 中的 5 所示。

⊖ http://www.popotojs.com/。

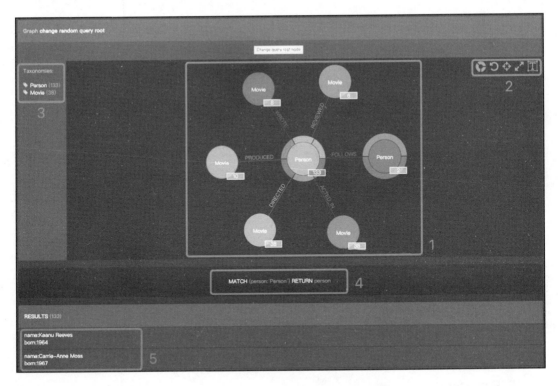

图 6-7　基于 Popoto.js 构建的关系图谱

3. Vis.js

Vis.js[⊖]是一个基于浏览器的动态可视化 JavaScript 库，易于使用，可处理大量动态数据并且具备交互性。Vis.js 包含 DataSet、Timeline、Network、Graph2d 和 Graph3d 这五大组件。其中与知识可视化紧密相连的组件为 Network（网状图），它是由结点和边组成的可视化网络，易于使用，且支持用户自定义形状、格式、颜色、大小等样式。Network 可以运行在任意一款主流浏览器上，可以同时支持数千个结点和边的展示。为了处理大量的结点数据，Network 还提供了集群支持，使得处理和响应速度均大大提高。

基于 Vis.js 构建的可视化公司关系图谱如图 6-8所示，这里展示了"小米科技"的 6 家供应商。

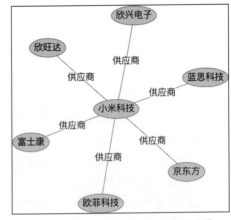

图 6-8　基于 Vis.js 构建的关系图谱

⊖　https://visjs.org/。

4. Sigma.js

Sigma.js 是一个可视化的 JavaScript 库，提供了丰富的 API，可以开发具有高交互性的 Web 应用程序，同时提供了很多的配置项，可以使用户自由定义可视化的呈现方式。Sigma.js 具有很多重要的功能，具体分析如下。

- ❑ 自定义渲染：用户可以使用画布（Canvas）或者 WebGL 内置渲染器，内置渲染器提供了丰富的渲染方法，用户甚至可以自定义渲染器。
- ❑ 交互性：Sigma.js 可以捕获用户对结点或者图形整体的操作记录，当用户将鼠标移至结点上时，可以显示结点的信息。
- ❑ 强大的图模型：Sigma.js 是一个可视化的渲染工具，可以在其上运行自定义的图算法，并在数据上添加自定义的索引。
- ❑ 扩展性：可以在 Sigma.js 上开发插件或简单的代码片段来增强 sigma 的功能。例如，在主存储库中可以使用某些格式来读取主流的图形文件格式或运行复杂的布局算法。
- ❑ 兼容性：可以在所有支持 Canvas 的主流浏览器上运行 Sigma.js，若浏览器支持 WebGL，则运行速度更快。

基于 Sigma.js 构建的"小米科技"供应链关系图谱如图 6-9 所示，图谱展示了"小米科技"的六家供应商。

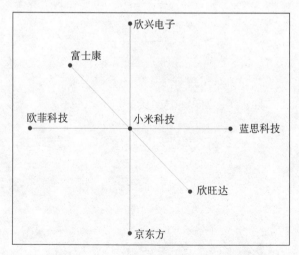

图 6-9　基于 Sigma.js 构建的关系图谱

5. GraphXR

GraphXR 是一个基于浏览器的可视化工具，为 2D 和 XR 中的数据浏览带来了高效率和高灵活性。GraphXR 具有一些显著特性，如动画展示、地理空间映射以及时间序列回放等。GraphXR 提供动态数据建模，用户只需点击相应功能，即可看到同一数据的不同展现形式。此外，GraphXR 还支持 Cypher 查询语句，支持用户的自定义查询或简单的关键词搜索功能。

GraphXR 在反欺诈、医疗、金融等领域起到了重要作用。如在反欺诈识别中，利用 GraphXR 构建的可视化关系图，可以合并和比较多个来源的数据（如付款行为、身份信息、地理位置等），以快速发现异常，隔离嫌疑用户，更快地识别欺诈行为。

GraphXR 具有以下几个特性。

❑ 动态数据建模：GraphXR 可以在运行过程中及时修改数据模型，且可以在共享的环境中切换和使用多个数据源，灵活性高。

❑ 时间和空间性：可以将图谱中的结点映射到地图和时间轴上，揭示时间和空间性，并且可以通过时间轴进行结点过滤。

❑ 参数散点图：通过可视化的散点图可以发现结点之间的相关性，GraphXR 还拥有强大的统计工具和链接分析，可以对图形进行统计和分析。

图 6-10 是基于 GraphXR 构建的可视化关系图谱[⊖]。

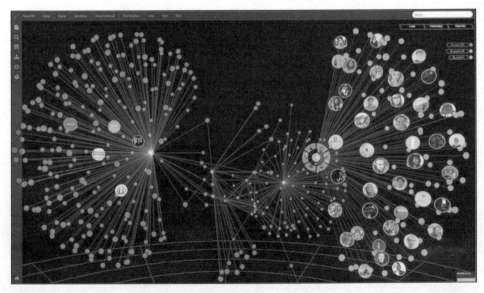

图 6-10　基于 GraphXR 构建的关系图谱

⊖ https://static1.squarespace.com/static/5c58b86e8dfc8c2d0d700050/t/5c6f46559140b7665401785b/
1550796373803/GraphXR%2BDatasheet.pdf。

6.1.4　小结

表 6-1 对 6.1 节介绍的几种可视化工具进行了比较，这些工具的目的都是使用更加丰富和直观的展示方式来可视化知识，使其易于理解和应用。由于市面上可视化的工具繁多，感兴趣的读者还可继续深入研究。

表 6-1　可视化工具对比

名称	特点	不足	是否开源	语言
D3	轻量，灵活性高，可视化展示功能强大	使用较为烦琐，掌握难度大	是	JavaScript
ECharts	易于上手，配置灵活，定制化方便，丰富的可视化类型	兼容性较差，复杂关系图表定制较难	是	JavaScript
Neovis.js	使用简单，内置 Neo4j 连接	自由度较低，样式较为固定	是	JavaScript
Popoto.js	轻量级，内置 Neo4j 连接	图形样式少，较为单一	是	JavaScript
Vis.js	使用简单，可处理大量动态数据，自定义交互时间轴等	基本图表的种类较少	是	JavaScript
Sigma.js	轻量级，可自定义渲染，扩展性和兼容性较强	基本图表的种类较少	是	JavaScript
GraphXR	动态数据建模，时间空间映射	未开源，使用需要收费	否	—

6.2　实体链接

实体链接作为在知识图谱演化迭代过程中较为重要的任务之一，其效果往往直接影响着知识图谱的质量。本节将围绕知识图谱中的实体链接任务进行介绍，在 6.2.1 节先介绍实体链接的定义，并与实体链接相似的若干任务做了对比；在 6.2.2 节详细介绍完成实体链接的过程以及每个步骤中的常见方法；6.2.3 节将会对两种常见的实体链接工具进行实战介绍；6.2.4 节将会介绍实体链接的应用。

6.2.1　实体链接的定义

在构建和持续维护知识图谱的过程中，通常可以快速积累一定量的数据。通过前文可以了解到，知识图谱内部的实体和关系是按照对应的本体严格区分的。然而，当获取到大量新数据时，原始数据通常是非结构化的自然语言形式，会出现歧义的情况，这种情况在自然语言中的命名实体上表现尤为显著。更具体的，一个命名实体可能有若干不同的指称，而一个指称也可能会对应若干不同的实体。举例来说，"李白这首歌唱的是唐代诗人李白吗？"这句话包含两个名为"李白"的指称，它们所指代的实体并不相同。在阅读这句话时，读者自然地就可以区分出句子中第一个"李白"指的是一首流行歌曲，第二个"李白"指的是唐代的著名诗人李白。这样的区分即一个将句子中的命名实体与记忆中的知识进行链接的过程。在知识图谱领域，将文本当中的命名实体与其在知识图谱中对应的实体进行映射的过程就叫作实体链接。

根据上述例子和实体链接的定义不难发现，实体链接任务具有一定难度，主要体现在三方面：

1）在自然语言中对于实体的指称往往是有歧义的，如上文中提到的"李白"。在这种情况下，实体链接系统需要识别出句子中相同的指称实际对应着知识图谱中的不同实体；

2）在知识图谱中存储的实体可能会有不同的称呼，例如"北京大学"通常被称为"北大"，"广州市"也可以用"羊城"指代。在这种情况下，实体链接系统需要理解代称、昵称与实体标准名称之间的映射关系；

3）知识图谱中存储的同名实体之间相似度较高，例如"绝句"这个名称可以对应多首古代诗歌，这些诗歌之间相似度较高，实体链接系统需要在确定句子当中的指称是否代表古代诗歌的基础上，进一步区分相似的实体。

在应用方面，实体链接技术可以服务于多项自然语言任务，包括但不限于知识融合、知识问答与语义搜索等。利用实体链接，也可以对从不同数据源获取的、有噪声的自然语言数据进行标注，从而达到提升数据质量的目的。

6.2.2 实体链接的步骤

下面介绍实体链接的实现过程，具体分为 4 个步骤。

1. 任务详细定义

实体链接任务具体可以定义为：给定包含若干实体的知识库以及包含若干文本的文本集合，文本中已经标记出可能与知识库中的实体进行链接的指称，实体链接任务即将文本中的每个指称与知识库中的对应实体进行映射。当然，在文本中标出的指称中，也存在可能与知识库中的任何实体都无法匹配的指称，此时同样需要实体链接系统正确判断这种情况并给出无法链接的结果。

在自然语言处理领域中，实体链接任务也常被称为命名实体消歧。通常情况下，实体链接任务会在命名实体识别任务之后进行，在前面的章节已经介绍过，命名实体识别任务可以识别出文本中的实体（指称）并进行标记，是实体链接的上游任务。

对于实体链接任务来说，知识库必不可少，这是因为与实体链接类似的任务还包括实体共指消解、词义消歧与数据记录链接，需要读者区分不同任务的定义与目标。当从实体链接任务中去除知识库时，实体链接任务即演变成实体共指消解问题。

在实体共指消解任务中，实体在一个或多个文档中的指称将会被聚合成多个簇，其中每个簇代表该簇指称所指的一个实体。在聚合过程中，通常会使用实体指称本身、指称上下文以及文章级别的统计信息作为聚合的特征。与实体共指消解相比，实体链接需要将文本中检测到的指称与知识库中的实体进行映射。在这种情况下，知识库中的实体信息将作为完成任务的关键数据特征之一。

除此之外，与实体链接近似的任务还有词义消歧。与实体链接不同的是，词义消歧需要根据上下文完成对文本中词义（而非实体）的识别与消歧。在词义消歧中，需要将文本中的词与词义库（例如 WordNet、HowNet 等）进行匹配。词义库与知识库最大的区别在于，词义库一般是完备的，即文本中的词不会具有词义库之外的意义，而知识库则不一定是完备的，例如很多实体并不存在于维基百科、百度百科等百科知识库中。同时，实体链接任务中的信息量相比于词义消歧义更大，文本的变化也会更多。

最后一个与实体链接类似的任务被称为数据记录链接，数据记录链接主要完成多个数据库中指代相同实体的数据记录的匹配。举例来说，数据库 A 记录了图 6-11 中左边的数据，而数据库 B 记录了图 6-11 中右边的数据，所以记录链接需要对两个数据记录进行匹配。数据记录链接任务通常用于数据的清洗和整合，对数据驱动的下游任务同样至关重要。从图 6-11 中不难看出，数据记录链接的难点在于字段不同但存储相同实体数据的记录的匹配。

```
{                               {
  "身份证号": 123456,              "身份证号": 123456,
  "姓名": "小明",                  "姓名": "王小明",
  "性别": "男",                   "曾用名": "小明",
  "年龄": "28",                   "性别": "男",
  "职位": "算法工程师"              "年龄": "28",
}                                 "职位": "算法"
                                }
```

图 6-11　数据记录链接任务中不同数据库存储的数据

通常情况下，实体链接任务由三个子任务组成，即候选实体生成，候选实体排序（消歧）与无链接指称预测。

在候选实体生成任务中，系统需要过滤掉与知识库及任务目标不相关的实体指称，并且在知识库中检索每个指称可以指代的所有知识库中的实体。在该子任务中，常用的方法包括基于字典的方法与基于搜索引擎的方法等。在候选实体生成后，大多数候选实体集的元素数量大于 1，这时就需要对候选实体进行排序以达到消歧的目的。在候选实体排序子任务中，通常需要使用知识库与文本中的各种特征来提升排序的准确度和精度。在最后一个子任务即无链接指称预测中，则需要对已排序的候选实体进行检测，判断候选实体的可信度是否达到可以与实体指称链接的阈值。在后面的内容中，将会逐一介绍上述子任务及其涉及的关键技术和方法。

2. 候选实体生成

在候选实体生成任务中，将文本中提及的实体指称与知识库中对应的实体名称进行字符匹配，是完成这项任务的主要方法。候选实体生成作为实体链接的第一个子任务，其结果是决定整个实体链接系统结果准确性的重要因素。具体来说，在候选实体生成过程中常用到的方法共有三种：基于实体名称字典的候选实体生成，基于实体表面形式扩展的实体生成以及基于搜索引擎的候选实体生成。下面将分别介绍这三种方法。

在构建实体链接系统的过程中，基于实体名称字典的候选实体生成方法是较常用的方法。知识库中往往存储着不同实体的不同层面特征，比如实体的名称、来源、简介、超链接等。基于名称字典的候选实体生成方法，通常会选取这些特征中可以代表实体的元素进行离线存储，构建一个离线字典，并使用这个离线字典进行匹配，生成候选实体。具体来说，在生成候选实体的过程中构建的离线字典由大量键值对组成。其中字典的键代表可以定位实体的一个指称，而键对应的值，则代表键中存储的指称对应的知识库中的实体。在构建这个离线字典的时候通常可以选用一个实体的多种名称作为键，包括实体的正式名称、简称、昵称等。表 6-2 是一个离线字典的例子，构建这种形式的字典是一种简单快速的生成候选实体的方案。

表 6-2　用于候选实体生成的字典

键（实体指称）	值（知识库中的实体）
iPhone	苹果公司的手机产品
苹果手机	苹果公司的手机产品
苹果	苹果产品公司 蔷薇科苹果属植物 韩国电影

当实体链接系统接收到需要完成实体链接任务的文本时，只需要使用字典中的键在文本中匹配，即可生成文本中的指称对应的实体。更进一步，除了使用字典中的键在文本中进行精确匹配之外，还可以使用模糊匹配的方法完成候选实体生成。如可以仅考虑字典中的键与文本中实体指称的首个字符，如首个字符相同，即认为二者匹配并生成实体；或者可以计算字典中的键与文本中实体指称的字符级别或语义级别的相似度，将相似度足够高的键对应的实体列为候选实体等，这些方法都可以大幅提升候选实体的数量。也可以使用多种筛选规则组合的办法，在保证候选实体数量的同时，提升候选实体的准确性。

在很多实际场景中，文本中出现的实体指称实际上只是知识库中对应的实体的简称或者全称的一部分，比如"小米科技有限责任公司"的简称是"小米公司"，"上海交通大学"往往会被称为"上交"等，而知识库中的信息有时无法覆盖这样的情况。解决这种情况的一种可行方法即实体表面形式扩展。通过这种方法，可以将文本中的简称或部分名称等不规范的实体指称，扩展为可以与知识库中的实体匹配的形式。实体名称的表面形式扩展通常可以分为启发式扩展和基于监督学习的扩展。在启发式扩展中，一种常用的方法即按照启发式规则对需要扩展的实体指称的上下文进行检索。常见的启发式规则包括基于实体指称的邻居进行搜索[1]，基于 N-Gram 方法搜索[2] 等。除了启发式的实体指称扩展外，还可以使用监督学习的方法，对实体的指称进行扩展。具体来说，Zhang[3] 等人首先通过规则构造了一些实体名称扩展的样本，如 Hewlett-Packard (HP) 或 HP (Hewlett-Packard) 等，在规则的构造方面，选用了文本中首字母与实体缩写相同，且不包含标点与超过三个停用词的所有字符串作为构建样本的规则。在构建了大量样本后，Zhang 等人将实体指称的简称与抽取到的可能映射为简称的字符串，分别用特征向量表示，其中包括词性、对齐信息等特征。通过使用支持向量机（SVM）进行训练，可以得到文本中的指称与简称匹配的置信度分值。在完成了实体表面形式扩展后，则可以使用基于字典的方法对原始名称无法找到候选实体的指称进行候选实体生成。

除了上述两种方法之外，还可以基于网络搜索引擎来识别候选实体。在使用搜索引擎的过程中，使用者通常会输入实体的指称，并根据筛选搜索结果进入自己希望进入的页面中。同时在搜索页面展示的过程中，搜索引擎往往也会根据某些算法对页面进行排序。这些过程实际上为候选实体的产生提供了先验知识，在进行候选实体生成的过程中，可以将某些系统无法识别的实体指称输入搜索引擎中，然后利用搜索引擎的返回结果，辅助判断该指称是否可以生成对应的候选实体。更进一步的，可以将涉及文本指称的部分文本直接输入搜索引擎中，根据规则对搜索到的页面进行筛选和判断（如只关注搜索结果中包含的百科网页页面，例如百度百科或维基百科等），若其中包含某些知识库中的实体，则将这些实体视为候选实体。相比基于实体名称字典的候选实体生成方法，基于搜索引擎的候选实体生成方法可以解决数据冷启动的问题，且容错率更高，可以生成更多候选实体。

3. 候选实体排序

在完成候选实体生成任务后，可以获得一个候选实体集合，通常这个集合会包含不止一个实体。根据研究[4] 结果显示，在常见数据集中候选实体生成的实体集合平均包含 12.9 个实体。因此，在生成了候选实体后需要通过不同维度的特征对其进行排序，以确定在候选实体中最终可以与文本指称正确链接上的实体。实际上，候选实体排序模块是实体链接中最重要的部分，排序质量的优劣直接决定了实体链接系统是否可以正确地给出结论。在候选实体排序任务中，主要方法可以分为两类：监督排序方法和非监督排序方法。

1）监督排序方法的核心思想即通过标注数据对模型进行训练，完成排序任务。在监督排序方法中，主要可以使用二分类方法、排序学习（Learning to Rank）和端到端的方法等实现。

2）非监督排序方法不需要使用标注数据即可完成排序。在非监督排序方法中，较为常见的方法有向量空间模型（Vector Space Model）方法与基于信息检索的方法。

根据上述方法可知，几乎所有候选实体排序的可行方法都需要由数据驱动，这就带来一个问题，应该如何将标注或未标注的文本数据输入模型中呢？在这种情况下通常需要根据文本中的信息来构造不同特征，再将特征组合后输入模型。在候选实体排序任务中，通常需要构建上下文无关与上下文相关这两种特征。上下文无关特征主要指在不需要参考实体指称在文本中的上下文的情况下，可以计算得到的特征，主要包括文本中指称与实体名称的字符级别相似度，以及知识库中不同实体的活跃程度等。而上下文相关特征主要指需要参考实体指称的上下文才可以计算得到的特征。在使用上下文相关特征时，最直接的使用方法即根据特征，对实体指称的上下文和知识库中用来描述实体的上下文进行对比。常用的上下文相关特征包括词袋特征、概念向量特征和语义特征等。对于实际任务而言，特征的选取必须参考数据特点以及模型的选型。尽管可能存在一些具有较高鲁棒性的特征，或在大多数情况下效果较好，但在实际设计系统时还需要考虑准确率与效率的权衡问题。

前文已经介绍过候选实体排序任务的主要方法，其中最常见的一类方法即监督排序方法。监督排序方法通常使用已标注的数据集来训练模型，以得到正确的实体指称与知识库中实体的映射关系。在使用监督排序方法完成候选实体排序任务时，一种常见的思想是将实体排序任务转换为一个二分类任务。具体的任务形式为，给出一个实体指称—知识库中的实体对，模型需要判别该指称是否可以与该知识库中的实体映射。若可以映射，在训练集中该条数据会被打上正样本标签，反之则会被打上负样本标签。在预测时，模型根据输入的指称—实体对，即可判断该指称是否可以映射为该实体。对于这样的二分类问题，通常可以使用支持向量机（SVM）、逻辑回归（LR）或神经网络等方法完成该任务。具体流程为，根据前文介绍的特征生成方法将每一条数据生成对应的特征，将文本转化为向量表示，并输入模型中进行训练和预测。

尽管将实体排序问题转化为分类问题是一种自然且常见的思想，但由于训练数据中通常存在大量的负样本，会导致模型的判别能力下降，并且当模型将多个具有相同指称的指称—实体对都判断为匹配时，必须引入额外的方法进行更进一步的判断。所以，在此基础上，研究者引入了一种排序学习（Learning to Rank）方法，通过对指称可能对应的所有实体进行可能性排序，选取可能性最高的实体作为指称对应的实体。这种方法的优势在于可以在模型中建模指称可能对应的多个实体之间的关系，同时可以解决二分类方法中的一对多问题。

实际上，排序学习方法是一种以通过训练数据自动建立排序模型为目标的监督学习方法。当排序学习方法应用在候选实体排序任务中时，其目标相比于传统排序任务的目标有所简化，只需要保证排在第一位的实体是正确与指称对应即可。在这种情况下，训练数据不会存在二分类方法中负样本过多的问题。在构建排序学习系统时，同样需要根据特征构建方法来构造输入模型中的特征。在排序学习的模型构建方面，一些研究[5][6]通过对支持向量机的目标函数进行优化和修改，将其同样用于排序学习任务中。L. Shen[7]等人构造了一种排序感知机网络，同样在排序学习中取得了较为理想的效果。随着近几年深度学习与自然语言处理技术的发展，越来越多的研究者尝试使用深度学习模型，通过端到端的多分类方法完成实体排序任务。这样做的优势在于可以相对简化特征选取的过程，使用深度学习模型中的大量参数来对数据进行拟合，从而构建端到端的模型来完成实体排序任务。一种常见的基于深度学习的实体排序模型结构如图 6-12 所示。首先将包含实体指称的文本或文本片段经过词向量转化输入编码层中，这样做可以完成对实体指称上下文的编码。在得到编码层的输出后，将编码层的输出与使用知识表示学习方法进行表示的知识库中的实体输入匹配层进行计算并打分，并按照每个实体的打分结果进行排序，最终在多个实体中打分最高的实体即与指称对应的实体。端到端的排序方法融合了分类与排序模型的优势，并且有着强大的数据拟合能力，是目前候选实体排序任务的新趋势。

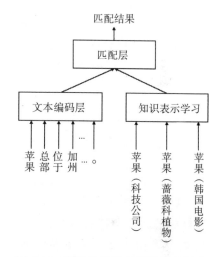

图 6-12　常见的基于深度学习的候选实体排序模型结构

在基于监督学习的实体排序任务中，获取有标注的数据成为至关重要的一点。然而在某些情况下需要在缺乏标注数据的情况下完成实体排序任务，此时则需要使用无监督学习的方法。在无监督学习的候选实体排序方法中，一种较为常用的方法即为向量空间模型（VSM）方法。

在向量空间模型方法中，需要计算指称的向量表示与实体向量表示之间的相似度，与指称相似度最高的实体则为与指称匹配的实体。更具体地，Cucerzan 等人[8]抽取了知识库中实体来源文章中的特征，以及文章标签的特征作为构建实体向量表示的元素。同样，使用包含实体指称的文章信息作为指称向量表示的元素。最终通过计算向量之间的相似度，完成候选实体的排序任务。除了向量空间模型外，基于信息检索的候选实体排序方法也是一种重要的无监督实体排序方法。在基于信息检索的方法中，每个候选实体会被看作一个独立的文档。模型会根据实体指称以及实体指称的上下文生成一个查询请求，通过信息检索方法分别检测该请求与候选实体的相似度，从而得到正确的候选实体。

4. 无链接指称预测

前文主要阐述了将实体在文本中的指称与知识库中的实体对应的过程。然而在实际应用中，一些指称可能无法与知识库中的任何实体对应，此时就需要对无法链接的指称进行判断或预测。从简便性的角度来说，如果一个指称在候选实体生成阶段无法生成任何知识库中的实体，则可以认为该指称无法与知识库当中的任何实体链接，即无链接指称。更进一步，通常可以使用阈值的方法，对候选实体排序的结果进行限制。对于分类模型而言，若某一指称对应的所有指称—实体对的打分值都不超过阈值，或所有指称—实体对的判别结果都为不匹配，则可以认为该指称是无链接指称。对于排序模型而言，若排在第一位的实体分值小于一定阈值的话，则代表该指称无法与知识库中的任意实体链接。除此之外，在候选实体排序过程中，还可以为每个排序过程添加一个特殊的无法链接实体，若排序过程中无法链接实体的得分最高，也可以代表该指称无法与任何知识库中的实体进行对应。

6.2.3　实体链接工具

下面介绍几种常用的实体链接工具。

1. Dexter

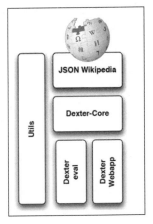

Dexter[9]是由意大利比萨大学开发的一款集成若干实体链接算法的开源实体链接工具。Dexter 使用 Java 语言完成开发，其整个系统包含 JSON Wikipedia、Dexter Core、Utils、Dexter eval 和 Dexter Webapp 五个主要模块，主要架构如图 6-13 所示。Dexter 使用维基百科作为所有模型的训练数据源，并对其存储的维基百科数据定时更新。

在 Dexter 的整体架构中，Utils 模块封装了整个系统中涉及的通用功能，包括日志生成、压缩文件输入/输出、资源管理和命令行程序等。Dexter eval 模块包含若干评估实体链接结果的

图 6-13　Dexter 主要架构

方法。而 Dexter Webapp 模块负责对外暴露实体链接相关的 RESTful 接口，用于响应外部请求。该模块实现了一个简单的 Web 界面用于功能展示和学术研究。除上述三个模块外，Dexter 还包含两个主要模块，JSON Wikipedia 和 Dexter-Core。其中 JSON Wikipedia 模块主要负责对已存储的 XML 格式的维基百科数据进行解析，以获取 Wikipedia 中实体的相关信息，包括名称、消歧字段和实体的属性等。同时，JSON Wikipedia 模块还支持对维基百科不同语言页面的解析，以支持多语言的实体链接。在完成 XML 文件的解析后，JSON Wikipedia 模块会将每个维基百科词条转换为 JSON 格式，为下游模块提供源数据。Dexter Core 作为 Dexter 中最核心的模块，其中包含操作 JSON Wikipedia 存储的格式化文件，并生成相关数据库和完成线上预测需要的所有组件。图 6-14 描述了 Dexter Core 的主要结构，

其中 spot[⊖]存储库（Spot Repository）包含维基百科中用于对文章进行内部链接的所有锚点。对于 spot 存储库中的每个指称，指称索引包含指称与实体的基础链接概率和可以由该指称表示的实体列表。同时，Dexter Core 模块中还包含维基百科的文章索引（Article Index），文章索引是使用 Lucene 构建的维基百科文章的多字段索引。而实体链接图谱（Entity Link Graph）则表示了维基百科中实体与实体之间的链接。在预测阶段，实体抽取模块（Shingle Extractor）首先从给定的文档中生成文档包含的所有实体指称列表。下一步，实体定位模块（Spotter）使用 spot 存储库将实体指称与其候选实体进行关联。最终，标注模块（Tagger）为每个指称选择最匹配的实体，完成实体链接任务。标注模块可以输出已匹配的实体列表（Entity Match List），以及匹配命中的实体置信度及实体在原文中的位置。

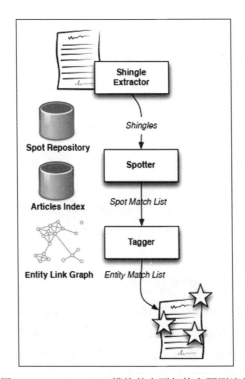

图 6-14　Dexter Core 模块的主要架构和预测流程

图 6-15 展示了 Dexter 的在线预测 Web 界面（http://dexter.isti.cnr.it/demo/），在该页面中，使用者需要输入文章，并选择实体抽取和实体链接的方法，同时指定实体链接的置信度，以完成最终的预测。除在线演示之外，Dexter 还支持离线下载并使用，接下来将会详细介绍如何下载、安装并正确地使用 Dexter 完成实体链接任务。

⊖　在这里可以将 spot 理解为实体指称。

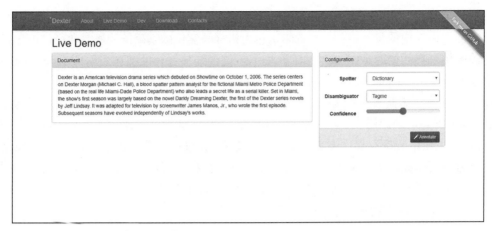

图 6-15　Dexter 的在线演示预测界面

　　Dexter 本地版本可以部署在 Windows 或 Linux 系统下，其离线程序包约 2GB，部署时需要约 3GB 内存和 Java 7 以上环境。在确认安装环境满足要求后，即可开始下载并运行 Dexter。这里以 Linux 系统为例，演示从下载到完成实体链接任务的所有步骤。首先，运行如下命令，下载 Dexter 并解压：

```
$ wget http://hpc.isti.cnr.it/~ceccarelli/dexter2.tar.gz
$ tar -xvzf dexter2.tar.gz
```

　　成功完成解压后，即可看到当前目录下出现名为 dexter2 的文件夹，表示文件的下载和解压已经完成。下一步，进入文件夹并启动 Dexter 服务：

```
$ cd dexter2
$ java -Xmx4000m -jar dexter-2.1.0.jar
```

　　在上述命令中，注意 4000m 是在启动 Java 服务时指定的 JVM 虚拟机分配内存参数，读者可根据实际情况自行设定该值。按照 Dexter 官方说明，内存分配不能小于约 3000MB，因为分配过小的内存会导致整个系统无法正常运行。输入启动命令后等待约 1 分钟，若命令行中出现如图 6-16 所示的日志，表示成功启动 Dexter。

```
INFO: Scanning for root resource and provider classes in the packages:
  it.cnr.isti.hpc.dexter.rest
  com.wordnik.swagger.jersey.listing
Jul 27, 2020 2:15:21 PM com.sun.jersey.api.core.ScanningResourceConfig logClasses
INFO: Root resource classes found:
  class it.cnr.isti.hpc.dexter.rest.RestService
  class it.cnr.isti.hpc.dexter.rest.GraphRestService
  class it.cnr.isti.hpc.dexter.rest.JSONPService
  class com.wordnik.swagger.jersey.listing.ApiListingResourceJSON
Jul 27, 2020 2:15:21 PM com.sun.jersey.api.core.ScanningResourceConfig logClasses
INFO: Provider classes found:
  class com.wordnik.swagger.jersey.listing.JerseyResourceListingProvider
  class com.wordnik.swagger.jersey.listing.JerseyApiDeclarationProvider
Jul 27, 2020 2:15:21 PM com.sun.jersey.server.impl.application.WebApplicationImpl _initiate
INFO: Initiating Jersey application, version 'Jersey: 1.12 02/15/2012 05:30 PM'
2020-07-27 14:15:22.392 32577 [main] INFO  org.eclipse.jetty.util.log - Started SelectChannelConnector@0.0.0.0:8080
```

图 6-16　Dexter 服务成功启动日志

从日志中可以看出，Dexter 服务启动在默认的 8080 端口，需要注意的是，当端口被其他进程占用时服务将无法正确启动，且此端口通常无法外部修改，若确实需要修改可参考相关文档⊖重新编译 Dexter 源文件。启动后，在浏览器中打开如下 URL（http://localhost:8080/dexter-webapp/dev）即可出现如图 6-17 所示的 Dexter 服务的 Web 界面。由于 Dexter 服务并没有相关的可视化操作界面，通常的一种解决方法是使用 HTTP 请求在线完成相应服务。在 Dexter 服务的 Web 界面中，可以点击查看其 HTTP 服务接口的地址和请求参数，如图 6-18 所示。至此，我们已经成功启动了本地的 Dexter 服务。下面将演示如何使用 Dexter 服务完成实体链接任务。

图 6-17　Dexter Web 界面

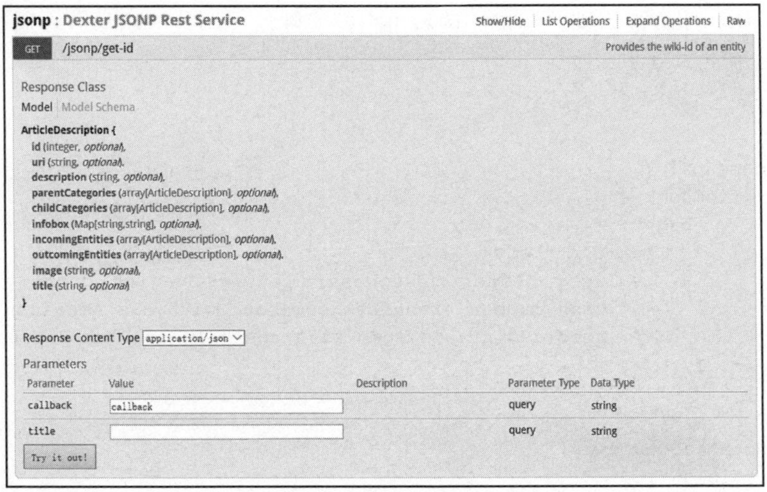

图 6-18　查看 Dexter 服务地址和参数

⊖　https://github.com/dexter/dexter/issues/31。

在接下来的实验中，将以下面这段文本作为需要完成实体链接的源数据：

```
After unsuccessful years, aging country star Jonny Cash made a grandiose
    comeback with his American Recordings, recorded at his home with the help of
    Rick Rubin.
```

可以看出，在这段文本中包含三个需要和知识图谱进行链接的实体，分别是 Jonny Cash、American Recordings 和 Rick Rubin。在前面的内容中提到过，实体链接实际上是命名实体识别任务的下游任务，所以针对上面的文本，需要先识别出其中的实体，再完成与知识库的链接。通过查询 Dexter API 接口定义，发现此时可以使用 http://localhost:8080/dexter-webapp/api/rest/annotate 接口完成从命名实体识别到实体链接的整体过程，该接口可以根据输入文本自动完成实体识别和链接的完整流程，并给出系统判断的文本中实体指称对应的知识图谱中的实体。在 Linux 环境下，执行如下命令：

```
$ curl http://localhost:8080/dexter-webapp/api/rest/annotate?text=After%20
    unsuccessful%20years,%20aging%20country%20star%20Jonny%20Cash%20made%20a%20
    grandiose%20comeback%20with%20his%20American%20Recordings,%20recorded%20
    at%20his%20home%20with%20the%20help%20of%20Rick%20Rubin.&n=50&wn=false&debug
    =false&format=text&min-conf=0.8
```

可以看到除了将文本内容作为参数传输以外，该条请求还包括一些其他参数，包括传递数据格式 (text)，是否使用 debug 模式 (debug) 和最小置信度 (min-conf) 等。在这些参数中，将最小置信度 (min-conf) 作为超参数，可以通过调整其大小来对结果进行筛选。上面的请求将 min-conf 设置为 0.8，则代表只有在命名实体识别和实体链接任务中的整体置信度超过 0.8 的实体，才会被识别并链接，读者可根据实际情况调整该超参数。通过执行上面的命令，可以得到如下结果：

```
{
    "document": {
        "fields": {
            "body": {
                "name": "body",
                "value": "After unsuccessful years, aging country star Jonny
                    Cash made a grandiose comeback with his American Recordings,
                    recorded at his home with the help of Rick Rubin."
            }
        }
    },
    "annotatedDocument": {
        "fields": {
            "body": {
                "name": "body",
                "value": "After unsuccessful years, aging country star <a
                    href=\"#\" onmouseover='manage(11983070)' >Jonny Cash</
                    a> made a grandiose comeback with his <a href=\"#\"
```

```
                                onmouseover='manage(162828)' >American Recordings</
                                a>, recorded at his home with the help of <a href=\"#\"
                                onmouseover='manage(399397)' >Rick Rubin</a>."
                            }
                        }
                },
                "spots": [
                        {
                                "mention": "jonny cash",
                                "linkProbability": 1.0,
                                "start": 45,
                                "end": 55,
                                "linkFrequency": 5,
                                "documentFrequency": 2,
                                "entity": 11983070,
                                "field": "body",
                                "entityFrequency": 5,
                                "commonness": 1.0,
                                "score": 1.0
                        },
                        {
                                "mention": "rick rubin",
                                "linkProbability": 0.8328173374613003,
                                "start": 150,
                                "end": 160,
                                "linkFrequency": 538,
                                "documentFrequency": 646,
                                "entity": 399397,
                                "field": "body",
                                "entityFrequency": 538,
                                "commonness": 1.0,
                                "score": 1.0
                        },
                        {
                                "mention": "american recordings",
                                "linkProbability": 0.6074498567335244,
                                "start": 91,
                                "end": 110,
                                "linkFrequency": 212,
                                "documentFrequency": 349,
                                "entity": 162828,
                                "field": "body",
                                "entityFrequency": 175,
                                "commonness": 0.8254716981132075,
                                "score": 0.8254716981132075
                        }
                ]
        }
```

　　结果中共包含3个主要字段，分别是"document""annotatedDocument"和"spots"。其中，"document"字段中主要包含传输给Dexter服务的源文本。"annotatedDocument"字段包含经过Dexter完成实体识别和链接后的已标注好的文本，在该字段下，可以看到原始文本中的三个实体已经被标注好。在标注结果中，" onmouseover='manage(11983070)'" 字段中的数字即对应该实体在维基百科数据中的实体 id[⊖]。" spots" 字段则包含了被识别和链接到的实体细节，包括实体指称、对应的知识图谱中的实体 id、在句子中的位置、整体打分结果以及指称和实体链接的可能性等。通过上面的请求，已经简单完成了实体识别到链接的过程，但上述请求返回的实体信息还不够完善，在此基础上可以根据 Dexter 的接口定义，根据实体 id 使用 /rest/get-desc 接口查询实体详情。例如，执行如下命令：

```
$ curl http://localhost:8080/dexter-webapp/api/rest/get-desc?id=11983070&title-
    only=true
```

即可查询实体 id 为 11983070 的实体，得到如下返回结果：

```
{
    "title": "Johnny_Cash",
    "url": "",
    "id": -1
}
```

可以看到，返回结果中包含实体名称（title 字段），以便使用者根据实体 id 完成反向查询。除以上演示的接口和对应功能之外，Dexter 还可以完成如查看某实体指称对应的所有实体、判断实体之间的语义相关性等功能，读者可参考其 Web 页面中的文档自行尝试其他功能。

2. AGDISTIS

AGDISTIS[11] 是一款支持多语言、基于 Java 的开源实体链接框架，由德国莱比锡大学开发和维护。凭借优秀的效果和丰富的社区支持，AGDISTIS 成为目前最流行的开源实体链接框架之一。同时，AGDISTIS 还具有较好的扩展性，其官方支持的链接知识图谱数据源为 DBpedia，在此基础上，使用者也可以根据自己的数据源构建相应的知识图谱或知识库，并将 AGDISTIS 迁移到自定义数据源上层，完成更加适配场景的多样化任务。AGDISTIS 实体链接框架的特色在于其将超文本诱导的话题算法（HITS）与标签扩展策略、字符串相似度度量等方法相结合，准确地将输入文本中的实体与知识库中的实体正确链接。AGDISTIS 的主要架构如图 6-19 所示，可以看出，AGDISTIS 完成实体链接的方法与 6.5.2 节介绍的流程基本一致。

首先，输入文本经过命名实体识别并标注后，会进入候选实体生成模块。对于每个在文本中抽取到的实体指称，AGDISTIS 会对其完成实体表面形式扩展，以便可以生成尽可能多的候选实体。在生成候选实体后，候选实体集合将会被用于生成用于实体消歧的图结构，并使用基于知识库的图搜索算法来完成初步的实体消歧。最后，AGDISTIS 会对前序

⊖ Dexter2 对应的数据源为 http://dumps.wikimedia.org/enwiki/20140707/enwiki-20140707-pages-articles.xml.bz2。

步骤构造的图结构使用 HITS 算法以最终确定实体指称的链接对象，并生成相应置信度。AGDISTIS 假设具有最高置信度的实体代表了与文本中的指称正确链接的实体。

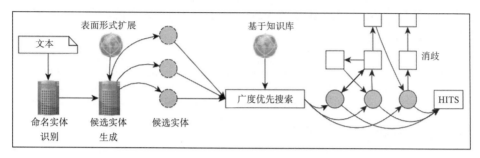

图 6-19　AGDISTIS 的主要架构[10]

在 AGDISTIS 的实现过程中，所有算法的时间复杂度都为多项式时间，相比其他基于深度学习算法的实体链接服务，速度有明显提升。在使用方面，AGDISTIS 支持在线的可视化界面样例演示、API 服务以及离线本地化部署。下面将介绍 AGDISTIS API 服务的使用方法以及如何部署本地 AGDISTIS 服务。

AGDISTIS 基于 Web 图形界面的在线演示 demo[⊖]如图 6-20 所示。该在线演示 demo 支持包括英语在内的若干种语言，读者可访问该 demo 并使用相应功能。除此之外，读者还可以使用 AGDISTIS 开放的官方实体链接服务 API 完成相应任务。值得注意的是，与 Dexter 服务不同，AGDISTIS 的实体链接服务需要使用者预先对句子中已识别出的实体进行标注，并将标注好的句子作为参数传入。简单来说，需要使用下面的方法对传入文本进行标注。

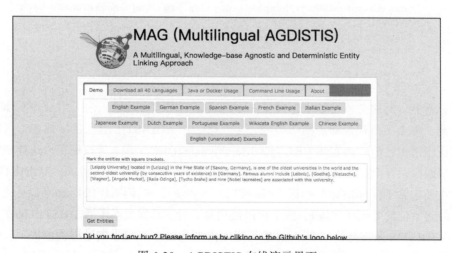

图 6-20　AGDISTIS 在线演示界面

⊖　https://agdistis.demos.dice-research.org/。

```
After unsuccessful years, aging country star <entity>Jonny Cash</entity> made a
    grandiose comeback with his <entity>American Recordings</entity>, recorded
    at his home with the help of <entity>Rick Rubin</entity>.
```

在完成实体标注后，以 Linux 系统为例，即可使用如下命令请求官方 API 接口对文本中的实体进行实体链接：

```
$ curl --data-urlencode "text='After unsuccessful years, aging country
    star <entity>Jonny Cash</entity> made a grandiose comeback with his
    <entity>American Recordings</entity>, recorded at his home with the help of
    <entity>Rick Rubin</entity>.'" -d type='agdistis' http://akswnc9.informatik.
    uni-leipzig.de:8113/AGDISTIS
```

可以得到如下返回结果：

```
[
    {
        "disambiguatedURL":"http:\/\/dbpedia.org\/resource\/American_Recordings_
            (record_label)",
        "offset":19,
        "namedEntity":"American Recordings",
        "start":92
    },
    {
        "disambiguatedURL":"http:\/\/dbpedia.org\/resource\/Rick_Rubin",
        "offset":10,
        "namedEntity":"Rick Rubin",
        "start":151
    },
    {
        "disambiguatedURL":"http:\/\/dbpedia.org\/resource\/Johnny_Cash",
        "offset":10,
        "namedEntity":"Jonny Cash",
        "start":46
    }
]
```

可以看到，对服务器的请求返回了一个列表，其中包含和输入句子中标注实体数量相等的字典，每个字典代表知识图谱中的一个实体。在 AGDISTIS 返回的字典中，可以直接使用知识图谱中已消歧的实体 URL（即 disambiguatedURL 字段）进行标识，这样使得使用者可以根据标识直接在网页访问实体并获取相关内容，而不需要多次请求。AGDISTIS 返回的结果中还包含了实体的标准指称（namedEntity 字段）、实体长度（offset 字段）和实体在句子中的起始位置（start 字段）。除了可以使用命令行工具完成基于 AGDISTIS 的实体链接以外，AGDISTIS 还支持使用 Python 进行调用，在 Python 环境已安装好的前提下，使用如下命令安装基于 Python 的 AGDISTIS：

```
$ pip install agdistispy
```

　　在安装完成后，即可使用 Python 调用 AGDISTIS 的官方接口。下面的例子展示了对于相同句子，如何使用 Python 完成实体链接任务。

```
from agdistispy.agdistis import Agdistis
# 使用 AGDISTIS 官方 Python 包完成实体链接任务
ag = Agdistis()
result = ag.disambiguate("After unsuccessful years, aging country star <entity>
    Jonny Cash</entity> made a grandiose comeback with his <entity> American
    Recordings<\entity>, recorded at his home with the help of <entity> Rick
    Rubin</entity>.")
print(result)
```

　　运行上面的程序，即可得到与执行命令行命令相同的结果。

　　除了调用官方接口之外，AGDISTIS 作为一款开源软件，还支持本地部署，且本地部署时支持中文。接下来会演示如何使用 AGDISTIS 完成中文实体链接任务。首先需要下载部署 AGDISTIS 的中文数据源，以 Linux 系统为例，执行如下两条命令，下载部署 AGDISTIS 需要的数据源并解压。

```
$ wget https://hobbitdata.informatik.uni-leipzig.de/agdistis/dbpedia_index_
    2016-10/index_zh.zip
$ unzip index_zh.zip
```

　　AGDISTIS 官方提供了使用 Java 和 Docker 安装这两种本地部署方式，这里使用 Java 源码编译安装[⊖]。在下载数据并解压后，执行如下命令，获取 AGDISTIS 源码。

```
$ git clone https://github.com/dice-group/AGDISTIS.git
```

　　在源码拉取完成后，进入目录，并将解压后的数据文件复制到当前目录。

```
$ cd AGDISTIS
$ cp -r ../index_zh ./index
```

　　复制完成后，即可使用下面的命令启动 AGDISTIS 服务。

```
$ mvn -D maven.tomcat.port=8080 tomcat:run
```

　　在成功启动 AGDISTIS 后，即可在本地使用 AGDISTIS 完成中文实体链接任务，执行下面的命令：

```
$ curl --data-urlencode "text='<entity> 北京 </entity> 和 <entity> 上海 </entity>
    分别是 <entity> 中国 </entity> 的政治和经济中心 '" -d type='agdistis' http://
```

　　⊖ 需要事先安装 Java 的包管理工具 maven。

```
localhost:8080/AGDISTIS
```

可以得到如下实体链接的结果:

```
[{
    "disambiguatedURL": "http:\/\/zh.dbpedia.org\/resource\/.cn",
    "offset": 2,
    "namedEntity": "中国",
    "start": 9
}, {
    "disambiguatedURL": "http:\/\/zh.dbpedia.org\/resource\/上海市",
    "offset": 2,
    "namedEntity": "上海",
    "start": 4
}, {
    "disambiguatedURL": "http:\/\/zh.dbpedia.org\/resource\/北京市",
    "offset": 2,
    "namedEntity": "北京",
    "start": 1
}]
```

6.2.4　实体链接的应用

关于实体链接的应用,主要体现在以下两个方面。

1. 信息抽取和知识扩充

通过信息抽取方法得到的关键信息往往是有歧义的。这时可以通过实体链接的方法将抽取到的信息中的实体指称与知识库中的实体进行对应,以消除歧义。还可以通过抽取到的信息中的指称是否可以与知识库链接来判断信息抽取的准确性。实体连接可以作为一个具备校验和对齐功能的后处理模块,拼接在实体抽取系统的下游。在该模块中,通过将抽取到的实体与知识库中的实体进行链接,可以消除抽取到的信息中的歧义,并判断抽取到的实体是否正确。

如图 6-21 所示,在句子“中华民族的图腾通常被描绘成龙的形象。”中,实体抽取系统抽取出了“中华民族”“图腾”和“成龙”这三个实体指称,但是直观上可以看出抽取出的“成龙”在这句话的语境下并不应该作为一个实体指称出现,出现这种情况是因为“成龙”在常见语料中,常常会作为一个人物的指称出现导致模型判断错误。在实体抽取结束后,将该句子与抽取出的三个实体指称分别输入到训练好的实体链接系统当中,可以发现对于“中华民族”“图腾”这两个句子中的指称,实体链接模块都可以在知识库中找到对应的得分较高的实体。而对于“成龙”这个指称则无法找到得分较高的实体。根据上面的结果,实体链接模块在将抽取到的实体指称与知识库进行链接的同时,可以判断上游实体抽取模块错误地抽取了“成龙”这一实体,提升了信息抽取的正确性。实际上,在抽取到的信息经过实体链接系统后，其准确率往往可以得到较大幅度的提升。

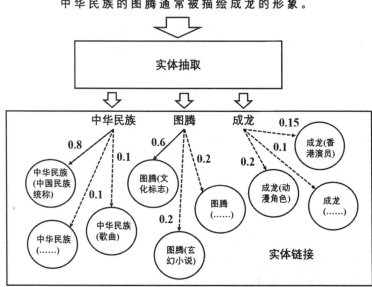

图 6-21   利用实体链接模块判断抽取到的实体的正确性并将实体链接到知识库中

随着事物的发展，往往会生成新的知识并在网络上进行数字化表示，利用新提取的知识自动挖掘、丰富已有的知识库，已成为知识管理的关键问题。实体链接则是知识库填充的一个重要子任务。尤其是在知识图谱的构建上，信息抽取任务通常可以抽取到符合知识图谱数据特点的三元组形式，此时使用实体链接方法三元组中的主语和宾语与知识库进行链接，即可在知识图谱中生成新的三元组，达到扩充知识库的目的。

图 6-22 展示了利用实体链接技术完成知识扩充的过程。针对一句非结构化文本，例如图中的"姚明和麦迪曾同时效力于火箭队。"，通过实体抽取和关系抽取等模型可以得到句子中的三元组 < 姚明，teammate，麦迪 >。根据抽取到的三元组，只有将其中的实体指称与知识库中的实体相连接，才能完成完整的知识扩充流程。可以使用实体链接技术，将三元组中的实体指称与知识库中的实体链接起来，并根据三元组中的谓语，建立知识库中主语实体和宾语实体之间的链接。

2. 信息检索和问答

近几年，信息检索方法由基于关键词的检索，逐步向基于语义的检索演化。基于语义检索通常被认为可以更贴近使用者的需求，并可以返回更精确的结果。在这种情况下，实体链接对于语义搜索至关重要。在语义检索中，使用者往往会使用自然语言进行搜索，而自然语言经常会出现歧义的情况。使用实体链接方法，可以将检索请求中的实体与知识库中的实体进行对应，从而缩小检索的范围，提升信息检索的精度。

图 6-22   利用实体链接完成知识扩充

举例来说，在搜索引擎中搜索"成龙出演的电影"，可以准确得到相应的结果。在解析这句话并完成搜索的过程中，系统会首先提取输入句子中的三元组，即 < 成龙，出演，？ >。得到三元组后，系统即可通过实体链接方法将成龙与知识库中的成龙进行链接，接着查询以该实体为主语实体，以"出演"为边指向的所有宾语实体并返回，完成一次精准的语义搜索。图 6-23 展示了使用 Google 搜索引擎完成该条搜索的结果，可以看到搜索引擎根据输入的句子语义准确地返回了结果。

图 6-23   利用实体链接辅助语义搜索

同样，在问答任务中，很多系统都会使用知识库作为提升其问答效果的模块之一。在问答系统中同样涉及对自然语言的解析，此时通过实体链接系统，即可将问句中的实体与知识库中的实体进行对应，为整个问句的解析提供了便利也提升了准确性。举例来说，对于"李白的作曲人是谁？"这个问题，实体链接系统可以将其中的关键实体"李白"与知识库当中的"李白（李荣浩演唱的歌曲）"进行链接，从而快速解析问句中的语义。在使用实体链接系统解析了语义之后再给出正确的回答便相对简单。

6.3　知识问答

本节围绕基于知识图谱的问答系统展开介绍，首先在 6.3.1 节对比知识问答系统与相关任务的异同，接着在 6.3.2 节介绍知识问答系统的主要构成部分，然后在 6.3.3 节介绍目前主流的知识问答系统的实现方法，最后在 6.3.4 节实现一个基于模板匹配方法的知识问答系统供读者参考。

6.3.1　知识问答系统概述

问答系统（Question Answering System, QA 系统）是检索系统的一种高级形式，也可以看作一种特殊形式的对话系统，它能够理解用户的自然语言输入，然后将简洁、准确的回答以自然语言形式返回给用户。基于知识库的问答系统（Knowledge Base Question Answering, KBQA）是目前应用最为广泛的问答系统之一。通过将各领域的知识提取、汇总，构建起内部联系，能够形成体系化的知识库，KBQA 则能够对用户的自然语言问题进行分析，基于单源知识库或多源知识库进行相关知识搜索，并通过推理将正确答案返回给用户。

问答系统与多个相关任务有共同点，但又有所不同。

1. 问答系统与信息检索

信息检索（Information Retrieval, IR）通常以关键字作为搜索输入，帮助用户检索并返回与用户关键词相关的网页或者文档。近年来，主流搜索引擎也逐步引入了百科知识库作为检索支撑，支持一定程度的语义理解以及实体识别。例如在咨询特定实体的关系属性等问题时，可以返回精确的答案（如图 6-24 所示）。但对于用户更为复杂的问题，例如需要对多个页面结果进行整合回答时，信息检索系统则无能为力。

图 6-24　检索引擎搜索示例

信息检索与问答系统均是根据用户的查询输入返回对应答案，但也有明显的不同：

1）信息检索以文档或页面的形式返回内容，答案蕴含在页面之中，需要用户阅读页面文档加以理解提取出问题的答案；而问答系统则是以准确的自然语言作为答案回复，无须用户对信息再进行二次加工。

2）为了获得令人满意的答案，用户要让搜索引擎"理解"自己的搜索意图，通常需要具备一些检索的技巧和检索经验，也可能需要进行多次不同的检索尝试；而问答系统对用户的"要求"则没有那么高，它可以理解用户的自然语言输入。

3）信息检索难以胜任复杂问题的检索，例如："有哪些上海的公司自然语言处理技术实力比较雄厚？"。这里公司的地址信息 <? 公司，地址，上海 > 和公司的核心技术信息 <? 公司，核心技术，自然语言处理 > 往往不在同一个网页上，搜索引擎无法直接查询返回准确的信息，而问答系统则可以通过推理和多跳查询回答这类复杂问题。

2. 问答系统与数据库查询

数据库查询（Database Query），以结构化的查询语句作为输入，返回数据库存放的数据记录，可以结合一些聚合等逻辑操作，也可以帮助用户获取知识。基于知识的问答系统，知识也可以存放在数据库当中。但数据库查询和问答系统存在以下区别：

1）数据库操作对用户的要求较高，需要用户预先理解数据库的组织结构，并掌握数据库查询语言的语法，针对复杂查询条件，用户还需要掌握数据库复杂的逻辑操作运算语法。而问答系统可以理解用户的自然语言输入，无须将其转化为数据库查询语句，省却了烦琐的操作。

2）数据库查询对数据存放的要求较高，必须以结构化的形式进行存储，而问答系统对知识的存储形式没有过多的限制，可以是结构化数据库，也可以是半结构化知识库，甚至是无结构化的文本。

3）知识体量不同。数据库查询通常在单一或少量数据库中进行查询，数据量一般不大，而问答系统则可以参考多种类型的多个数据源进行知识融合，通常覆盖某一特定领域的知识。

3. 问答系统与对话系统

对话系统（Dialog System）是人机交互系统的统称，而问答系统可以看作一种特殊的对话系统。对话系统主要分为任务型对话和开放型对话（闲聊）两种，而问答系统可以看作是任务型对话中的一种特殊形式。任务型对话通常带有明确的目的或要具体完成某个任务，例如订票、天气问询等，且需要进行多轮交互完成具体的任务目标，而问答系统通常在一次对话中完成用户的信息获取需求。

研究学者早在 20 世纪 50、60 年代就开始了对于问答系统的研究，早期的问答系统主要基于领域专家的知识构建基于模板的专家系统，例如 ELISA、BaseBall[11]、SHRDLU、LUNAR[12]；20 世纪 90 年代随着文本检索会议 (Text Retrieval Conference，TREC)[⊖]的问答评测任务的设立，涌现出一批基于信息检索的问答系统；到 21 世纪初，随着社区论坛等平台的发展，社区问答孕育而生，如百度知道、搜狗问问、知乎、YAHOO Answers[⊜]等；直到最近十年，随着神经网络和深度学习技术的发展，自然语言处理技术和知识图谱技术取得了突破性进展，因此语义理解和图谱问答技术也得到长足发展。目前已经有一些问答系统得到了商业应用，如 Facebook 的 GraphSearch 是一款语义检索引擎，可以理解用户的自然语言需求，并将检索到的信息组合成用户可理解的答案而非返回一个链接的列表。IBM 的 Watson 系统是一个针对特定领域构建的专业知识的问答系统，能够模拟人思考问题和做决策的过程，能够在特定领域进行知识理解、知识推理、学习和交互，并在 2011 年《危险边缘》知识竞答比赛中战胜了人类最强选手获得冠军[⊜]。除此之外，还有一些问答系统应用在智能助手、智能客服领域，以辅助人类生活，提升办公效率。苹果的 Siri 是个人助理中杰出的产品之一，Siri 可以通过问答的形式为用户执行特定任务，如打电话、订餐、订票、放音乐等。还有很多优秀的智能助理类的产品，如微软 Cortana、Google Now 等。

针对各种不同的问答系统，如何评估其性能成为一项重要研究课题。为了横向评估问答系统的质量，国际上举办了多个具有影响力的评测会议，例如英语问答的 TREC QA Track[⊗]会议、日语问答的 NICIR[⊗]会议、多语言问答的 CLFF[⊗]及汉语问答的 EPCQA 等。除此之外，基准测试集也是评测问答系统的重要参考，使用较为广泛的数据集有 QALD、Free917[⊕]、WebQuestions[4]、Simple Questions、SQuAD[⊗]。其中，QALD 是指基于链接数据的问答（Question Answering over Linked Data），它提供了一个基于知识库的问答系统的评测基准，符合语义网的原则，以 RDF 知识库为基础，包含多种类型的问题，能够深入分析语义问答系统的优缺点。

6.3.2 知识问答系统的主要流程

知识问答系统是一个复杂的任务，面临诸多的挑战，通常需要结合自然语言处理、语义解析、信息检索、机器学习和深度学习等多种技术来完成。总体来说，知识问答系统包括五大技术任务：问句分析（Question Analysis）、短语映射（Phrase Mapping）、消歧

⊖ https://trec.nist.gov。

⊜ https://answers.yahoo.com。

⊜ https://en.wikipedia.org/wiki/Watson_(computer)。

⊗ https://trec.nist.gov。

⊗ http://research.nii.ac.jp/ntcir/workshop/index.html。

⊗ http://nlp.uned.es/clef-qa/。

⊕ https://nlp.stanford.edu/software/sempre/。

⊗ https://rajpurkar.github.io/SQuAD-explorer/。

（Disambiguation）、查询构建（Query Construction）和多知识源查询（Querying Distributed Knowledge）。整个知识问答流程如图 6-25 所示。本节将围绕具体的例子来介绍 KBQA 系统中用到的主流技术和方法。

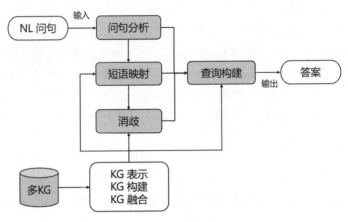

图 6-25　知识问答系统流程

1. 问句分析

问句分析的主要任务是识别出问句中的关键信息，包括问题类型词、实体词、主题词和中心词等，以及实体和实体之间的依赖关系。问题类型词：是什么（What）、谁（Who）、何时（When）、为什么（Why）、如何（How）等。实体词：名字、时间、地点等。例如在"小米的创始人是谁？"这个问题中，问题类型是"谁"，实体词是"小米"，关系是"创始人"。已有一些工具是通过编写规则的方法抽出问题的核心三元组 <S，P，O>，如 PowerAqua 引擎[15][16]、Treo 系统[17]、DEANNA[18]。还可以借助一些机器学习的方法识别。Xu[25] 通过标注数据集包含实体 (E)、关系 (R)、类别 (C)、变量 (V) 和 none 的标签来训练标注器，采用的特征包括 POS 标签信息、NER 和问题词等。UTQA[19] 方法也采用类似的思想训练自动的标注器，但缺点是必须花费大量人工构建训练集。通常问题分析需要一些其他自然语言处理的技术来辅助，主要包括命名实体识别、词性标注、句法分析、依存分析。下面分别介绍这几种技术。

（1）命名实体识别

识别句子中的潜在实体词，可以采用以下方法实现。

❑ 方法一：通过 NER 工具实现命名实体识别，如 Stanford NER[⊖]、哈工大的 LTP[⊖]、

⊖　http://nlp.stanford.edu/software/CRF-NER.shtml。

⊖　https://github.com/HIT-SCIR/ltp。

HanLP⊖等。

- ❑ 方法二：N-Gram 策略。借助实体字典采用 N-Gram 滑动窗口进行实体词的匹配。
- ❑ 方法三：实体链接工具。借助实体链接（Entity Linking）工具实现实体识别，常用工具有 DBpedia Spotlight[13] 和 AIDA[14]。
- ❑ 方法四：训练 NER 模型。搜集命名实体数据集进行 NER 模型的训练，常用模型有 CRF 和 LSTM+CRF。

（2）词性标注

完成实体识别后，需要将实体词对应到实例（包括 subject 和 object）、属性、类别等。通常实例和类别对应名词词性，属性对应动词词性，但也并非绝对。词性标注也可以借助一些开源工具，例如 LTP、jieba 等。

（3）句法分析和依存分析

句法分析（Syntax Parsing）是提取句子级特征的任务，其目标是识别句子的句法结构（Syntactic Structure）。一般分为短语结构分析（Phrase-structure Syntactic Parsing）/ 成分句法分析（Constituent Syntactic Parsing）和依存句法分析（Dependency Syntactic Parsing）两个任务。前者更关注句子中的短语结构及短语之间的层次句法关系，后者更关注句子中词和词之间的依赖关系。

2. 短语映射

短语映射模块的任务是将识别到的实体词、关系词从表述层映射到不同源的知识库底层标签的过程，同一个短语表述可以对应一个实例、一种属性或者一个类。例如：短语 EU 可以对应 DBpedia 数据源中的 dbr:European_Union（欧洲）标签，也可以对应 dbr:University_of_Edinburgh（爱丁堡大学）标签或 dbr:Execution_unit（CPU 中的执行单元）标签。为了解决这个问题，常用的短语映射方法包括本体映射、字符串相似度映射和语义相似度映射三种。

（1）本体映射

RDF 模式提供了一个语义可理解的标签体系⊖。通过将抽取到的实体词、关系词与所有标签体系中的标签比较，将等于某个标签或者包含某个标签作为映射的候选标签。

（2）字符串相似度映射

有些时候，字符串 s 并非标签库中标签的一个严格子集，而是与标签相似的字符串，

⊖ https://github.com/hankcs/pyhanlp。

⊖ http://www.w3.org/2000/01/rdf-schema#。

如一些拼写不同、时态不同的词，不能完全匹配上已有标签体系里的标签，此时可以基于字符串相似度的方法，取标签库中相似的标签作为候选。常见的字符串相似度算法有编辑距离、Jaccard 距离等，也可以基于标签搜索引擎 Lucene 提供的 FUZZY 模糊查找方法来找出与字符串 s 最相近的资源标签。

（3）语义相似度映射

由于自然语言表达的多样性，仅基于字符串相似，无法应对那些采用不同表述来表达相同语义的情形，因此需要采用语义相似度映射的方法。常用的方法是借助外部的同义词库或语义库，如 WordNet、Wiktionary、HowNet 等。关于语义相似度计算的研究很多，主要分为如下三种。

1）重定向方法。通过追踪本体中的 owl:sameAs 链接进行映射以获取候选标签，在多个异构知识库中，也可以采用相同的方法。另一种扩展标签映射的方法是采用本体的锚（anchor）文本链接来寻找相同的属性或类。例如 DBpedia 的词汇化（lexicalization）中包含了基于维基百科链接的锚文本（anchor text）所生成的标签⊖。基于重定向方法的语义相似度计算工具有 ReVerb⊖、OLLIE⊜、TextRunner[20]、WOE[21] 和 PATTY[22] 等。

2）使用大规模文档构建映射关系。基于大规模文档语料库可以找出与知识库中标签、属性等具有相似语义的更丰富的自然语言表达，从而提升标签映射的命中率。基于 BOA（Bootstrapping Linked Data）[23] 框架的方法，采用 Bootstrapping 的思想，首先从具有属性 p 的 subject-object 标签对（x, y）出发，在大规模语料中定位这样的标签对，提取出 label(x) 和 label(y) 中间的文本片段作为属性 p 的候选表述，再结合一些排序策略选择出排名靠前的表述作为属性 p 的扩展表述，TBSL[24] 就使用了这种技术。

3）基于分布式语义表示的方法。词向量是一种分布式语义表示，通过词向量计算短语词和标签词之间的相似度可以实现标签之间的映射。常用的工具有 Word2vec⊛、GloVe⊛ 和语义分析工具 ESA（Explicit Semantic Analysis）⊛，它们均可以获取词语的向量表示。近年来，随着神经网络研究的深入，fastText⊕ 可以进行快速的词向量训练，并且能够较好地捕获 subword 的词根信息，ELMo[26]、BERT[27] 等模型还能够根据上下文信息获得词语的动态向量化表示。

⊖　http://wiki.dbpedia.org/lexicalizations。

⊖　http://github.com/knowitall/reverb。

⊜　http://github.com/knowitall/ollie。

⊛　https://code.google.com/p/word2vec/。

⊛　https://nlp.stanford.edu/projects/glove/。

⊛　http://code.google.com/p/dkpro- similarity- asl/。

⊕　https://github.com/facebookresearch/fastText/。

3. 消歧

歧义可能由两方面原因造成，一个是问句本身存在歧义，在问句分析阶段就可以表达不同的含义导致查询意图不明确；第二个主要是实体层面的歧义，当映射一个短语到知识库时，可能返回多个结果，例如"小米"可以指小米公司，也可以指一种农作物。

消歧模块负责消除短语映射过程中发生的歧义问题，以确保提取的问句信息词（表述层）和知识库实体（资源的标签）的无歧义映射。常用的方法主要有两种：一是基于字符串相似度的方法，通过计算提取的短语与本体资源的标签之间的相似度进行排序，可以采用字符串相似度或者语义相似度方法；二是检查属性及其参数（如 domain 和 range 参数）的一致性的方法。对于这两种方法，前者通常用于对多个候选答案进行排序，后者用于排除一些不符合一致性校验的候选答案。在具体实现时，可以使用图搜索算法（Graph Search）、马尔可夫逻辑网络（Markov Logic Network，MLN）、结构化感知器（Structure Perceptron，SP）、整数线性规划（Integer Linear Programming，ILP）等数学模型，当存在所有自动化消歧算法均无法处理的疑难歧义时，还可以结合用户反馈（User Feedback）来进行消歧，例如呈现多个歧义的候选结果给用户，由用户通过自行选择来消歧。

4. 查询构建

查询构建模块将前面 3 个模块的处理结果进行融合，构建起最终的 SPARQL 查询语句。构建 SPARQL 查询语句的方法可分为基于模板、基于问句分析、基于语义解析以及基于机器学习的查询构建方法四类。

（1）基于模板的方法

一些知识问答系统采用模板的方法构建形式化查询语句。预先建立好查询模板，其中包含一些空槽位，通过前序模块的处理结果进行填槽，形成完整的查询语句。例如：QAKiS[37] 系统预设单一的（Subject、Predicate、Object，SPO）查询三元组，ISOFT[38] 系统则在 SPO 三元组的基础上增加了如 COUNT、ORDER BY 和 FILTER 的聚合操作。

（2）基于问句分析的方法

一部分问答系统直接从问句分析的模块中推导出 SPARQL 查询语句。例如：DEANNA[39] 系统使用 POS 标签的特征构建起正则模板获取问句中的查询三元组，通过对提取的三元组短语进行本体资源映射生成查询语句。QAnswer[40]、gAnswer[41]、RTV[42]、Xser[25]、SemGraphQA[43] 等问答系统则基于依存句法分析构建起依存关系图，图中的边和结点对应着关系和参数，将其映射到知识库中的资源，根据图的结构便可以生成查询语句。

（3）基于语义解析的方法

语义解析是通过文法（Grammars）规则将问句进行语义表示的过程。常用的语义解析文法有基于特征的上下文无关文法（Feature-based Context-Free Grammar，FCFG）、组合范畴文法（Combinatory Categorial Grammar，CCG）、词汇化树邻接文法（Lexicalized Tree-Adjoint Grammars，LTAG)。然后通过语义图构建 SPARQL 查询语句。

（4）基于机器学习的方法

还有一些工具通过机器学习的方法建立问句与查询语句之间的映射关系。例如 CASIA[44] 系统在 QA 的各个环节均用到了机器学习模型，提升短语抽取、短语资源映射以及消歧的准确率，并基于提取的实体和关系构建查询 SPARQL 语句。

5. 多知识源查询

然而，单知识库的知识总是有限的，很多问题的答案需要依赖多个知识库的信息才能查询推理得到，目前只有少数的问答系统能够解决这个问题。因此，构建多知识源的查询是一个重要的任务。多源知识库查询根据知识库是否能够互连，需要采用不同的策略。

如果多个知识库相互独立，不能互连，则需要从多个知识库中独立检索结果，再通过比较 URIs 的标签进行合并，或者建立包含对齐的 URIs 的 SPARQL 查询（即 uri:a owl:sameAs uri:b)。代表工具有 PowerAqua[28] 和 Zhang[29] 等人提出的多知识库融合方法。

如果多知识库能够互连，即指向同一实体的资源可以通过使用 owl:sameAs 链接的多个知识库进行识别（两个可互相识别的资源被称为是对齐的），例如 QALD-4 中提出的多知识库库查询的任务，则可以将多个知识库视为一个大的知识库，通过 owl:sameAs 链接构建起多知识库查询。代表系统有 GFMed[30]、SINA[31]、POMELO[32] 和 TR Discover[33] 等。

6.3.3 主流知识问答系统介绍

KBQA 任务现阶段面临的挑战主要有两方面，一方面是自然语言处理技术发展不够成熟，另一方面是缺乏大规模高质量的知识数据源。现阶段的自然语言处理技术应对复杂的问题时，无法理解自然语言中复杂的语义表达，以及各种歧义现象和不规范性的表述。而网络上已有的一些大规模知识源数据中仍然存在大量噪声，且多个不同数据源的数据难以统一，领域方面的知识库缺乏，构建起来需要花费大量人力。面对这些挑战，研究人员提出了很多解决方案，以不断提升 KBQA 的效果。目前实现 KBQA 的主流方法分为三大类：基于模板的方法、基于语义解析的方法和基于深度学习的方法，下面将详细介绍。

1. 基于模板的方法

基于模板的方法又可称为基于模式匹配的方法，通常包括模板定义、模板生成和模板匹配几个步骤。该方法简化了问句分析的过程，通过预定义的模板替代了本体映射，而且模板查询速度快，准确率高，且人为可控。因此，它在工业场景中得到广泛应用。

（1）模板定义

模板的定义没有统一的标准或格式，通常结合知识库的数据结构特点以及问答的问句类型进行定义。以 Unger 等人[46]的研究为例，他们基于 RDF 格式的知识库，将模板定义为 SPARQL 查询语句模板，可直接将自然语言问句与知识库进行本体映射。

（2）模板生成

根据 Unger[46]工作中对模板的定义，以问句："Who produced the most films?"为例介绍模板生成的方法。

首先，通过问句分析将自然语言问句转化为机器可以理解的语义表示形式，然后将问句的语义表示转换成相应的 SPARQL 模板：

```
SELECT DISTINCT ?x WHERE {         // 要求查询的结果唯一
    ?y rdf:type ?c .               //?y 的类别是电影类
    ?y ?p ?x .                     //?y 是电影，由 ?x 生产
}
ORDER BY DESC(COUNT(?y))           // 对 ?y 进行计数并降序排序
OFFSET 0 LIMIT 1                   // 限制答案数≥0，且≤1，即 0~1。
?c CLASS [films]
?p PROPERTY [produced]
```

SPARQL 模板需要实例化才能使用，实例化就是将 SPARQL 模板与某一具体的自然语言问句相匹配的过程，例如 SPARQL 模板的一个实例化表示：

```
?c = <http://dbpedia.org/ontology/Film>
?p = <http://dbpedia.org/ontology/producer>
```

（3）模板匹配

模板匹配是将自然语言问句与知识库中的本体概念进行映射的过程。在实际操作中，一个问句通常可以匹配到多个模板，同一个模板也可以有多个不同的实例化，例如：

```
SELECT DISTINCT ?x WHERE {
    ?x <http://dbpedia.org/ontology/producer> ?y .
    ?y rdf:type<http://dbpedia.org/ontology/Film> .
}
ORDER BY DESC(COUNT(?y)) LIMIT 1
Score: 0.76

SELECT DISTINCT ?x WHERE {
    ?x <http://dbpedia.org/ontology/producer> ?y .
    ?y rdf:type<http://dbpedia.org/ontology/FilmFestival>.
}
ORDER BY DESC(COUNT(?y)) LIMIT 1
Score: 0.60
```

针对上述问题，需要通过消歧模块对多个匹配到的模板和实例化进行打分排序，选择分数最高的答案作为最佳答案。消歧和排序的策略可以参考三方面：① 实体等词汇的字符串的相似程度越高，分值越高；② 匹配到的模板中槽位填充越全，分值越高；③ 满足实体的属性、类别、领域等条件约束的分值越高。

由于自然语言问句表述的多样性和复杂性，为了减少人工编写模板的工作量，在实现过程中一般会在基于模板的问答系统中增加模板泛化、自动学习生成新模板等功能。模板泛化方法通常采用同义词替换或基于 WordNet 等外部词典辅助的方法，使得更多的自然问句可以匹配到系统中已有的模板，也可以对现有的模板进行泛化，自动学习生成新的模板。

2. 基于语义解析的方法

基于语义解析的方法的整体思路是对自然语言进行语法分析，将其转化成一种知识库能 "看懂" 的语义表示形式，即逻辑表达式，再利用知识库的语义信息将逻辑表达式转换成知识库查询语句，进行推理和查询，得出最终的答案。

逻辑表达式是区别于语义解析方法与模板匹配方法的根本差异。逻辑表达式更适用于知识库的结构化查询方式，适合查找知识库中的实体及实体关系等信息。相比于模板比较固定的表达方式，逻辑表达式还具备逻辑运算能力以及将原子级别的逻辑表达式组合成更复杂的逻辑表达形式的能力，例如可以进行连接、交集以及聚合统计（如计数、求最大值）等操作。Berant J 等人[47]将自然语言转化为逻辑表达式，核心包含短语映射和逻辑表达式生成两个步骤。短语映射即将问句分析出的短语词汇映射到知识库的实体、关系、类别标签等资源上，逻辑表达式生成则是构造语法树的过程，通常是一个自底向上的过程，构建完的语法树的根结点即最终对应的逻辑表达式。

以问句 "What city was Obama born?" 为例，语法树如图 6-26 所示。

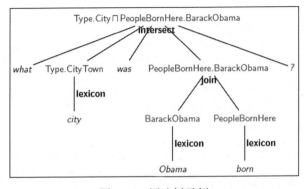

图 6-26   语法树示例

图 6-26 中底层的叶子结点表示的是原始问句中的词汇，顶层的 Type.City ∩ People BornHere.BarackObama 是构建好的逻辑表达式。语法树的具体构建方法如下。

第 1 步：词汇映射

将自然语言短语或单词结点映射到知识库的实体或实体关系，可以构造自然语言与知识库中的实体或实体关系之间的映射词汇表，这一操作也被称为对齐（alignment）。一些简单实体的映射可以采用字符串匹配的方法，如图 6-27 所示，将"Obama was also born in Honolulu"中的实体 Obama 映射为知识库中的实体 BarackObama。

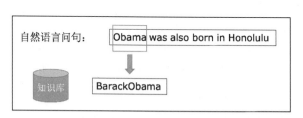

图 6-27　采用字符串匹配方式进行映射的例子

对于一些复杂的关系映射，如图 6-28 中要将"was also born in"映射到知识库实体关系 PlaceOfBirth，则无法仅凭字符串匹配的方式进行。针对这种情况，可以采用统计的方法。假设文档中有较多的实体对（entity1,entity2）作为主语和宾语出现在"was also born in"的两侧，并且这些实体对也同时出现在包含 PlaceOfBirth 的三元组中，那么我们可以认为"was also born in"这个短语可以和 PlaceOfBirth 建立映射。比如（"Barack Obama"，"Honolulu"）、（"MichelleObama"，"Chicago"）等实体对在文档中经常作为"was also born in"这个短语的主语和宾语，且它们都和实体关系 PlaceOfBirth 组成三元组出现在知识库中，因此可以在"was also born in"和 PlaceOfBirth 之间建立映射。这种映射思路如图 6-29 所示。

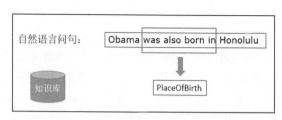

图 6-28　较难通过字符串匹配方式进行映射的例子

除此之外，还可以通过词性标注、命名实体识别等方式确定哪些短语和单词需要被映射，从而忽略与映射无关的词汇。另外，还可以建立启发式规则，对问题词（Question Word）进行逻辑形式的直接映射，如直接将"where""how many"映射为 Type.Location 和 Count。

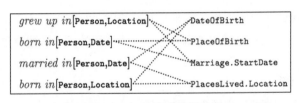

图 6-29　复杂关系映射示例

第 2 步：构建语法树

自底向上地对语法树的结点进行两两合并，直至生成根结点，完成整个语法树的构建。构建语法树的语法规则有很多，例如组合范畴语法、lambda calculus（λ-calculus）方法[48]、移位 – 归约推导（Shift-reduce Derivation）方法[49]、同步语法（Synchronous Grammar）方法[50]、混合树（Hybrid Tree）方法[51]、类 CFG 语法（CFG-like Grammar）、类 CYK 方法（CYK-like Grammar）、PCFG 语法等。构造出的语法树即语义分析的结果，而逻辑形式就是从构建的语法树中提取出来的。

上述构建语法树的传统方法存在很多局限，例如消耗资源多、无法对模板进行快速扩展，且一般需要限定在某一特定领域。为了解决上述问题，研究人员往往采用弱监督学习的方法，根据知识库及问题答案对（Question/Answer Pair）数据集训练分析器。对于新的问句，通过训练得到的分析器对问句进行语义分析，构建其逻辑形式，进而将问题 x 与答案 y 进行映射。问答对的数据集可以从评测比赛中获得，如 QALD、WebQuestions、Free917 等，也可以采用人工的方式从知识库中抽取构建。另外，通常需要对抽取的问答对进行泛化操作，即将原有的一问一答对 (q, a) 中的 q 进行泛化，衍生出一些表达相同含义的 q_i 的集合 Q，$q_i \in Q$，即 (Q, a)，以提升对问题匹配的成功率。

语义分析方法基于人工构建的语法树进行问答，准确率较高，并且能够设计回答逻辑相对复杂的问题，然而人工编写语义分析规则费时费力，跨领域时难以复用。针对以上缺点，研究人员提出了以下两种优化传统方法的方法。

1）基于学习方法

为了解决问题，Zettlemoyer 和 Collins[52] 通过建立统计模型的方式，提出基于人工预设的模板扩展词典的方法；Kwiatkowski[53] 提出了一个高阶统一的程序，将大的逻辑形式拆分成小的子部分，还提出了基于因式分解的方法将词典分解成词汇单元和词汇模板的方法[54]；Wong 和 Mooney[55] 则假设不同语言的语句逻辑形式具有相同的含义，利用 IBM 翻译模型来学习对应的语句和逻辑形式。

2）基于神经网络的方法

Yih 等人[56]2015 年发表的研究工作，是一项经典的利用深度学习方法提升传统语义分析方法效果的工作。它将自然语言问题表示成一个查询图的形式，代替了传统的语法解析树的逻辑形式。例如，问句"Who first voiced Meg on Family Guy？"基于 Freebase 数据集的一个查询图可以表示成图 6-30 所示的形式。

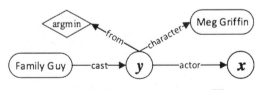

图 6-30　问句的查询图表示示例[56]

1）知识库中的实体（Family Guy 和 Meg Griffin），在图中用圆角矩形表示。

2）存在变量（y），在图中用白底圆圈表示。

3）聚合函数（argmin），在图中用菱形表示。

4）λ 变量（答案 x），在图中用灰底圆圈表示。

图 6-30 中实体结点到答案变量 x 的路径可以转化为一系列的连接操作，不同路径可以通过交集操作结合到一起。因此，该查询图在不考虑聚合函数最小值的情况下可以转化为一个 λ 变量的表达式，即

$$\lambda x.\exists y.\text{cast}(FamilyGuy, y) \wedge \text{actor}(y, x) \wedge \text{character}(y, MegGriffin)$$

上式表示要寻找答案 x，使得在知识库中存在实体 y，同时满足：

1）y 和 FamilyGuy 之间存在 cast 关系。

2）y 和 x 之间存在 actor 关系。

3）y 和 MegGriffin 之间存在 character 关系。

可以把 y 想象成中间变量，通过对它增加约束来缩小 y 的范围，并通过 y 和答案 x 的关系来确定答案 x。有了查询图之后，将其转化为 λ 表达式，就可以在知识库中查询得到答案。整个算法思路归根结底还是语义分析方法的解决思路，但可以利用深度学习方法对构建查询图的过程进行优化。具体的优化方法为，先对问题分析过程中得到的候选主题词进行分析，如图 6-31 所示，在候选主题词和知识库中的实体之间建立映射，并从被映射实体出发，遍历周围结点，将长度为 1 的路径（S5）和长度为 2 且包含 CVT（复合值类型（Compound Value Type），是 Freebase 中可以连接多元实体表示复杂数据关系而引入的概念）结点的路径（如 S3、S4）都列为候选路径，称为谓语序列（如 cast-actor 这样的序列）。

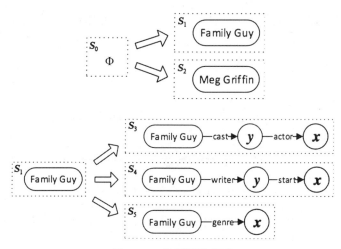

图 6-31　获得谓语序列

采用基于卷积神经网络的方法对候选谓语序列进行打分。将自然语言和谓语序列作为输入，分别经过两个不同的卷积神经网络，输出 300 维的分布式表示，然后可以利用向量间的相似度（如余弦距离）计算自然语言和谓语序列的相似度得分，对候选谓语序列打分的过程如图 6-32 所示。

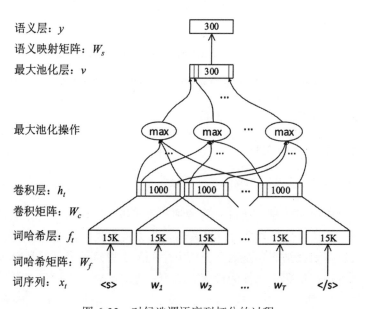

图 6-32　对候选谓语序列打分的过程

在实际操作过程中，还可以通过增加约束和聚合函数（如 COUNT、MAX、MIN 等）提升系统的效果。

3. 基于深度学习的方法

传统方法存在人工编写模板、人工设计语义分析规则、工作量繁重等缺点，随着深度学习方法的发展，自动完成问句理解和知识库映射成为新的研究焦点。

KBQA 与深度学习方法的结合主要有两个主流的方向。一是基于深度学习方法对传统方法进行改进，可以将问句理解中的实体识别、关系识别部分模块改为深度学习方法来提升效果，也可以直接将传统方法的语义解析或实体关系资源映射任务改为用神经网络来实现，在基于语义解析的方法中已介绍过。二是实现端到端的问答系统，在系统中输入问句和知识库，直接返回问题的答案，中间的过程类似于黑盒操作。基于深度学习的端到端问答系统的操作过程如图 6-33 所示。

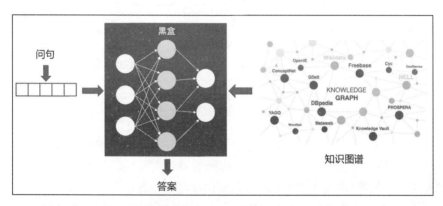

图 6-33　基于深度学习的端到端问答系统的操作过程

本文以 Bordes 等人[57] 在 2014 年的研究工作为例，介绍端到端的问答系统的实现方法。Bordes 等人基于 WebQuestions 和 Freebase 知识库提取出问答对数据，利用这些包含正负样例的问答对来训练神经网络模型，可以自动地从大规模知识库中学习知识，回答通用领域主题的问题，同时仅需由手工设计少量的特征。

系统模型的学习过程大致分为以下 5 个步骤，下面以输入问句" Who did Clooney marry in 1987?"为例说明该系统的执行过程。

1）利用实体链接技术定位问题中的主实体，如"Clooney"。

2）在知识库 Freebase 中检测出主实体对应的实体表示，在本例中为" G.Clooney"，然后找到从问题实体到答案实体的路径。

3）将答案实体表示成一个路径，即将知识库中与答案实体有链接的所有实体构成子图，作为候选答案。

4）将问题和答案子图分别映射成向量，学习向量表示。

5）通过点积操作获得问题和候选答案之间的相似度分值。

整个模型的处理过程如图 6-34 所示。

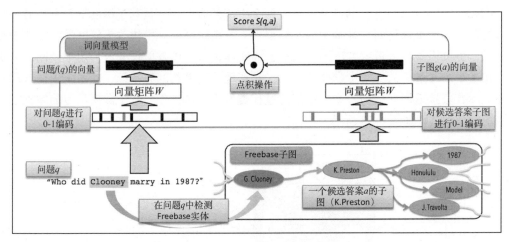

图 6-34   模型的处理过程 [57]

除此之外，还有一些端到端的知识库问答系统的经典案例，如针对知识库问答的关系 Embedding 表示 [58]、基于 Freebase 和 CNN 的问答系统 [59]、基于 LSTM+Attention 的知识库的端到端问答系统 [60] 以及采用 Memory 机制的深度学习方法 [61]。深度学习方法无须像模板方法那样人工编写大量模板，也无须像语义分析方法那样人工编写语义解析规则，整个过程都是自动进行的。然而目前只能处理简单问题和单跳关系问题，对于复杂问题无法较好地应对，并且深度学习方法通常不包含聚合操作，因此无法很好地处理时序敏感性问题，例如问句" who is Johnny Cash's first wife ？"的答案可能是 second wife（即现任夫人）的名字，因为模型只关注到 wife 而无法处理 first、second 这种包含时序含义的语义信息。

6.3.4   问答系统实战

本节将基于模板匹配的方法构建一个简单的问答系统供读者参考。数据存储在 Neo4j 数据库中，系统通过句式模板的方法展现抽取自然语言问句中核心三元组——主语（Subject，S）、谓语（Predicate，P）、宾语（Object, O）信息的过程。谓语 P 可以是属性也可以是关系，并且支持条件运算符，如"<"（小于）、">"（大于）、"<="（小于等于）、">="（大于等于）、":"（设置属性值，相当于等于），多个条件之间还可以用"and""or"等逻辑连接符进行衔接。除了基本条件运算符外，还可以结合聚合运算，如" count"（计数）、" sum"（求和）、"avg"（平均）、"max"（最大值）、"min"（最小值）、"distinct"（去重）等求解特定问题类型。

在知识问答中，确定问题的类型能够帮助理解问答的目标，并且能让问答系统根据问题的类型构建合适的逻辑查询表达式来生成候选答案。Li 等人 [34] 通过观察 TREC 的 1000 个问题集，分析得出 6 大问题类型：ABBREVIATION（缩写类），ENTITY（事物类，如动物、身体、颜色、食物等），DESCRIPTION（定义 / 描述类），HUMAN（人物类），LOCATION（地点类）以及 NUMERIC VALUE（数值类）。BU[36] 等人也对 TREC 问题进行了分类，他们依据百度知道的数据，从问答功能角度出发构建了一套问题分类体系。相比 Li 等人的分类体系更专注于面向事实的知识问答，BU 等人提出的分类体系则更面向通用问题类型，包含事实（Fact）、列表（List）、原因（Reason）、解决方案（Solution）、定义（Definition）和导航（Navigation）六大类，具体描述和示例如表 6-3 所示。

表 6-3　BU 等人的问题分类体系

类型	描述	例子
事实	人们问这类问题一般是想得到概括性的事实。预期答案是一个短语	谁是美国总统？
列表	人们问这类问题一般是想得到一组答案。每个答案可能是一个独立的短语，也可能是带有解释或评论的短语	所有 1990 年诺贝尔的获得者？你最喜欢的电影明星有哪些？
原因	人们问这类问题一般是想征求意见或解释。一个好的摘要答案应该包含多样的意见或全面的解释。可采用句子级的摘要技术实现	你觉得复仇者联盟 4 怎么样？
解决方案	人们问这类问题一般是想解决问题。答案中的句子通常具有逻辑关系，因此不能使用句子级别的摘要技术	发生地震了我该怎么做？怎么做番茄炒蛋？
定义	人们问这类问题一般是想得到概念描述。通常这些信息可以在百科中找到。如果答案太长，应总结成较简短的形式	姚明是谁？电影《美国往事》主要讲述了什么？
导航	人们问这类问题一般是想找到一个网站或资源。通常如果答案是网站则提供网站名称，如果答案是资源则直接提供	哪有靠谱的海淘网站？

图 6-35 展示了 BU 等人划分的 6 类问题在 TREC 问题集中出现的占比情况。除此之外，问题类型从个义角度讲，通常可以分为两大类：事实类问题和主观类问题，前者主要包含一般疑问句类型（是否类问题）和特殊疑问句类型（what、where、when、which、how_many 等），主观类问题通常是用 how(询问解决方法) 或 why(询问原因) 来提问的问题。

本节实战系统将为读者展示的问答类型包括如下几种。

1）常见的特殊疑问句类问答。

❑ What：“腾讯是什么性质的企业？”

❑ Who：“阿里巴巴的创始人是谁？”

❑ When：“小米上市的日期是什么时候？”

❑ Where：“百度的公司地址在哪里？”

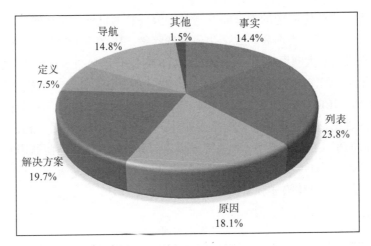

图 6-35 BU 等人的问题类别占比

❑ Which: "华为的公司性质属于哪一种？"

❑ How_many: "拼多多有多少员工？"

这一类特殊疑问句问题的 SPO 表示通常是 S 为问题主体，P 为查询的属性、关系等，O 为待查询的结果内容，通常用 "x?" 表示。

2）一般疑问句类问答。

一般疑问句问题又可以称为是否类问题，例如 "周杰伦是摩羯座的吗？"，其 SPO 表示为（S: 周杰伦，P: 星座，O: 摩羯座）。这一类问题的 SPO 均可以从句子中提取出来，通过 SPO 三元组信息到图谱中进行查询校验，满足则返回 Yes，否则返回 No。

3）一些复杂问题的问答。

本节介绍两类复杂问题，即比较类问题，如 "刘德华和周润发谁年龄大？"，和多跳查询类问题，如 "美人鱼的导演的主要成就是什么？"。

问答系统的框架如图 6-36 所示。

1. 问句分析

问句分析采用基于模板匹配的方法，主要包括模板库的构造、模板生成、模板匹配几个步骤。核心代码存在放 ch6/6.3/kgqa/ 项目下。

（1）模板库的构造

❑ 特殊疑问句模板构造方法

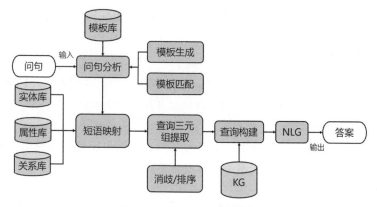

图 6-36　问答系统框架图

比如我们想用一个模板表达"周杰伦的星座是什么？"的问句，这里，"周杰伦"是 subject，"星座"是 predicate，查询的目标是 object，用"x?"表示，则查询三元组是 (subject:"周杰伦", predicate:"星座", object:"x?")，这样的句式可以用下述模板表示：

```
"(?P<subject>.+) 的 (?P<predicate>.+) 是什么 "
```

其中，"(?P<subject>.+)"表示一个主体词槽位，"?P"是 Python 正则表达式中重命名槽位的语法。特别地，模板中的"什么"这样的常用疑问表述可以抽象成变量，提供多模板复用，以便进行统一增删改查，从而提升模板库的可维护性，例如：

```
"what": " 什么 | 啥 | 什么样的 | 怎么？样 "
"(?P<subject>.+) 的 (?P<predicate>.+) 是 ({what})"
```

其他特殊疑问句类型的模板这里不再展示，它们均存放在 kgqa 项目下的 data/special_question_template.json 文件中，感兴趣的读者可自行查看。

❑　一般疑问句模板构造方法

除了特殊疑问句以外，一般疑问问题也是非常常见的 QA 问题类型，例如：问句"阿里巴巴的创始人是马云吗？"中，"阿里巴巴"是 subject，"创始人"是 predicate，"马云"是 object，则查询三元组是 (subject:"阿里巴巴", predicate:"创始人", object:"马云")。可以用下列模板表示这一类问题：

```
"(?P<subject>.+) 的 (?P<predicate>.+)( 是 | 为 | 称 | 叫 | 在 | 属于 )(?P<object>.+)"
```

同样，我们可以把常用的动词表述抽象为变量：

```
"verb_is": " 是 | 为 | 称 | 叫作？| 在 | 属于 "
"(?P<subject>.+) 的 (?P<predicate>.+)({verb_is})(?P<object>.+)"
```

其他一般疑问句模板存放在 data/general_yes_no_question_template.json 文件中。

❑ 复杂问句模板构造方法

通常，实际中的 QA 问题可能更加复杂，无法仅由一个三元组表示，例如问题 "美人鱼的导演的主要成就是什么？" 就需要由两个查询三元组，(subject: "美人鱼"，predicate: "导演"，object: "x?") 和 (subject: "周星驰"，predicate: "主要成就"，object: "x?") 来表示，并且第二个查询三元组需要依赖于第一个三元组的查询结果，即要在获得美人鱼的导演是 "周星驰" 这一结果后，再查询 "周星驰" 的主要成就是什么？可以用下方模板表示该问题。

```
"(?P<subject>.+)( 的 )(?P<object>.+)( 的 )(?P<predicate>.+)({verb_is})
    ({what}|{who}|{where}|{which})"
```

其中 object 为 "导演"，既第一个三元组的 predicate，查询结果的值又为第二个三元组的 subject，因此在后续处理程序时，会将三元组转换成多跳三元组：(subject: "美人鱼"，object: " subject_jump: 导演"，predicate ："主要成就")。更多复杂类型句式模板可参考 data/ complex_question_template.json。

❑ 模板库和模板变量的管理

每个问句类型可以有多个模板支撑，每个模板同样会引用多个模板变量，因此需要设计一种方便配置和管理的存储格式来存放模板库和模板变量，以便统一管理。JSON 是一种格式工整、存取方便、可读性强的格式，下面介绍如何利用 JSON 来存放模板数据。例如针对 "what" 类的问题，有多个模板可以存放如下格式：

```
"what": {
    "regex": [
        [
            "(?P<subject>.+) 的 (?P<predicate>.+){verb_is}({what})",
            " 例句 : 周杰伦的星座是什么 "
        ],
        [
            "(?P<subject>.+)( 的 )(?P<predicate>.+)({verb_is}|{includes})
                ({what}|{which})",
            " 例句 : 周杰伦英文名叫什么 "
        ],
        [
            "(?P<subject>.+)({verb_is}|{includes})({what}|{which})
                (?P<predicate>.+)",
            " 例句: 学习是什么词性 "
        ],
        [
            "(?P<subject>.+)({verb_is}|{includes})(?P<predicate>.+)
                ({what}|{which})",
            " 例句: 王昊奋是研究哪个方向的 "
```

```
        ]
    ]
}
```

例子中模板用到的变量有 verb_is、includes、what、which 等，每个变量都对应不同的表述。同样，我们也可以通过 JSON 格式对变量进行管理和配置。在一些模板中，一些变量的组合是频繁出现的，比如：what、which、who 的一些表述可以混用，

- ❑ "周杰伦的老婆是哪个人?"（which 表述）
- ❑ "周杰伦的老婆是谁?"（who 表述）

重复定义变量无疑会为后期维护带来较大的工作量，每次在模板中都填写多个变量（例如 ({what}|{which}|{who})）的形式是不友好的，可以定义组合变量 (combo) 来解决这个问题。因此模板变量的管理分为两个层次，一是基础变量 "basic" 层，仅由字符串和正则元字符构成，二是 "combo" 层，除了支持字符串和正则元字符外，还可以由 basic 中的正则变量组合而成，例如：

```
{
 "combo": {
    "what_which": "{what}|{which}",
    "what_which_who": "{what}|{which}|{who}",
    },
 "basic": {
    "verb_is": "是 | 为 | 称 | 叫作 ? | 在 | 属于 ",
    "includes": "是 | 有 | 包括 | 包含 ",
    "what": "咋样的 | 啥样的 | 什么东西 | 什么 | 什么样的 | 啥 | 嘛 | 多少年 ? 的 ? | 什么样 | 怎么样
        | 多大 | 多高 | 几号 | 几 | 何种 | 多细 | 怎样 | 如何 | 几何 | 什么宗教 ",
    "which": "哪 | 哪些 | 哪个 | 哪支 | 哪项 | 哪只 | 哪种 | 哪家 | 哪部 | 哪类 | 哪款 | 哪所 | 哪 ( 几
        | 一 ) ( 种 | 类 | 些 | 部 | 行 | 位 | 个 | 本 | 首 | 门 | 款 ) | 什么类别 | 哪个部位 | 哪种类型 |
        几种 | 哪一 | 哪方面 | 哪些方面 | 哪个公司 | 哪个国家 | 哪国 | 哪个单位 | 哪个企业 ",
    "who": "谁 | 哪一 ? 个人 | 哪些人 | 什么人 | 哪个 | 哪个家伙 | 哪一个 | 哪位 | 哪几个 | 哪一位 "
 }
}
```

更多完整的模板变量存放在 data/regex_variables.json 文件中。

（2）模板生成

和模板相关的操作均封装在 RegexMatching 类中，在 regex_matching.py 文件中，核心函数 build_regexes() 将模板库中的模板与模板变量组装编译成正则表达式，可供后续匹配使用，代码如下：

```
1. def build_regexes(self, regex_var, regex_path):
2.     """
3.     加载模板正则表达式中的变量，将其与模板组装成一个完整正则表达式，并编译
```

```
4.          :param var_path: 模板变量文件的路径
5.          :param regex_path: 模板库文件的路径
6.          :return: 字典数据结构, 其中包含加载了正则变量编译后的正则表达式, 供后续匹配使用
7.          """
8.          for key in regex_var['basic']:
9.              # 将 basic 变量的值存放在对应的 regex_variable_dict 中
10.             self.regex_variable_dict[key] = regex_var['basic'][key]
11.
12.         for key in (regex_var['combo']):
13.             # 找出 combo 变量中用到的 basic 变量
14.             mm = re.findall("\{([^\d]+?)\}", regex_var['combo'][key])
15.             # 将 combo 匹配到的变量对应的变量值替换到 combo 变量中
16.             used_vars = {var: self.regex_variable_dict[var] for var in set(mm)}
17.             val = regex_var['combo'][key].format(**used_vars)
18.             self.regex_variable_dict[key] = val
19.
20.     # 读取模板库中的全部模板配置
21.     regex_dict = util.read_json(regex_path)
22.     for rel in regex_dict:
23.         for regex in regex_dict[rel]["regex"]:
24.             regex_expr = regex[0]
25.             # 找出正则模板中用到的全部变量
26.             mm = re.findall("\{([^\d]+?)\}", regex_expr)
27.             if mm:
28.                 # 对匹配到的变量去重, 形成替换映射字典
29.                 used_vars = {var: self.regex_variable_dict[var] for var in
                        set(mm)}
30.                 # 将变量组装到正则模板中
31.                 reg = regex_expr.format(**used_vars)
32.             else:   # mm == [], 针对以前不含变量的正则表达式
33.                 reg = regex_expr
34.             regex.append(re.compile(reg))  # 编译正则表达式并附加到列表中
35.     return regex_dict
```

build_regexes 函数主要包括两部分: 第一部分对应第 8～18 行, 解析编译模板变量, 第二部分对应第 20 行以后代码, 实现的是将模板库中每个模板的变量, 用编译后的模板变量进行替换和编译, 供后续匹配使用。

（3）模板匹配

以一般疑问句为例, 将输入的问句与编译后的模板库进行匹配, 如果能匹配到一般疑问句类型的问题模板, 则该问句是一个已支持的一般疑问句问题类型, 并且根据匹配到的槽位信息即可获得模板定义中的三元组信息, 通过槽位名称对应成候选三元组列表。该模板匹配过程同时完成了问句的分析以及三元组提取工作, 具体实现也在 regex_matching.py 文件中, 代码如下:

```
def get_candidates_for_yes_no_question(self, sent):
    '''
    匹配一般疑问句模板, 获得候选三元组信息
```

```
    :param sent：用户输入的问句
    :return：候选三元组列表
    '''
    triple_candidates = []
    for template_type in self.regex_template_yes_no:
        for regex in self.regex_template_yes_no[template_type]['regex']:
            # regex 的构成 [ 原始配置模板，例句，加载变量后编译好的正则表达式 ]
            m = regex[2].search(sent)
            if m: # 如果匹配到结果
                matched_slots = m.groupdict() # 取出对应槽位的值
                candi = {}
                candi['subject'] = matched_slots['subject']
                # 实体校验：基于图谱中全部实体词构建的 trie 树结构匹配提取出的 subject 子串
                    内容是否是一个实体
                matched_subject = entity_trie.trie_match(candi['subject'])
                candi['subject'] = self.max_len_match(candi['subject'], matched_
                    subject)
                candi['predicate'] = matched_slots['predicate']
                # 属性校验：基于图谱中全部属性构建的 trie 树结构匹配提取出的 predicate 子串
                    内容是否是一个属性值
                matched_predicate = property_trie.trie_match(candi['predicate'])
                candi['predicate'] = self.max_len_match(candi['predicate'],
                    matched_predicate)
                candi['object'] = matched_slots['object']
                # 去掉结尾无关紧要的语气词和标点
                ignore_end = [' 呀 ',' 吗 ',' 的 ','?','？',' 嘛 ']
                if candi['object'][-1] in ignore_end:
                    candi['object'] = candi['object'][:-1]
                triple_candidates.append(candi)
    return triple_candidates
```

其中用到的 max_len_match 函数实现如下：

```
def max_len_match(self, match_str, match_results):
    '''
    将问句中匹配到的子串与外部资源库如实体库、属性库、关系库匹配结果进行比较
    将最大长度的匹配结果作为最优选择
    :param match_str：问句中匹配的子串
    :param match_list：外部资源库中匹配到的结果
    :return：返回校验过后的匹配结果
    '''
    max_len = 0
    max_len_str = ''
    for match in match_results:
        if match in match_str:
            if max_len < len(match):
                max_len = len(match)
                max_len_str = match
    if max_len_str == '':
        max_len_str = match_str
    return max_len_str
```

max_len_match 实现的功能是将问句中匹配到的子串与外部资源库（如实体库、属性库、关系库）通过 trie 树匹配得到的结果进行比较，并选择最大长度的匹配结果作为最优匹配。

2. 短语映射

获取候选三元组信息后，需要将正则表达式匹配到的信息词内容与已有的知识图谱中的字段进行映射，例如 label、property、entity 等。本文介绍的是基于 trie 树匹配的方法。首先将图谱中的全量实体导出作为实体词典列表，接着利用 Python 的 marisa_trie 包中的 marisa_trie.Trie() 方法，将该列表构建为一个字典树。字典树在匹配时可以极大地节约时间成本，提升问答系统的效率。下面创造一个 TrieTree 类，包含构造函数和一个 trie_match 函数。构造函数实现的功能：若用户输入一个 trie 树文件，则自动加载，否则根据全部词条构造一棵 trie 树。函数 trie_match 的输入是一个句子或一个从句子中提取的带候选实体的子串，通过匹配的方法将匹配到的实体库中的词条全部返回，注意，我们仅保存每个词条的最大匹配。例如问句"周杰伦和林俊杰谁大?"，句中同时存在"周杰伦""周杰"和"林俊杰"三个人名实体，但"周杰"是"周杰伦"的一个子串，仅保留最长匹配的结果，最后的返回结果是 ["周杰伦"，"林俊杰"]。

```python
class TrieTree(object):
    def __init__(self, persis_path=''):
        if persis_path:
            self.trie_tree = marisa_trie.Trie()
            self.trie_tree.load(persis_path)
        else:
            # 没有trie树文件，构建一棵trie树
            keys = []
            with open('total_entity.txt', 'r', encoding='utf8') as f:
                for raw in f:
                    keys.append(raw.strip())
            # 构建trie树
            self.trie_tree = marisa_trie.Trie(keys)
            self.trie_tree.save('../data/trie.marisa')  # 存储trie树文件

    def trie_match(self, sent):
        '''
        找出输入句中包含在trie树中的全部词条，并且支持最大匹配的存放,
        例如周杰伦，会返回周杰伦而非周杰
        :param sent: 输入的句子未分词
        :return: 匹配到的实体列表的list
        '''
        matched_set = set()
        index = 0
        while index < len(sent):
            matched_list = self.trie_tree.prefixes(sent[index:])
            if matched_list:
```

```
        max_matched_word = ''
        # 存放最大的匹配结果
        for matched_word in matched_list:
            if len(matched_word) >= len(max_matched_word):
                max_matched_word = matched_word
        if max_matched_word:
            matched_set.add(max_matched_word)
            index += len(max_matched_word)
        else:
            index += 1
    else:
        index += 1
# 对匹配到的内容按照长度从大到小排序
matched_list = sorted(list(matched_set), key=lambda m: len(m),
    reverse=True)
return matched_list
```

对信息词做了映射以后，还需要将提取到的 subject、predicated、object 等词语表述与数据库中的实体结点进行链接，由于提取的短语自然表述可能非常多样化，无法与图谱中的标准名称相匹配，为了提升实体链接的效果，通常要加入一些相似度的方法。构建图谱时，如果为每个实体词构建了 synonym（同义词）字段，则可以在一定程度上提升匹配度。此外，还可以通过一些其他相似度的方法，例如字符串相似度和语义相似度来进行模糊匹配，具体的方法可参考 6.3.2 节短语映射中的相关内容。

3. 消歧和排序

由于问句分析的模板匹配环节可能会命中多个问句模板，所以会出现提取出多个候选三元组的情形，此时要进行消歧和排序，选择最佳的候选三元组作为结果。例如问句："周杰伦是中国人吗？"和"周杰伦是男人吗？"

以上两个问句的句式完全相同，但是属于不同的属性查询，前者是查询"国籍"属性，后者是查询"性别"属性，然而模板无法自行识别"中国人"属于国籍、"男人"属于性别，因此每个问句都分别会匹配到两个三元组：

(subject:"周杰伦", predicate:"国籍", object:"中国人")，

(subject:"周杰伦", predicate:"性别", object:"中国人")，

(subject:"周杰伦", predicate:"国籍", object:"男人")，

(subject:"周杰伦", predicate:"性别", object:"男人")，

如何判断提取的三元组中哪个更正确？此时需要对 object 内容进行消歧，消歧就是去掉错误的三元组，保留正确的三元组的过程。下面以性别 (gender) 和国籍 (nationality) 两个

属性为例，介绍两种消歧方法。

```python
def disambiguation_gender(self, triple, sent):
    '''
    属性 " 性别 " 的消歧处理
    :param triple: 输入一个候选的三元组
    :param sent: 用户输入的问句
    :return: 返回结果为两个：一个是该三元组是否符合 gender 属性,
            另一个是消歧后的三元组信息
    '''
    # 判别 subject 词和 object 是否错误提取了属性词
    if re.search(attributes_regex, triple['object']) or re.search(attributes_
        regex, triple['subject']):
        return [False, {}]
    # 排除 subject 词是一些无意义的表述的情况
    if re.search(general_pattern, triple['subject']):
        return [False, {}]
    match_male = re.search(reg_male, triple['object'])
    match_female = re.search(reg_female, triple['object'])
    # 排除 subject 词提取错误的情况
    regex_1 = '(.+) 是 (.+)'
    if re.search(regex_1, triple['subject']):
        return [False, {}]
    if match_male :
        triple['object'] = ' 男 '
    elif match_female:
        triple['object'] = ' 女 '
    else:
        triple['object'] = 'x?'

    return [True, triple]
```

在 gender 属性的消歧方法中，先判断 subject 和 object 提取的内容是否属于明显错误的情况，例如将属性值作为 subject 和 object 槽位提取出来，判断方法是将提取的槽位内容与 attributes_regex 匹配，命中 attributes_regex 则返回 False，直接排除该候选三元组。然后判断提取的槽位内容是否是无意义或其他错误类。均判断完毕后，再将多样化的性别表述转化为标准的说法 "男" 或 "女"。其中用到的 attributes_regex、general_pattern、reg_male 和 reg_female 变量定义如下：

```
attributes_regex = " 性别 | 年龄 | 年纪 | 岁数 | 生日 | 出生日期 | 逝世日期 | 忌日 | 去世时间 | 星座
| 工作 | 职业 | 工种 | 血型 | 血液 | 祖国 | 国籍 | 国家 | 老家 | 祖籍 | 出生地 | 身高 | 高度 | 体重 |
重量 | 成就 | 父母 | 朋友 | 小名 | 别名 | 代称 | 别称 | 民族 | 毕业学校 | 毕业院校 | 学历 | 教育 | 最
高学历 | 信仰 | 户口 | 籍贯 | 户籍 | 父亲 | 母亲 | 户口所在 | 职称 | 官职 | 作品 | 职务 | 三围 | 腰围
| 臀围 | 胸围 | 总部地点 | 总部地址 | 总部所在地 | 总部 | 经营范围 | 经营的范围 | 性质 | 口号 | 员工
数量 | 员工人数 | 年营业额 | 注册资本 | 注册资金 | 董事长 | 创始人 | 总资产 | 股票代码 | 证券代码 |
品牌 | 法定代表人 | 法人代表 | 上线 | 发布 | 经营理念 | 产品 | 企业精神 | 公司精神 | 企业类型 | 公
司类型 | 类型 | 作者 | 写的 | 类别 | 书名 | 出版社 | 出版时间 | 特点 | 特色 | 特征 | 优点 | 优势 | 开
本 | 装帧 | 页数 | 译者 | 字数 | 纸张类型 | 版本 | 版次 | 楼盘名称 | 楼盘名 | 定价 | 价格 | 面积 | 开
```

发商 | 楼盘 | 物业 | 地址 | 城市 | 城区 | 学科 | 绿化率 | 建筑形式 | 容积率 | 物业费 | 户数 | 房价 |
交房 | 分布区域 | 生活区域 | 区域 | 科目 | 纲目 | 目的 | 属性 | 简称 | 全称 | 地点 | 所在地 | 定义 |
含义 | 概念 | 简介 | 释义 | 意思 | 功效 | 效果 | 作用 | 官网 | 官方网站 | 行政区域 | 领域 | 隶属 | 内
容 | 组成 | 本质 | 实质 | 宗旨 | 应用 | 前身 | 用途 | 网站名称 | 来源 | 词性 | 词性 | 原因 | 人口 | 背
景 | 实施 | 理念 | 职能 "
general_pattern = " 哪里 | 什么 | 哪一位 | 哪位 | 哪一样 | 哪几个 | 哪一个 | 哪个 | 哪 "
reg_male = "(成年 | 青年 | 幼年 | 老年 | 壮年)?(大叔 | 雄性 | 汉子 | 小伙子 | 少爷 | 爷们 | 纯爷们 |
帅哥 | 你哥 | 公子 | 男神 | 男生 | 男性 | 男人 | 男 | 绅士 | 小鲜肉 | 小男孩)"
reg_female = "(成年 | 青年 | 幼年 | 老年 | 壮年)?(女性 | 女生 | 女神 | 女的 | 女 | 雌性 | 妹子 | 姑
娘 | 美女 | 妹子 | 妹纸 | 萌妹纸 | 萌妹子 | 软妹 | 软妹纸 | 软妹子 | 女神 | 小姐 | 母 | 女子 | 官 | 御
姐)"

在国籍属性消歧中，同样做了通用的 subject、object 实体词校验。在对 object 提取的内容进行标准化时，将国家名称列表（country.txt）构建成一棵 trie 树，通过 trie 树匹配的方法查看能否匹配到国家名称，并做标准化处理。trie 树匹配的方法能够提升三元组的质量，提升查询的准确性。

```python
def disambiguation_nationality(self, triple, sent):
    '''
    属性 " 国籍 " 的消歧处理
    :param triple: 输入一个候选的三元组
    :param sent: 用户输入的问句
    :return: 返回结果为两个：一个是该三元组是否符合该三元组，
            另一个是消歧过后的三元组信息
    '''
    # 排除 subject 词和 object 提取内容错误的情况，例如将属性值匹配到了 subject 和 object 槽位
    # 的情况
    if re.search(attributes_regex, triple['object']) or re.search(attributes_
        regex, triple['subject']):
        return [False, {}]
    # 排除 subject 词是一些无意义的表述的情况
    if re.search(general_pattern, triple['subject']):
        return [False, {}]
    replace_word = ' 属不 '
    pattern_0 = ' 隶属 | 前身 | 影响 '
    triple['subject'] = re.sub(replace_word, '', triple['subject'])
    # 排除一些相似属性的干扰
    if re.search(pattern_0, sent):
        return [False, {}]
    # 剔除国籍 + 人的情况，仅保留国籍信息
    if ' 人 ' in triple['object']:
        triple['object'] = triple['object'].replace(' 人 ', '')
    if triple['object'] != 'x?':
        # 通过字典树匹配的方式来确定提取的 object 是否在国籍字典里
        trie_result = self.trie_matcher.trie_match(triple['object'])
        if 'country' in trie_result:
            triple['object'] = trie_result['country'][0]
            return [True, triple]
    else:
```

```
    triple['object'] = 'x?'
    return [True, triple]
```

对于消歧没有通过的三元组，返回 False 和空的三元组，排除错误三元组候选答案。另外，在该模块中，当问询问题的值涉及数字的属性时，例如身高、体重、时间等，还需要在消歧模块中对数字做标准化处理，使之能够与图谱存放的数据格式相匹配。例如：字符串型"十八岁"转为 int 型的数字 18，100 斤转为 50kg。其余属性消歧的完整代码可参考 kgqa 项目下的 template_match/args_disambiguation.py 文件。

有时做完消歧后，仍然还剩多个候选三元组，此时需要进一步做排序操作，下面提供几种排序策略供读者参考。

1）模板设置优先级。通常为了能尽可能覆盖更多的问句，每个问题类型都会写一些约束相对宽松的模板，有些模板则比较严格，原则上来说，越是严格的模板，其准确率越高，所以其优先级越高，而对于特别宽泛的模板，优先级要设置低一些。因此可以根据提取到的三元组所在的模板优先级顺序进行排序。

2）由于是采用模板匹配的方式，那么句式模板匹配到的内容占整个输入句子的比重越高，一定程度上说明该模板与输入问句更"契合"。因此可以将匹配子串占全句长度的比重作为三元组排序的一个参考。

3）将查询到的三元组进行 KG 查询，判断其是否一个真实存在的三元组，对不存在的三元组进行剔除。

4. 查询构建

通过实体链接和消歧模块得到标准查询三元组后，需要构建图谱查询语句进行结果的查询。下面针对三类不同的问题介绍如何构造查询模板。

1）基于单三元组，根据 subject 和 predicate 查询 object 的结果，例如：(subject："周杰伦"，predicate："国籍"，object："x?"）。

```
def kg_search_o_by_sp(subject_id, predicate):
    '''
    根据 subject_id 和 predicate 查询 object
    :param subject_id: subject 结点
    :param predicate: 属性或者关系
    :return: 返回 subject 在 predicate 属性下对应的值
    '''
    value = kg_dao.search_spo(subject_id, predicate)
    if not value:
        # 当无法匹配时，获取 predicate 的相似表述再进行查询
        predicate_similarities = get_similarities(predicate)
```

```
        for sim_pred in predicate_similarities:
            value = kg_dao.search_spo(subject_id, sim_pred)
            if value:
                return value
    if not value:
        return None
    return value
```

此类问题是最基础的查询问题，通过输入 subject 结点的 id 和 predicate 查询图谱中 object 的值。具体的，通过 kg_dao.search_spo() 方法传入 subject_id 和 predicate 查询返回 object 的值。为了提升查询匹配度，可以通过获取 predicate 相似表述的方法再次查询验证，当匹配结果为空时，返回 None，否则返回 object 的值。kg_dao.search_spo() 的操作主要是知识图谱底层的查询操作，读者可以根据自己实际的图谱结构，编写对应的查询代码，本文提供了一种基于 Neo4j 的实现供读者参考，详细代码位于 kgqa 项目下的 data_access/kg_dao.py 文件中。

2）基于单三元组，校验 subject、predicate，object 是否满足查询条件，例如：(subject: "周杰伦"，predicate: "国籍"，object: "中国人")。

```
def kg_check_o_by_sp(subject_id, predicate, object):
    '''
    将实体链接后的三元组进行 KG 校验
    :param subject_id: subject 结点的 id
    :param predicate: 属性或者关系
    :param object_id: predicate 的值
    :return: 返回校验结果，True 或者 False
    '''
    value = kg_dao.search_spo(subject_id, predicate)
    if value:
        # 若能匹配成功，返回 True
        if value in object or object in value:
            return True
    # 当无法匹配时，获取 predicate 的相似表述再进行查询
    predicate_similarities = get_similarities(predicate)
    for sim_pred in predicate_similarities:
        value = kg_dao.search_spo(subject_id, sim_pred)
        if value:
            # object 校验的策略
            if value in object or object in value:
                return True
    return False
```

此类问题是常见的是否类查询问题，通过图谱查询，校验提取的三元组是否成立。与 kg_search_o_by_sp 方法不同，这里需要将图谱查询得到的 object 值与问句中提取的 object 值进行比对。本文采用了一种匹配策略，当查询结果 value 是 object 的子串或者 object 是 value 的子串时均视为正确匹配，以提升结果的匹配度。该种策略仅供参考，读者可以在实

际操作中根据具体的图谱数据情况和问题情况，设计不同的匹配策略。

3）多跳查询的复杂问题，例如：(subject:"美人鱼"，predicate:"主要成就"，object:
"subject_jump: 导演")。这类问题需要进行多跳查询，实际上是两个查询三元组的组合，第二个查询三元组需要依赖于第一个三元组的查询结果再进行查询，即先基于三元组 (subject:"美人鱼"，predicate:"导演"，object:"x?") 查出美人鱼的导演是"周星驰"，再将其作为第二个三元组 (subject:"周星驰"，predicate:"主要成就"，object:"x?") 的查询主体 subject 进行"主要成就"的查询。

```python
def kg_check_jump_qa(subject_id, predicate, object):
    '''
    复杂问题利用多跳查询进行三元组校验
    :param subject_id: subject 结点的 id
    :param predicate: 属性或者关系
    :param object: 多跳信息值
    :return: 返回校验或查询结果
    '''
    # 当存在 subject_jump 时，属于一个二跳查询问题
    if object.startswith('subject_jump'):
        first_predicate = object.split(':', 1)[1]
        # 通过 Neo4j 关系查询获取第二个三元组的 subject 的 id
        second_subject_id = kg_dao.get_node_relation(subject_id, first_
            predicate)
        if second_subject_id:
            value = kg_dao.search_spo(second_subject_id, predicate)
            if value:
                # object 校验的策略
                if value in object or object in value:
                    return True
    else: # 当非多跳查询问题时，执行传统的单 spo 三元组查询方法
        if object != 'x?':
            return kg_check_o_by_sp(subject_id, predicate, object)
        else:
            return kg_search_o_by_sp(subject_id, predicate)
    return False
```

kg_check_jump_qa() 函数首先判断提取的三元组是否是一个多跳查询问题，当 object 中包含"subject_jump"开头的标识时，将多跳查询的三元组拆分，进行两次分开的查询获得查询结果，以防止多个三元组查询的错误传递问题。该函数的实现中没有加入相似度的匹配方式，读者可以根据实际需求设计查询方法。kg_dao.get_node_relation() 函数实现的功能是根据输入结点的 id 获得相关联的结点 id 的过程，在 Neo4j 中可以视为关系查询（区别于属性查询的结果是值），具体实现可参考项目代码：data_access/kg_dao.py。kg_dao.search_spo() 函数的实现如下：

```python
def search_spo(self, subject_id, predicate):
```

```
'''
通过 subject_id 和 predicate 查询 object 的值
:param subject_id: subject 结点的 id
:param predicate: 属性或者关系
:return: 返回 object 的值
'''
# 查询 subject_id 的全部属性是否存在一个满足 predicate 的属性，并返回值
  value = self.get_node_property_value(subject_id, predicate)
  if value:
      return value
# 当属性查询为空时，查询 subject_id 的全部关系是否存在一个满足 predicate 的关系
  value_id = self.get_node_relation(subject_id, predicate)
  if value_id:
      value = self.get_node_name(value_id)
      # 若能匹配成功，返回 True
      if value in object or object in value:
          return value
return None
```

由于用户输入的问题无法直接判断 predicate 是查询属性还是查询关系，比如这两个问题："周杰伦的英文名是什么？"和"周杰伦的老婆是谁？"。

前者查询的是属性，后者查询的是实体，因此在图谱中需要分别进行查询和校验。本文给出的实现方法是先查询 subject 的全部属性，查看图谱中是否存在一个名为 predicate 的属性，若查询结果为空，再查询 subject 的全部关系实体，校验是否有一个名为 predicate 的关系，若存在，则返回关系结点。其中底层的 Neo4j 数据库查询代码 get_node_property_value()、get_node_relation() 和 get_node_name() 可参考项目代码：data_access/kg_dao.py。

5. 自然语言生成

完成前四步，得到用户所要查询的结果，通常问答就结束了。假如问答系统是在特定场景下使用，例如聊天机器人、语音助手等，直接返回答案作为回复会显得很生硬，此时需要结合产品设计定义一些特定的回复方式，增加对话的趣味性，提升交互的友好性和自然度。这是自然语言生成（Natural Language Generation，NLG）的任务，本文提供两种简单的 NLG 策略供读者参考，如图 6-37 所示。

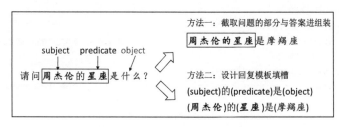

图 6-37　两种 NLG 策略示例

（1）截取问题的一部分再将答案进行组装

例如"请问周杰伦的星座是什么？"是一个已知 S 和 P 查询 O 的问题，通过在问句分析过程中模板匹配，除了能够提取三元组以外，还可以定位问句中 S、P、O 对应的文字跨度和内容，可以截取出 S 和 P 部分的内容"周杰伦的星座"，再将查询到的 O 的结果"摩羯座"拼接在一起，加上一些润色的文字，例如中间衔接谓语动词"是"，生成回复：

```
reply = "周杰伦的星座" + random.sample(["是", "就是", "属于"]) + "摩羯座"
```

（2）设计问题回复模板

例如"周杰伦的星座是摩羯座吗？"，通用类特殊疑问句问题的回复模板可以设计为：

```
template = "(subject) 的 (predicate) 是 (object), (fun_reply)"
```

其中圆括号内的变量为待填写的槽位，下面介绍如何进行 NLG 模板的填充。

```python
import re

def get_slot_variable(text):
    # 提取出模板中包含的所有变量信息
    regex = '\(([a-zA-Z_]+)\)'
    m = re.findall(regex, text)
    return m

def nlg_template_filling(template, triple, special_reply):
    '''
    nlg 回复生成
    :param template：输入的答句模板
    :param triple：提取的三元组信息
    :param special_reply：自定义个性化话术
    :return：NLG 回复
    '''
    # 获取模板中所有的槽位变量
    answer = template
    slot_variables = get_slot_variable(template)
    for var in slot_variables:
        # 填入三元组信息
        if var in triple:
            answer = answer.replace('(' + var + ')', triple[var])
        # 填入个性化话术
        elif var in special_reply:
            answer = answer.replace('(' + var + ')', special_reply[var])
        else:
            answer = answer.replace('(' + var + ')', '')

    return answer
```

主要包括两个函数，一个是模板填充，另一个是槽位变量识别。在模板填充函数 nlg_template_filling 负责通过字符串的 replace 方法将槽位填入对应提取的值，get_slot_variable 方法负责利用 re.findall() 方法中，将句中所有变量槽位提取出来。针对刚才的问题，输入的参数 triple 和可以自定义 special_reply 话术可以定义为：

```
triple = {"subject":"周杰伦", "predicate":"星座", "object":"摩羯座"}
special_reply = {"fun_reply":"我是不是很厉害呀~"}
```

生成的回复为：

```
replay = "周杰伦的星座是摩羯座，我是不是很厉害呀~"
```

以上介绍的是通用问题的模板设计，在实际操作过程中，也可以根据具体的 predicate 设计定制化模板，例如生日属性的 NLG 模板可以是：

```
{
    "height": [
        "(subject)的生日是(object)",
        "(subject)于(object)出生",
        "(subject)出生于(object)"
    ]
}
```

还可以进行模板的统一配置和管理，类似于问句分析中的模板管理方法，此处不再赘述。

6.4　联想

联想是一种人类共有的基本能力，而知识图谱对于现实世界的刻画，则给予了 AI 实现联想能力的可能。基本的联想可以有以下两个方面：

1）基于相似性，事物及其种类的联系（香蕉是一种水果，苹果也是一种水果），即图谱中的上位词相同。

2）基于时空相接，事物及其特性的联系（东方明珠在上海，金茂大厦也在上海），即图谱中的某些属性关系相同。

可以发现，基本的联想能力是可以基于通用知识图谱实现的。作为知识图谱的一种应用，联想在聊天机器人的场景下可以发挥非常大的作用。目前闲聊对话的一大问题是，被动式的回应经常会陷入话题终结的状态，本质原因在于对话时的话题是由用户主导的，由用户发起并维持，话题的跳转也由用户控制，聊天机器人往往只会被动地回应，因此无法跳出当前用户给定的话题范围。而联想也可以让聊天机器人学会寻找新的话题，主动引导用户展开聊天。

什么是话题？可以将其定义为：话题 = 实体 + 概念（上下位类别）。实体如足球，作为话题时主题较为明确。而概念如运动，作为话题时主题较为宽泛。那么，何时在对话中触发联想？

1）当前话题为实体，话题过于狭窄，当不能围绕该话题继续进行对话时，触发联想。

2）当前话题为概念，话题过于宽泛、发散，可以触发联想将话题收束到一个具体的子话题。

可以联想的话题非常多，如何选择哪个话题？

如图 6-38 所示，当用户和 bot 进行闲聊对话时，可以基于以下三点对联想的话题空间进行约束，来达到较好的表现。

- 自我认知：构建 bot 自我认知图谱，包括静态人设（姓名、年龄、性别等）及自动生成的动态生活轴事件，形成联想话题源。
- 用户认知：构建用户图谱，包括用户静态画像及动态日程，形成用户话题联想源。
- 世界认知：构建实事热点图谱，自动更新热点信息，形成 bot 对世界认知的联想话题源。

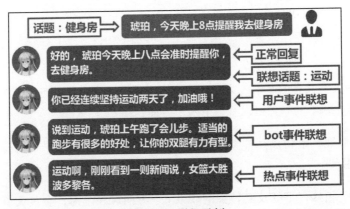

图 6-38　联想示例

6.4.1　联想整体流程

如图 6-39 所示，基于知识图谱的话题联想，主要可以分为四个子流程。

❑ 话题识别，识别输入语句中的话题。

❑ 候选话题生成，利用通用知识图谱的实体间关系，进行候选话题生成。对输入语句进行话题识别，基于知识图谱进行话题跳转，联想其他话题，增加有效交互和对话持续性。话题包括实体及实体的上下位概念。

❑ 候选话题排序，通过若干特征对候选实体进行加权排序，选择出关联性最强的 k 个实体返回。

❑ 回复生成，基于联想话题，结合 bot 信息、用户信息、热点信息、主观评论性语料，利用模板及可检索语料，生成回复。

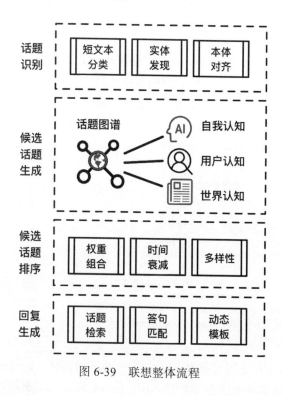

图 6-39　联想整体流程

6.4.2　话题识别

话题识别阶段的任务是从用户的输入语句中提取出有效的话题信息，为后续的扩展联想做准备。

话题抽取可以采用两种粒度的方式实现，如以下代码所示：

```
def extract_topics(sent):
    topic_set = set()
    topic_set.update(classify_topic(sent))
```

```
topic_set.update(main_part_extractor (sent))
return topic_set
```

其中，定义一个 set 对象 topic_set ，用于存储不重复的抽取到的话题。将两种不同方法识别得到的话题更新到 topic_set 中并返回。

第一种实现方式为 classify_topic，顾名思义，是采用有监督的分类方法，对输入语句 sent 进行分类预测。该方法需要预先定义有限的话题类别，并构建数据和训练分类模型。这种方式有一定的使用成本，但可以在句子级别识别整个句子的语义信息，尤其是对于隐含话题的识别较为有效。作为示例，本书采用的实现方法与 4.2.4 节的实体分类类似，详见 ch6/6.4/association/util/topic_classifier.py。

第二种实现方式为 main_part_extractor，这种方法更为直观，在单词级别识别话题。思路为抽取句中的主体成分，并与通用图谱的实体、概念字典进行匹配。基于词性标注结果进行筛选，'n', 'j', 'v' 三种参数通常代表句子中有意义的成分，形成初步候选集，再利用实体、概念名称组成的字典树，进行二次匹配，筛选出可以与通用图谱匹配的候选话题作为最终话题。具体逻辑如以下代码所示：

```
def main_part_extractor(sent):
    candidate_set = set()
    tag_list = get_pos_tag(sent)
    for candidate, tag in tag_list:
        if tag in ['n', 'j', 'v']:
            candidate_set.add(candidate)
    main_part_set = set()
    matched_list = kg_tree.trie_match(sent)
    for candidate in matched_list:
        if candidate in candidate_set:
            main_part_set.add(candidate)
    return main_part_set
```

其中，get_pos_tag 方法用于获取 sent 中各个词汇的词性。kg_tree 是一个前缀字典树，基于通用图谱的所有实体和概念名称构建，trie_match 则为该字典树对象的匹配方法，可以找到传入变量 sent 中与字典树名称相匹配的结果。

6.4.3 候选话题生成

候选话题生成阶段的任务是基于用户输入语句中的话题展开，联想出更多相关话题，这些话题可以是实体，也可以是概念，如本节开始提到的联想方法。

图 6-40 是一个联想话题生成的具体示例，其实质是一个通用图谱的子图，结点表示实体或者概念，边表示结点间的关系。图中心的结点"运动"，为待联想的话题，通过一跳关

系，可以联想到"女篮""跑步""瑜伽""健身房"这四个话题。同时可以注意到，联想到的四个话题分别属于一些领域子图，这部分将在下一节详细介绍。

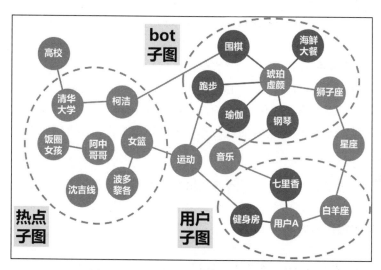

图 6-40   基于知识图谱的联想话题生成

基于上述思路，可以构建联想候选话题生成逻辑：

```
def get_association_candidates(topic_set):
    candidate_set = set()
    for topic in topic_set:
        candidate_set.update(get_association_by_kg(topic, sent))
        candidate_set.update(get_association_by_embedding(topic))
    return candidate_set
```

其中，candidate_set 是一个 set 对象，用于存储候选联想话题。核心逻辑是遍历上一步识别到的话题集合 topic_set，并分别进行联想扩展。联想的具体实现分为两种，基于知识图谱和基于词向量。

基于知识图谱的联想思想较为直观，即基于待联想话题，找到其相关的一跳关系结点，这些结点便是联想到的候选话题。此时传入的待联想话题为字符串，为了提升话题联想的准确性，先进行实体链接，实体链接的具体实现可参考 6.2 节，本节则直接以服务方式调用，代码如下所示：

```
from neo4j.v1 import GraphDatabase, basic_auth
kg_driver = GraphDatabase.driver("bolt://192.168.1.110:7687", auth=basic_
    auth(username, pwd))
kg_session = kg_driver.session()
def get_association_by_kg(topic, sent):
```

```
candidate_list = []
node_id = entity_linking(topic, sent)
cql = "MATCH p=(n)-[r]-(e) WHERE ID(n)={} RETURN e.name".format(node_id)
cql_result = kg_session.run(cql)
for record in cql_result:
    candidate_list.append(record["e.name"])
return candidate_list
```

此处假设图谱数据被存储于一个 Neo4j 数据库中，并建立与该数据库的链接 kg_session。在通过实体链接方法 entity_linking 得到实体对应的 id 后，创建一个 cql 查询语句，以查询该实体结点所有相连结点的名称，即 e.name。根据实体链接的设定返回 id 的不同类型，以及实体结点名称存储的变量名称，可自定义修改 cql 语句中的判断条件及返回结果。

基于词向量的方法，是基于知识图谱联想方法的补充，若知识图谱联想结果较少，则可以利用词汇在大规模语料中的相似上下文，使得语义相近的词汇的词向量之间的距离也相对较小。具体实现代码如下：

```
from gensim.models import KeyedVectors
model = KeyedVectors.load_word2vec_format("vec.bin", binary=True)
def get_association_by_embedding (topic, top_k=5):
    candidate_list = []
    try:
        candidate_list = model.most_similar(positive=[topic], topn=top_k)
    except Exception as e:
        logger.exception(e)
    return candidate_list
```

这里采用了 gensim [⊖] 的 KeyedVectors 对象，调用它的 load_word2vec_format 方法，用于加载路径为 " vec.bin" 的加载预训练词向量。而获取与某个话题最相似的其他词汇，则调用了 most_similar 方法。注意到该方法有两个传入参数：一个是 list 类型的词汇列表，这里即话题 topic ；另一个参数则为 topn，即取最相近的 n 个结果。同时，调动 most_similar 方法时加入了异常判断，如果话题词汇 topic 不在词向量的词汇表中，则会抛出一个异常。此外，此处还可以人为设置相似度阈值，以增强筛选效果。

6.4.4　候选话题排序

正如前文所提到的，人与人在闲聊的时候，话题的空间非常大，但最终话题总是会围绕两个人自身范围展开，或者近期的一些热点事件展开。与真实世界相似，上一阶段生成的候选话题数量通常也会非常大，此时，便需要利用一些约束条件进行话题的剪枝和排序，

⊖ https://radimrehurek.com/gensim/。

选择出最适合当前聊天的话题。本节分别介绍基于热点话题事件、用户画像图谱、bot 图谱和对话上下文的话题排序策略。

1. 热点话题事件

基于热点话题事件的排序策略是指，近期发生的热门事件信息对于对话更加有价值，更有信息量，所以与热门事件相关的话题应当优先返回。

图 6-41 是若干热点事件的示例，如第三条事件信息为"女篮大胜波多黎各"，事件的报道时间为"2019-08-19 05:17:25"。从这条事件中可以发现"女篮"和"波多黎各"是两个关联话题。同时"女篮"的关联概念为"运动"，在图 6-40 的热点子图中，可以清晰地看到该条热点事件相关的话题，以及它们在热点子图中的构成。因此在 8 月 19 日女篮大胜事件发生前后的时间内，当提及"运动"这一话题时，可以自然地联想到"女篮"，从而展开相关的事件描述。

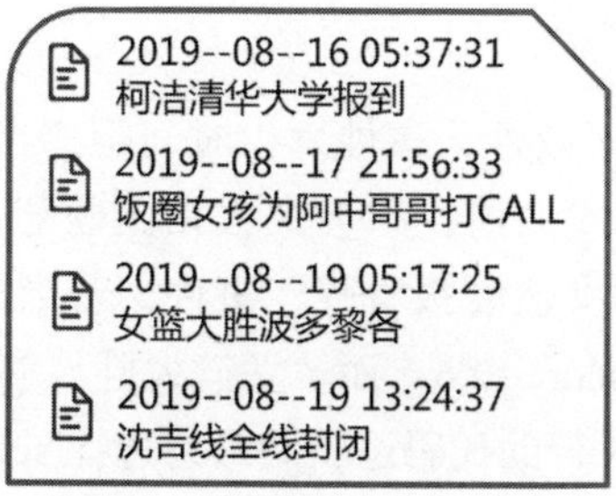

图 6-41　热点事件示例

对于一个候选话题，可以检验其能否关联到热点子图中，匹配逻辑如下：

```
def filter_by_hot_event(topic):
    event_list = topic_event_mapping.get(topic, None)
    if event_list:
        event_detail = ''
        max_score = 0
        for event_info in event_list:
            time_interval = time.time() - event_info[1]
            if time_interval < 3600*24*2:
                score = 1
            elif time_interval < 3600*24*4:
                score = 0.6
            elif time_interval < 3600*24*5:
                score = 0.4
            else:
                score = 0.2
            if score >= max_score:
                max_score = score
```

```
        event_detail = event_info[0]
    return [event_detail, max_score]
```

这里定义一个名为 filter_by_hot_event 的函数，输入话题 topic，输出关联上的热点事件，若没有关联上则返回 None。

第二行的 topic_event_mapping 为存储话题映射到事件的 dict 对象，由于多个事件可能同属于一个话题，因此 key 为话题名称，value 为多个事件组成的列表，列表中的每一项由某个事件的具体信息和事件发生时间（时间戳）构成，如以下示例：

```
topic_event_mapping = {
    "女篮": [
        ["女篮积极备战", 1565929940],
        ["女篮大胜波多黎各", 1566163045]
    ],
    "波多黎各": [
        ["女篮大胜波多黎各", 1566163045]
    ]
}
```

同时，由于事件往往具有时效性，事件发生时间距离当前越近，时间的价值越大。反之若事件已发生较长时间，如 5 天前，则会失去话题联想的价值。这里，事件的价值用 score 进行衡量。如上例中的"女篮积极备战"事件，若当前为 8 月 16 日，则该事件是在三天前发生，根据代码逻辑，score=0.6。而"女篮大胜波多黎各"事件则是当天发生的新鲜事，因此 score=1。第 4 ~ 18 行的代码逻辑是最终选择 score 最大的事件返回。

除了候选话题的关联匹配，由于事件的时效性特点，热点事件图谱的维护也是一大要点。

对于热点事件的获取，可以采用爬虫周期性地（例如每隔 15 分钟）抓取互联网上公开的热门话题，例如微博热搜、搜索引擎的趋势等。

对于热点事件的话题抽取，可以复用 6.4.2 节介绍的话题抽取技术，并存储到数据库中，形成事件图谱。

此外，对于线上系统的低延时需求，可以采用定时任务，保持本地数据与数据库数据同步，如以下代码所示：

```
def update_hot_event():
    topic_event_mapping.clear()
    update_rst = synchronize_from_db("hot_event")
    topic_event_mapping.update(update_rst)
```

其中 synchronize_from_db 函数负责从图谱拉取热点事件数据到本地。将 update_hot_

event 函数设置为定时任务入口，便可以保持 topic_event_mapping 对象的数据持续更新。

2. 用户画像图谱

基于用户画像图谱的排序策略是指，与用户密切相关的实体自然应当被优先返回，因此可基于用户画像图谱对候选联想实体进行剪枝。

前文 5.3 节已经介绍过用户画像图谱，即在对话的场景下，系统可以不断积累对于用户的认知，或者主动记忆用户的信息，形成用户画像图谱。用户画像的来源可以是用户言语中传达的信息，也可以是显式的系统操作。

如图 6-42 所示，这里记录了四条用户与聊天机器人"琥珀"进行的交互。其中，第一条和第三条是用户设置的闹钟提醒，第二条使用了音乐播放功能，第四条是和琥珀打招呼。基于上述信息，可以刻画出用户近期在进行"运动健身"的画像信息，同时也表明用户可能喜欢"七里香"这首"音乐"。以上便是图 6-40 中用户子图中主要的构成部分。

图 6-42　用户事件示例

候选话题与用户子图中的话题匹配，具体实现逻辑如下：

```
user_related_topic_dict = {}
def update_user_related_entity():
    update_rst = synchronize_from_db("user_related_entity")
    user_related_topic_dict.update(update_rst)
def filter_by_user_profile(user_id, topic):
    related_topic_dict = user_related_topic_dict.get(user_id, None)
    topic_detail = related_topic_dict.get(topic, None)
    return [topic_detail, 1]
```

这里定义了一个 filter_by_user_profile 函数，用于匹配话题。与热点话题图谱不同的是，利用用户子图时，还需要传入用户的 id，即 user_id。在保存各个用户画像信息的 dict 对象 user_related_topic_dict 中，基于 user_id 和话题 topic，匹配满足的画像值。以下为 user_related_topic_dict 的一个示例：

```
user_related_topic_dict = {
    "user_id": {
        "性别": "男",
        "运动": "健身房运动两天",
        "音乐": "七里香"
    }
}
```

注意到如果 filter_by_user_profile 匹配到话题，则返回的结果由两部分构成。第一个返回值为 topic_detail，即具体的匹配结果值。第二个参数为 score，与话题图谱中的 score 相对应，用于表示当前匹配结果的得分，这部分将在步骤 5 中用到。

同时，update_user_related_entity 用于和图谱数据库进行同步，这里同热点话题图谱部分的逻辑一致。在随着人机交互的进行过程中，用户画像图谱的信息会不断更新，因此需要同步机制，保证匹配时的数据信息是最新的。

3.bot 图谱

闲聊对话系统的一个终极目标是让用户在和机器人聊天时，感觉如同在与人类聊天一般自然有趣，bot 图谱便是其中一种实现手段。

bot 图谱是与用户图谱非常类似的，其中的人物属性、关系信息可以完全沿用一套图谱模式，不同点在于用户画像是基于真实人物刻画出的，而 bot 人设画像则是凭空虚构的。基于 bot 图谱构建出的对话机器人拥有自己的基本属性、爱好设定，同时包含每日 24 小时生活轴的动态事件，同战场人类相似。如图 6-43 所示，这是一个机器人一天生活的事件示例，分别进行了锻炼"跑步"、弹"钢琴"、吃"海鲜大餐"、练"瑜伽"、下"围棋"等一系列事件。相关的话题在前面图 6-40 中的 bot 子图已展示。

图 6-43   bot 事件示例

基于 bot 图谱的基本思想也与前两个图谱类似，即与 bot 相关的实体应当优先返回。具体的代码逻辑如下：

```
bot_related_topic_dict = {}
```

```
def update_bot_related_entity():
    update_rst = synchronize_from_db('bot_related_entity')
    bot_related_topic_dict.update(update_rst)
def filter_by_bot_profile(bot_id, topic):
    related_topic_dict = bot_related_topic_dict.get(bot_id, {})
    topic_detail = related_topic_dict.get(topic, None)
    return [topic_detail, 1]
```

这里定义了 filter_by_bot_profile 函数用于匹配话题，同时需要传入 bot_id 作为必要参数，通常情况下，bot 的人设会有多个，例如男女两个不同性别等。不同 bot 的人设信息以及生活轴事件是不一样的，因此需要先通过 bot_id，在存储所有 bot 图谱信息的 bot_related_topic_dict 对象中获取仅与当前 bot_id 相关的数据进行匹配。这里的数据更新逻辑也与前两部分相同，这里不再累述。

同时，当匹配到 bot 相关信息时，匹配函数最终返回的结果中也由两部分构成，其中，topic_detail 即具体的信息值，而第二部分与之前一致，即 score 分值，这部分将在步骤 5 中用到。

4. 上下文

基于上下文的候选话题剪枝，本质上是沿用了推荐系统中的多样性衡量指标，即本轮选择的话题和该话题相关的信息，应尽可能不与前几轮已经讨论过的话题重合，尽可能将一些新鲜的话题加入新的对话中。在具体实践时，需要维护一个话题上下文状态，保存前几轮已经聊过的话题，并根据上下文对多次返回的联想实体降权。

在整个闲聊的对话流程中，上下文的维护和筛选可以分为三个阶段。

第一个阶段，检查上下文是否过期，代码逻辑如下所示：

```
def check_context(user_id):
    now_time = time.time()
    if user_id in user_context_topic_dict:
        context_topic_dict = user_context_topic_dict[user_id]
        for topic in context_topic_dict:
            update_time = context_topic_dict[topic][0]
            turn_past = context_topic_dict[topic][1]
            sent_past = context_topic_dict[topic][2]
            if now_time - update_time > time_window:
                context_topic_dict.pop(topic)
            else:
                context_topic_dict[topic] = [update_time, turn_past+1, sent_
                    past]
```

上下文话题状态，通过 dict 对象 user_context_topic_dict 进行存储。其中 key 为 user_id，对于每一个用户再保存一个独立的历史话题状态 dict 对象 context_topic_dict。context_ topic_dict 的 key 即 topic，每一个 value 中则保存三个信息：

❑ 话题触发的时间 update_time；

❑ 话题触发至今已经历的对话轮数 turn_past；

❑ 话题触发时用户的输入语句 sent_past。

这里设置一个上下文的时间窗口 time_window，仅保存距离现在时间窗口范围内的历史话题，若超出则不进行降权惩罚。同时，对于时间窗口内有效的话题，则统一对 turn_past 值 +1，表示当进入此轮对话时，历史对话的轮数都顺延加一。

第二个阶段，基于上下文筛选，代码如下：

```
def filter_by_context(user_id, topic):
    context_topic_dict = user_context_topic_dict.get(user_id, {})
    data_tuple = context_topic_dict.get(topic, None)
    if data_tuple:
        turn_past = data_tuple[1]
        sent = data_tuple[2]
        score = 1 - (turn_past * 1.0 - 1) / 10
        if score < 0:
            score = 0
    return [sent, score]
```

以上匹配的代码逻辑基本与前文一致，不同之处在于 score 的计算上。在计算 score 时，示例基于历史对话轮数 turn_past，进行分支的降权，上一轮的话题对应的 turn_past 值为 1，对应的 score 为 1，上两轮的 turn_past 值为 2，对应的 score 为 0.9，即每增加一轮，对应的 score 降低 0.1。关于降权的具体实现逻辑以及参数，读者可自行更改。

第三个阶段，更新上下文，示例代码如下：

```
def update_context(user_id, topic, sent):
    now_time = time.time()
    if user_id in user_context_topic_dict:
        context_topic_dict = user_context_topic_dict[user_id]
        context_topic_dict[topic] = [now_time, 0, sent]
    else:
        user_context_topic_dict[user_id] = {topic: [now_time, 0, sent]}
```

在本轮对话完成后（若作为服务接入，则还需考虑本服务是否最终被采用），将话题相关的上下文信息存储到 user_context_topic_dict 中。

5. 话题排序

在经过以上四个部分的话题筛选之后，原始的候选话题已经被剪掉了大部分，此时便可对候选集中的剩余候选话题进行排序，选择最优的结果进行回复。

候选话题排序的依据为之前四个筛选阶段的打分结果，具体如下所示，这里将之前的候选话题生成以及筛选流程整合到了一起：

```
1.  def pipeline(sent, topic_list, user_id, bot_id='girl'):
2.      # Step1：产生候选话题集合，基于图谱的一跳关系，以及词向量扩展结果
3.      candidate_set = get_association_candidates(topic_list, sent)
4.      if not candidate_set:
5.          return {}
6.      # Step2：计算候选实体得分
7.      association_score_map = {}
8.      association_detail_map = {}
9.      for candidate in candidate_set:
10.         detail_dict = {}
11.         score = 0
12.         # 排序因素：根据热点过滤
13.         hot_event_rst = filter_by_hot_event(candidate)
14.         if hot_event_rst:
15.             detail_dict["hot_event"] = hot_event_rst[0]
16.             score += hot_event_rst[1]
17.         # 排序因素：与用户长期记忆的关联程度
18.         user_rst = filter_by_user_profile(user_id, candidate)
19.         if user_rst:
20.             detail_dict["user"] = user_rst[0]
21.             score += user_rst[1]
22.         # 排序因素：与bot人设的关联程度
23.         bot_rst = filter_by_bot_profile(bot_id, candidate)
24.         if bot_rst:
25.             detail_dict["bot"] = bot_rst[0]
26.             score += bot_rst[1]
27.         # 排序因素：与上下文的关联程度
28.         context_rst = filter_by_context(user_id, candidate)
29.         if context_rst:
30.             score += context_rst[1]
31.
32.         association_score_map[candidate] = score
33.         association_detail_map[candidate] = detail_dict
34.     return association_score_map, association_detail_map
```

其中，get_association_candidates 函数基于输入语句中抽取到的话题列表 topic_list，产生候选话题集合 candidate_set。

定义两个 dict 对象，association_score_map 用于存储各个话题对应的分值，association_detail_map 则用于存储各个话题联想的依据。

第 9 ～ 33 行代码表示遍历 candidate_set 中的各个候选话题，分别进行热点话题筛选、用户画像筛选、bot 人设筛选和上下文筛选。注意，每一个 filter 筛选函数都会返回一个 score 值，并不断累加，最后存储到 association_score_map 中。如果一个话题在多个筛选阶段匹配到，那么 score 就会增大，其被最终选择可能性相应提升。同时，各个匹配阶段（除

了上下文）的匹配依据被分字段存储于 association_detail_map 中。

根据 score 对候选话题排序，如以下代码所示：

```
max_score = -1
rst_topic = None
for topic, score in candidate_score_map.items():
    if score > max_score:
        max_score = score
        rst_topic = topic
    elif score == max_score:
        # 如果分数相同，则以50%的概率替换当前候选，造成一定的随机性
        if random.random() < 0.5:
            rst_topic = topic
if max_score == 0:
    # 没有合适的加权候选，随机返回
    rst_topic = random.choice(candidate_score_map.keys())
```

代码逻辑为，选择 score 值最大的话题 topic 作为最终返回结果。其中添加了一个随机机制，当最大 score 值对应多个话题时，随机选择其中一个。

6.4.5 联想回复生成

话题联想的最后一个阶段是基于话题联想依据，产生一个人类能够理解的自然语言表述，作为本轮对话的回复，返回给用户。

这里采用模板的方式进行自然语言生成，如以下代码所示：

```
1.  connect_template = [
2.      '话说，',
3.      '说起来，',
4.      '想起来，'
5.  ]
6.  hot_template = [
7.      '我最近看到消息说：',
8.      '我最近看到一个话题：',
9.      '最近大家好像在讨论：',
10.     '我最近看到一条新闻：',
11.     '我刚刚看到一条新闻：',
12.     '最近我得知一条新闻：',
13.     '最近有一条新闻：',
14.     '最近有一条消息说：',
15.     '最近有一条话题：'
16. ]
17.
18. def generate_rely(topic, detail_dict):
19.     reply_list = []
20.     if 'user' in detail_dict:
```

```
21.        detail = detail_dict['user']
22.        reply_list.append('没记错的话，{}是你的{}'.format(topic, detail))
23.    if 'bot' in detail_dict:
24.        detail = detail_dict['bot']
25.        reply_list.append('真巧，{}也是我的{}'.format(topic, detail))
26.    if 'hot_event' in detail_dict:
27.        detail = detail_dict['hot_event']
28.        reply_list.append(random.choice(connect_template) + random.
               choice(hot_template) + detail)
29.    reply = "。".join(reply_list)
30.    return reply
```

其中，generate_rely 为定义的自然语言生成函数，它接收前序模块产生的联想话题，以及该话题的联想依据。

根据前文的匹配流程，我们知道匹配依据最多可以有三个，因此分别对热点话题、用户画像和 bot 人设三方面进行回复语句构造。

对于热点话题，回复语句模板由三部分构成，即 connect_template、hot_template 和具体的热点事件内容。connect_template 和 hot_template 是两个 list 对象，分别从中随机选择一个结果进行拼接，便组成了自然语句。随机性的加入，使得回复语句更加多样。

对于用户画像和 bot 人设，则采用固定回复模板，直接将话题和对应的话题内容填充到模板对应的槽位中，完成自然语言生成。这里，读者也可以仿照热点话题的策略，构造更加丰富的回复模板，添加随机性，也可以根据不同的联想依据来选择个性化的回复语句。

最后，给出若干话题联想的完整示例，供读者参考。

案例 1：

Q：谢霆锋主持的锋味最近要开播了吗？

A：锋味的主要嘉宾是周杰伦，没记错的话，周杰伦还是你最喜欢的明星，话说，我刚刚看到一条新闻说：周杰伦方文山加盟中国好诗歌。

抽取实体：锋味

联想实体：周杰伦

联想依据：

回答包含抽取实体与联想实体的联系：[锋味 – 主要嘉宾 – 周杰伦]

用户固定属性：[最喜欢的明星：周杰伦]

联想实体的热点信息：周杰伦方文山加盟中国好诗歌

案例2：

Q: 饿了，好想来根士力架啊!

A: 没记错的话，巧克力还是你的最喜欢吃的食物，我还知道士力架的类型是巧克力哦。

抽取实体：士力架

联想实体：巧克力

联想依据：

回答包含用户的固定属性：[最喜欢的食物：巧克力]

固定属性与对话提及实体的联系：[士力架 - 类型 - 巧克力]

案例3：

Q: 复联4要上映了，我好想去看啊!

A: 说到复联4，是复仇者联盟4：终局之战的中文名吧，说起来，我最近看到消息说：复联4中国首映礼。

抽取实体：复联4

联想实体：复仇者联盟4：终局之战

联想依据：

包含提及实体和联想实体之间的关系：[复联4- 中文名 - 复仇者联盟4：终局之战]

联想实体的热点信息：复联4中国首映礼

参考文献

[1] X. Han and J. Zhao, NLPR_KBP in TAC 2009 KBP Track: A Two Stage Method to Entity Linking[C]. TAC 2009 Workshop, 2009.

[2] V. Varma, P. Bysani, K. Reddy, et al. Iiit Hyderabad at TAC 2009[C]. TAC 2009 Workshop, 2009.

[3] W. Zhang, Y. C. Sim, J. Su, and C. L. Tan. Entity Linking with Effective Acronym Expansion, Instance Selection and Topic Modeling. IJCAI, 2011, pp. 1909-1914.

[4] H. Ji, R. Grishman, and H. T. Dang. Overview of the TAC 2011 Knowledge Base Population Track[C]. TAC 2011 Workshop, 2011.

[5] R. Herbrich, T. Graepel, and K. Obermayer. Large Margin Rank Boundaries for Ordinal Regression[C]. Advances in Large Margin Classifiers, A. Smola, P. Bartlett, B. Scho lkopf, and D. Schuurmans, Eds. Cambridge, MA: MIT Press, 2000, pp. 115-132.

[6] T. Joachims. Optimizing Search Engines Using Clickthrough Data[C]. SIGKDD, 2002, pp. 133-142.

[7] L. Shen and A. K. Joshi. Ranking and Reranking with Per- Ceptron[C]. Mach. Learn., vol. 60, no. 1-3, pp. 73-96, Sep. 2005.

[8] S. Cucerzan. Large-Scale Named Entity Disambiguation Based on Wikipedia Data[C]. EMNLP-CoNLL, 2007, pp. 708-716.

[9] D. Ceccarelli, C. Lucchese,S. Orlando, R. Perego, S. Trani.Dexter: an Open Source Framework for Entity Linking[C]. Sixth International Workshop on Exploiting Semantic Annotations in Information Retrieval (ESAIR), San Francisco, 2013.

[10] Sakor A, Singh K, Patel A, et al. FALCON 2.0: An Entity and Relation Linking Tool over Wikidata[J]. 2019.

[11] Green Jr B F, Wolf A K, Chomsky C, et al. Baseball: an Automatic Question-Answerer[C]. Papers Presented at the May 9-11, 1961, Western Joint IRE-AIEE-ACM Computer Conference. 1961: 219-224.

[12] Woods W A. Progress in Natural Language Understanding: an Application to Lunar Geology[C]. Proceedings of the June 4-8, 1973, National Computer Conference and Exposition. 1973: 441-450.

[13] Daiber J, Jakob M, Hokamp C, et al. Improving Efficiency and Accuracy in Multilingual Entity Extraction[C]. Proceedings of the 9th International Conference on Semantic Systems. 2013: 121-124.

[14] Yosef M A, Hoffart J, Bordino I, et al. Aida: An Online Tool for Accurate Disambiguation of Named Entities in Text and Tables[J]. Proceedings of the VLDB Endowment, 2011, 4(12): 1450-1453.

[15] Lopez V, Uren V, Motta E, et al. AquaLog: An Ontology-Driven Question Answering System for Organizational Semantic Intranets[J]. Journal of Web Semantics, 2007, 5(2): 72-105.

[16] Lopez V, Fernández M, Motta E, et al. Poweraqua: Supporting Users in Querying and Exploring the Semantic Web[J]. Semantic web, 2012, 3(3): 249-265.

[17] Freitas A, Curry E. Natural Language Queries over Heterogeneous Linked Data Graphs: A Distributional-Compositional Semantics approach[C]. Proceedings of the 19th International Conference on Intelligent User Interfaces. 2014: 279-288.

[18] Yahya M, Berberich K, Elbassuoni S, et al. Natural Language Questions for the Web of Data[C]. Proceedings of the 2012 Joint Conference on Empirical Methods in Natural Language Processing and Computational Natural Language Learning. 2012: 379-390.

[19] Allan J, Aslam J, Belkin N, et al. Challenges in Information Retrieval and Language Modeling: Report of a Workshop Held at the Center for Intelligent Information Retrieval, University of Massachusetts Amherst, September 2002[C]. ACM SIGIR Forum. New York, NY, USA: ACM, 2003, 37(1): 31-47.

[20] Banko M, Cafarella M J, Soderland S, et al. Open Information Extraction from the Web[C]. IJCAI.

2007, 7: 2670-2676.

[21] Wu F, Weld D S. Open Information Extraction Using Wikipedia[C]. Proceedings of the 48th Annual Meeting of the Association for Computational Linguistics. Association for Computational Linguistics, 2010: 118-127.

[22] Nakashole N, Weikum G, Suchanek F. PATTY: A Taxonomy of Relational Patterns with Semantic Types[C]. Proceedings of the 2012 Joint Conference on Empirical Methods in Natural Language Processing and Computational Natural Language Learning. Association for Computational Linguistics, 2012: 1135-1145.

[23] Gerber D, Ngomo A C N. Bootstrapping the linked data web[C]. 1st Workshop on Web Scale Knowledge Extraction@ ISWC. 2011, 2011.

[24] Unger C, Bühmann L, Lehmann J, et al. Template-based Question Answering over RDF Data[C]. Proceedings of the 21st International Conference on World Wide Web. 2012: 639-648.

[25] Xu K, Zhang S, Feng Y, et al. Answering Natural Language Questions via Phrasal Semantic Parsing[C]. CCF International Conference on Natural Language Processing and Chinese Computing. Springer, Berlin, Heidelberg, 2014: 333-344.

[26] Peters M E, Neumann M, Iyyer M, et al. Deep Contextualized Word representations[C]. arXiv preprint arXiv:1802.05365, 2018.

[27] Devlin J, Chang M W, Lee K, et al. Bert: Pre-training of Deep Bidirectional Transformers for Language Understanding[C]. arXiv preprint arXiv:1810.04805, 2018.

[28] Lopez V, Fernández M, Motta E, et al. Poweraqua: Supporting Users in Querying and Exploring the Semantic Web[J]. Semantic web, 2012, 3(3): 249-265.

[29] Zhang Y, He S, Liu K, et al. A Joint Model for Question Answering over Multiple Knowledge Bases[C]. Thirtieth AAAI Conference on Artificial Intelligence. 2016.

[30] Marginean A. Question Answering over Biomedical Linked Data with Grammatical Framework[J]. Semantic Web, 2017, 8(4): 565-580.

[31] Shekarpour S, Marx E, Ngomo A C N, et al. Sina: Semantic Interpretation of User Queries for Question Answering on Interlinked Data[J]. Journal of Web Semantics, 2015, 30: 39-51.

[32] Hamon T, Grabar N, Mougin F, et al. Description of the POMELO System for the Task 2 of QALD-2014[J]. CLEF (Working Notes), 2014, 1180: 1212-1223.

[33] Song D, Schilder F, Smiley C, et al. TR discover: A natural Language Interface for Querying and Analyzing Interlinked Datasets[C]. International Semantic Web Conference. Springer, Cham, 2015: 21-37.

[34] Li X, Roth D. Learning question classifiers[C]. COLING 2002: The 19th International Conference on Computational Linguistics. 2002.

[35] Hovy E, Hermjakob U, Ravichandran D. A question/answer typology with surface text patterns[C].

Proceedings of the Second International Conference on Human Language Technology Research. Morgan Kaufmann Publishers Inc San Francisco, CA, USA, 2002: 247-251.

[36]   Bu F, Zhu X, Hao Y, et al. Function-based Question Classification for General QA[C]. Proceedings of the 2010 Conference on Empirical Methods in Natural Language Processing. 2010: 1119-1128.

[37]   Cabrio E, Cojan J, Aprosio A P, et al. QAKiS: An Open Domain QA System Based on Relational Patterns[J]. 2012.

[38]   Park S, Shim H, Lee G G. ISOFT at QALD-4: Semantic Similarity-based Question Answering System over Linked Data[C]. Clef (Working Notes). 2014: 1236-1248.

[39]   Yahya M, Berberich K, Elbassuoni S, et al. Robust Question Answering Over the Web of Linked Data[C]. Proceedings of the 22nd ACM International Conference on Information & Knowledge Management. 2013: 1107-1116.

[40]   Ruseti S, Mirea A, Rebedea T, et al. QAnswer-Enhanced Entity Matching for Question Answering over Linked Data[C]. CLEF (Working Notes). 2015: 28-35.

[41]   Zou L, Huang R, Wang H, et al. Natural Language Question Answering over RDF: A Graph Data Driven Approach[C]. Proceedings of the 2014 ACM SIGMOD International Conference on Management of Data. 2014: 313-324.

[42]   Giannone C, Bellomaria V, Basili R. A HMM-based Approach to Question Answering Against Linked Data[C]. CLEF (Working Notes). 2013.

[43]   Beaumont R, Grau B, Ligozat A L. SemGraphQA@ QALD5: LIMSI participation at QALD5@ CLEF[C]. 2015.

[44]   Shizhu H, Yuanzhe Z, Kang L, et al. CASIA@ V2: A MLN-based question answering system over linked data[J]. 2014.

[45]   Abujabal A, Yahya M, Riedewald M, et al. Automated Template Generation for Question Answering over Knowledge Graphs[C]. Proceedings of the 26th International Conference on World Wide Web. International World Wide Web Conferences Steering Committee, 2017: 1191-1200.

[46]   Unger C, Bühmann L, Lehmann J, et al. Template-based Question Answering over RDF Data[C]. Proceedings of the 21st International Conference on World Wide Web. ACM, 2012: 639-648.

[47]   Berant J, Chou A, Frostig R, et al. Semantic Parsing on Freebase from Question-Answer Pairs[C]. EMNLP. 2013, 2(5): 6.

[48]   Yih S W, Chang M W, He X, et al. Semantic Parsing via Staged Query Graph Generation: Question Answering with Knowledge Base[C]. 2015.

[49]   Zelle J M. Using Inductive Logic Programming to Automate the Construction of Natural Language Parsers[J]. University of Texas at Austin, 1995.

[50]   Wong Y W, Mooney R J. Learning Synchronous Grammars for Semantic Parsing with Lambda Calculus[C]. Annual Meeting-Association for computational Linguistics. 2007, 45(1): 960.

[51] Lu W, Ng H T, Lee W S, et al. A Generative Model for Parsing Natural Language to Meaning Representations[C]. Proceedings of the Conference on Empirical Methods in Natural Language Processing. Association for Computational Linguistics, 2008: 783-792.

[52] L.S. Zettlemoyer, M. Collins. Learning to Map Sentences to Logical Form: Structured Classification with Probabilistic Categorial Grammars[C]. Proc. 21st Conf. Uncertainty in Artificial Intelligence, 2005, pp. 658-666.

[53] Kwiatkowski T, Zettlemoyer L, Goldwater S, et al. Inducing Probabilistic CCG Grammars from Logical Form with Higher-order Unification[C]. Proceedings of the 2010 Conference on Empirical Methods in Natural Language Processing. Association for Computational Linguistics, 2010: 1223-1233.

[54] Kwiatkowski T, Zettlemoyer L, Goldwater S, et al. Lexical Generalization in CCG Grammar Induction for Semantic Parsing[C]. Proceedings of the Conference on Empirical Methods in Natural Language Processing. Association for Computational Linguistics, 2011: 1512-1523.

[55] Wong Y W, Mooney R J. Learning for Semantic Parsing with Statistical Machine Translation. Proceedings of the Main Conference on Human Language Technology Conference of the North American Chapter of the Association of Computational Linguistics[C]. Association for Computational Linguistics, 2006: 439-446.

[56] Yih W T, Chang M W, He X, et al. Semantic Parsing via Staged Query Graph Generation: Question Answering with Knowledge Base[C]. Meeting of the Association for Computational Linguistics and the International Joint Conference on Natural Language Processing. 2015:1321-1331.

[57] Bordes A, Chopra S, Weston J. Question Answering with Subgraph Embeddings[C]. arXiv preprint arXiv:1406.3676, 2014.

[58] Yang M C, Duan N, Zhou M, et al. Joint Relational Embeddings for Knowledge-based Question Answering[C]. EMNLP. 2014, 14: 645-650.

[59] Dong L, Wei F, Zhou M, et al. Question Answering over Freebase with Multi-Column Convolutional Neural Networks[C]. Meeting of the Association for Computational Linguistics and the International Joint Conference on Natural Language Processing. 2015:260-269.

[60] Hao Y, Zhang Y, Liu K, et al. An End-to-End Model for Question Answering over Knowledge Base with Cross-Attention Combining Global Knowledge[C]. Meeting of the Association for Computational Linguistics. 2017:221-231.

[61] Bordes A, Usunier N, Chopra S, et al. Large-scale Simple Question Answering with Memory Networks[C]. Computer Science, 2015.

第 7 章

基于知识图谱的问答系统

在第 6 章中我们已经详细阐述了如何实现知识可视化,如何实现实体链接,也介绍了基于图谱的两大应用——知识问答和图谱联想,本章将从实战视角详细讲解如何从零构建一个基于知识图谱的问答系统(KGQA)。其中 7.1 节将介绍问答系统的整体框架,7.2 节、7.3 节和 7.4 节将分别详细介绍问答系统的三个核心部分:自然语言理解(NLU)、对话管理(DM)和自然语言生成(NLG),最后 7.5 节中给出了问答系统服务化的方法。

7.1 简介

本章将通过实际代码,结合前几章搭建好的通用及领域知识图谱,展示如何实际构建可用的问答系统。

整体的项目构建流程如图 7-1 所示。

问答对话系统整体流程分为三个部分。

首先是自然语言理解,主要包含两个功能:第一是对用户输入的问句进行语义理解,核心是意图识别,以指导后续对话管理模块选择服务执行;第二是对各个服务均可能用到的 NLU 前序结果进行统一调用、封装,供后续模块使用,减少重复调用。

其次是核心对话管理,包括四个功能。第一是基础功能,根据 NLU 的结果,选择不同的服务模块进行调用,其中可能存在多个候选服务,形成候选服务列表,例如打招呼意图较为明确,只需要一个服务候选,而问答(QA)粗意图则需要四个服务候选。调用方式采用多线程并行方式,以减少多模块调用时间开销,执行结束后同步返回结果,统一封装,并对多个模块的执行结果进行排序。第二是 QA 功能,由三部分构成,分别是基于 KG 的 QA 模块(4 个子模块,分别处理通用 QA、领域 QA、用户 QA 和 bot 人设 QA,读者可参考 6.3 节的内容)、基于检索(IR)的 QA 模块、基于机器阅读理解(MR)的 QA 模块。QA

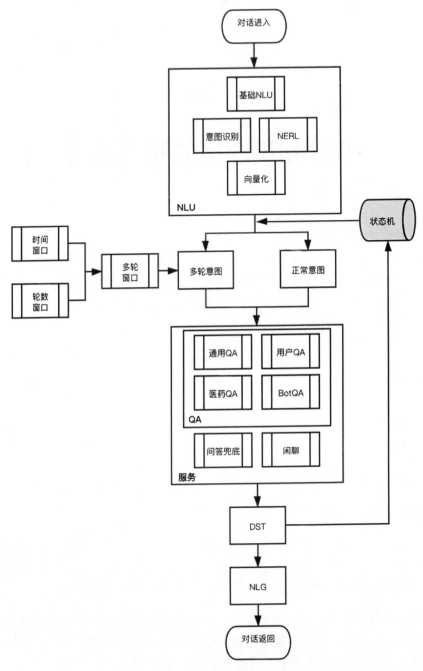

图 7-1 项目流程图

意图的识别结果可以有两种：一种为粗意图，需子模块自行判断当前问句是否可回答，另一种为细意图，意图为特定子模块。第三是闲聊能力，由联想（读者可参考 6.4 节的内容）

和兜底两部分构成。第四是多轮对话能力，基于槽位继承的方式，对多轮 QA 提供支持，设计和维护多轮状态机，保存每轮的 dst 结果，设定多轮时间窗口。

最后一部分是自然语言生成，即生成优化后的答句。

本章将按照标准的对话系统，从自然语言理解、对话管理、自然语言生成以及服务化四个部分进行介绍。

首先前往 GitHub 上获取代码，项目地址是 https://github.com/zhangkai-ai/build-kg-from-scratch。读者可以对照项目文件阅读下文，或者自己从零搭建一个 Python 项目。项目主函数位于 ch7/main_handler.py。

```python
import json
import time
from loguru import logger
from nlu.nlu_handler import nlu_main_handler
from dm.dm_handler import dm_main_handler
from nlg.nlg_handler import nlg_main_handler
from dm.dst_manager import add_dst
```

首先从各模块引入相关处理函数。

```python
def sent_handler(sent, user_id):
    """
    对话输入语句的主处理函数
    :param sent：对话输入语句
    :param user_id：用户的 id
    :return：对话回复语句
    """
    # 1. NLU 模块，获取对话意图及通用自然语言理解
    nlu_dict = nlu_main_handler(sent)
    '''
    nlu_dict_example = {
        "input": "xxx",
        "base_nlu": {
            "jieba_cut": ["a", "b"]
        },
        "intent": "qa",
        "slot": {}
    }
    '''
    logger.info("NLU RST: {}".format(str(nlu_dict)))

    # 2. DM 模块，对话管理，选择候选服务并调用，然后对结果排序
    dst = dm_main_handler(user_id, nlu_dict)
    logger.info("DM RST: {}".format(str(dst)))

    # 3. NLG 模块
```

```
dst = nlg_main_handler(dst, nlu_dict)
logger.info("NLG RST: {}".format(str(dst)))

# 4. 保存本轮结果到 dst 中
dst["time"] = time.time()
add_dst(user_id, dst)

return dst
```

在主处理函数 sent_handler 中，第一步是通过 nlu_main_handler 获取用户对话意图以及自然语言处理结果，以字典形式返回，同时记录日志。然后，通过对话管理模块 dm_main_handler，选择候选服务并调用，通过自然语言生成模块 nlg_main_handler，将回复改写后返回给用户。最后将本轮结果通过 add_dst 加入多轮记录中。

7.2 自然语言理解

7.2.1 概述

自然语言处理（Natural Language Processing，NLP）是指理解人类语言并将其转化为机器可理解的结构化信息的过程，主要包括自然语言理解（Natural Language Understanding，NLU）和自然语言生成（Natural Language Generation，NLG）两大任务，除此之外还包括语言理解前的文本处理，以及语言理解后如何对接后续具体任务。NLU 是 NLP 的核心，通常包含问句理解、意图识别、情感分析、词法（Lexical）、句法（Syntax）和语义（Semantic）等不同层次的分析工作，如图 7-2 所示。

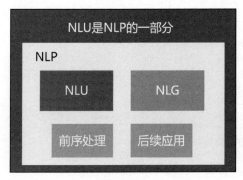

图 7-2 NLP 的组成

在问答系统这一具体应用中，NLU 的主要任务是识别用户真实问答意图、问答信息词抽取以及一些基础 NLP 特征的提取，从而为后续模块提供服务。本节将从基础 NLU、意图识别、实体识别与链接和文本相似度与向量化四个方面来介绍。

7.2.2　基础 NLU

在问答系统应用中，基础自然语言理解阶段主要包括分词、词性标注、命名实体识别、依存句法分析等任务，目标是提取出基础语义特征，供后续模块使用。

1. 分词

分词几乎是每一个中文 NLP 任务的必经阶段，将句子拆分成词粒度的语义单元，供后续的 NLP 任务使用。主流的分词工具有 jieba 分词、哈工大的 pyltp、Hanlp、清华的 THULAC 分词、中科院的 ICTCLAS 分词等。

本文提供 3 种分词工具的实现方法和调用方法供读者参考。

（1）jieba 分词

```python
import jieba
class JiebaUtil:
    def __init__(self, user_dict=''):
        # 当用户自定义词表时，Jieba 会在系统词表基础上用 user_dict 进行更新
        if user_dict:
            # 词表格式：词条、频次
            # 通常频次可设置为 3，但当 Jieba 依旧无法分开时，需要调大频次值
            jieba.load_userdict(user_dict)
        print(list(self.jieba_cut("告白气球")))

    def jieba_cut(self, sentence, type=1):
        seg_list = []
        if type == 1:
            # 默认为精确模式
            seg_list = jieba.cut(sentence, cut_all=False)
        elif type == 2:
            # 全模式
            seg_list = jieba.cut(sentence, cut_all=True)
        elif type == 3:
            # 搜索引擎模式
            seg_list = jieba.cut_for_search(sentence)
        else:
            print("jieba input type error: parameter type out of range")
        return seg_list

jieba_util = JiebaUtil(user_dict='jieba_user_dict.txt')
```

本文展示了 jieba 的三种分词模式——精准模式、全模式、搜索引擎模式，并且展示了如何自定义用户词表进行分词。在很多时候，句中的一些实体信息在分词过程中会被切分开，例如电影名称"消失的爱人"、歌曲名称"告白气球"等。在特定类型的问答任务中，可能因为分词导致实体无法被完整提取，此时需要自定义用户词表提升任务的准确性。在 Jieba 中，用户自定义词表 jieba_user_dict.txt 文件的格式如下：

消失的爱人 3
简单爱 3
告白气球 3

表中有两列信息，用户自定义词条和词频，通过空格连接，频率一般默认设置为 3。对于一些较长的词条，通常设置较低频率，在分词时就可以分开；如果希望将原本在一起的词语分开，例如将"小姐姐"切分成更细粒度的"小"和"姐姐"，此时需要分别将"小"和"姐姐"两个词各自单独的频率升高并且降低"小姐姐"这个词条的频率，这样才能实现分词。在实际使用时，还是要根据具体情况设置词频。

（2）哈工大 pyltp 分词

读者可以使用 Python 调用接口 pyltp 进行分词，但在此之前，需要先下载 pyltp 的模型[⊖]，详细文档可参考官网[⊖]。我们将 pyltp 的所有接口分装成了一个 LTPHander 类，位于 ch7/nlu/seg/ltp_util.py 中，其中包含默认分词方法和用户自定义词表分词方法。用户自定义词表 pyltp_user_dict.txt 格式如下，与 jieba 自定义词表格式不同，pyltp 仅需要一列词条即可，不需要添加词频信息。

消失的爱人
简单爱
告白气球

用 pyltp 实现分词的代码如下：

```
import os
from pyltp import Segmentor
from pyltp import CustomizedSegmentor

class LTPHander():
    def __init__(self, ltp_path, seg_dict=''):
        self.LTP_DATA_DIR = ltp_path
        # 分词，默认加载
        self._cws_model_path = os.path.join(self.LTP_DATA_DIR,'cws.model')
        # 分词模型路径，模型名称 `cws.model`
        if seg_dict: # 引入用户字典
            self._segmentor = CustomizedSegmentor()
            self._segmentor.load_with_lexicon(self._cws_model_path, self._cws_
                model_path, seg_dict) # 加载模型
        else:
            self._segmentor = Segmentor()
            self._segmentor.load(self._cws_model_path)

    def segment(self, sent):
```

⊖ http://pan.baidu.com/share/link?shareid=1988562907&uk=2738088569。

⊖ https://pyltp.readthedocs.io/zh_CN/latest/。

```
words = self._segmentor.segment(sent)
return list(words)
```

下面分别展示采用默认分词器和用户自定义词表分词器创建对象的方法。

```
# 创建一个默认分词对象
ltp_seg = LTPHander(ltp_path)
# 创建一个带用户自定义词表的分词对象
ltp_seg_user = LTPHander(ltp_path, 'pyltp_user_dict.txt')
sent = ' 告白气球是周杰伦的歌吗？'
print(ltp_seg.segment(sent))
print(ltp_seg_user.segment(sent))
```

默认分词器调用的是 pyltp 中的 Segmentor 类，采用用户自定义词表分词器时调用的是 CustomizedSegmentor。该类需要传入 3 个参数，第一个为默认分词模型，第二个为用户自己训练的自定义分词模型，当没有自定义模型时，可以设置为默认分词模型，第三个参数为用户自定义词表。

当我们分别创建一个默认分词对象和一个采用用户自定义词表的分词对象时，对于同一个输入——"告白气球是周杰伦的歌吗？"，分词结果对比如下：

```
默认分词器: ['告白', '气球', '是', '周杰伦', '的', '歌', '吗', '？']
加载自定义词表: ['告白气球', '是', '周杰伦', '的', '歌', '吗', '？']
```

（3）HanLP 分词

HanLP[⊖]是由何晗自主开发的一套 NLP 工具包，包括分词、词性标注、命名实体识别、依存句法分析等多个 NLP 功能模块。HanLP 的作者一直在更新工具，工具支持传统方法以及一些相对前沿的实现方法。其分词模块中支持多种分词模式，例如 CRF 分词模式、感知机分词模式、N 最短路径分词模式、维特比分词模式、双数组 trie 树等。HanLP 同样具有 Python 调用接口的包 pyhanlp。本文参考博客[⊖]中分词的调用方法，共实现了 9 种分词模式的调用，供读者参考，完整代码在 ch7/nlu/seg/hanlp_util.py 中。下面展示 3 种分词模式的调用方法。

```
from pyhanlp import HanLP
# CRF 分词器
crf_seg = HanLP.newSegment('crf')
# 感知机分词器
perceptron_seg = HanLP.newSegment('perceptron')
# 维特比算法分词器
viterb = HanLP.newSegment('viterbi')
```

⊖ https://github.com/hankcs/pyhanlp。
⊜ https://blog.csdn.net/FontThrone/article/details/82792377。

```
def hanlp_crf(s):
    # CRF 分词器
    res = crf_seg.seg(s)
    words = [term.word for term in res]
    return ' '.join(words)

def hanlp_perceptron(s):
    # 感知机分词器
    res = perceptron_seg.seg(s)
    words = [term.word for term in res]
    return ' '.join(words)

def hanlp_viterbi(s):
    # 维特比算法分词器
    res = viterb.seg(s)
    words = [term.word for term in res]
    return ' '.join(words)
```

2. 词性标注

词性标注获取的是词汇级别的语义特征，对于问答系统来说，大多数情况下实体为名词（N）词性，属性或者关系为名词（N）或动词（V），其他一些语气词、助词、副词可能往往不会是问答的信息词，因此可以将词性作为信息词抽取的参考。

（1）jieba 词性标注

jieba 工具中集成了词性标注的功能。在 JiebaUtil 类中添加 jieba_postag 方法，需要引入头文件 jieba.posseg，调用 jieba.posseg.cut() 或 jieba.posseg.lcut() 方法，前者返回的是一个生成器对象，后者返回的是 list 对象。例如输入问句 "晴天是周杰伦的歌吗?"，文本以调用 lcut 为示例，调用 jieba.posseg.lcut() 方法返回的结果如下:

```
[pair('晴天', 'nz'), pair('是', 'v'), pair('周杰伦', 'nr'), pair('的', 'uj'),
    pair('歌', 'n'), pair('吗', 'y'), pair('? ', 'x')]
```

该 list 对象中每个元素 w 为一个 pair，其中第一个元素是词，第二个元素是词性。但是取结果时，不能按照 w[0] 和 w[1] 的方式，需要通过 w.word 取词，w.flag 取词性，详细的代码如下。

```
import jieba.posseg
def jieba_postag(self, sentence):
    '''
    分词和词性标注
    :param sentence: 输入句子
    :return: 返回分词和词性标注的结果
    '''
    result = jieba.posseg.lcut(sentence)
    result = [w.word + '/' + w.flag for w in result]
```

```
    return result
```

值得注意的是，import jieba 和 import jieba.posseg 背后的模型版本不同，可能会出现分词结果不一致的情况。

（2）pyltp 词性标注

LTPHander 类中包含词性标注的实现方法，需要从 pyltp 中引入 Postagger 类。与 jieba 不同之处在于，pyltp 的词性标注是基于分词模型的结果再进行词性标注的，因此不会出现词性标注中分词结果与单独调用分词模型结果不一致的情况。详细的词性解释可参考官方网站⊖。具体实现方法如下：

```python
import os
from pyltp import Segmentor
from pyltp import CustomizedSegmentor
from pyltp import Postagger

class LTPHander():
    def __init__(self, ltp_path, seg_dict=''):
        self.LTP_DATA_DIR = ltp_path
        # 分词，默认加载
        self._cws_model_path = os.path.join(self.LTP_DATA_DIR,'cws.model') # 分词
            模型路径，模型名称为 cws.model
        if seg_dict: # 引入用户字典
            self._segmentor = CustomizedSegmentor()
            self._segmentor.load_with_lexicon(self._cws_model_path, self._cws_
                model_path, seg_dict) # 加载模型
        else:
            self._segmentor = Segmentor()
            self._segmentor.load(self._cws_model_path)
        # 词性标注，默认加载
        self._pos_model_path = os.path.join(self.LTP_DATA_DIR, 'pos.model') # 词
            性标注模型路径，模型名称为 pos.model
        self._postagger = Postagger()
        self._postagger.load(self._pos_model_path)

    def segment(self, sent):
        # 分词方法
        words = self._segmentor.segment(sent)
        return list(words)

    def pos_tag(self, sent):
        # 词性标注方法
        words = self.segment(sent)
        postags = self._postagger.postag(words)
        return list(postags)
```

⊖　https://ltp.readthedocs.io/zh_CN/latest/appendix.html#id5。

与分词模型一样，pyltp 中的词性标注方法同样支持采用默认分词模型和用户自定义分词模型及用户自定义词表。词性标注方法 pos_tag() 会首先调用分词方法 segment()，获得句子的分词结果，然后将其作为词性标注器对象 self._postagger.postag 的输入，得到词性标注的结果。

3. NER

NER（命名实体识别，Name Entity Recognition）是问答系统中的核心任务之一，可以帮助识别问句中的候选实体词。下面介绍使用 pyltp 工具进行 NER 的方法。

pyltp 的命名实体识别是基于分词和词性标注的结果进行的，首先引入 NamedEntity-Recognizer 对象：

```
from pyltp import NamedEntityRecognizer
```

然后在 __init__() 函数中加载 NER 模型并创建命名实体对象 self._ner。

```
# 命名实体识别模型路径，模型名称为 `ner.model`
self._ner_model_path = os.path.join(self.LTP_DATA_DIR, 'ner.model')
# 初始化实例
self._ner = NamedEntityRecognizer()
```

pyltp 共支持人名（Nh）、地名（Ns）、机构名（Ni）三类实体的识别。返回结果采用 BIESO（Begin-Inside-End-Single-Outside）标签体系，其中 B 表示实体开始词，I 表示实体中间词，E 表示实体结束词，S 表示单个词成实体，O 表示不是实体。本文对 pyltp 的 NER 返回结果进行了封装，将实体按照（开始位置，结束位置，实体字符串，实体类型）四元组的结构返回。

```
def ner(self, sent):
    '''
    NER 方法，共可以识别三种类型的命名实体：
    - Nh     人名
    - Ni     机构名
    - Ns     地名
    :param sent: 中国工商银行总部在哪里
    :return: [(0, 6, '中国工商银行 ', 'Ni')]
            [( 开始 index，结束 index，NE 子串 1，NE 类型 )，( 开始 index，结束 index，NE
                    子串 2，NE 类型 )，……]
    '''
    words = self.segment(sent)   # 分词结果
    postags = self.pos_tag(sent)   # 词性标注结果
    netags = self._ner.recognize(words, postags)
    res = []
    cur_index = 0
    ne_start = 0   # 实体开始的词的索引
```

```
start = 0   # 实体开始的下标位置
for i, lab in enumerate(netags):
    # 当 NER 标签为 O 和 I 时, 跳到下一个词, 更新 cur_index
    if netags[i] == 'O' or netags[i].startswith('I'):
        cur_index += len(words[i])
        continue
    # 当标签为 S 时, 表示单个词成实体
    if netags[i].startswith('S'):
        start = cur_index
        end = cur_index + len(words[i])
        ne_type = netags[i].split('-')[1]
        ne_words = words[i]
        res.append((start, end, ne_words, ne_type))
    # 当标签为 B 时, 表示该词是实体开头的词
    elif netags[i].startswith('B'):
        ne_start = i
        start = cur_index
    # 当标签为 E 时, 表示该词是实体结束的词
    elif netags[i].startswith('E'):
        ne_end = i
        end = cur_index + len(words[i])
        ne_type = netags[i].split('-')[1]
        ne_words = ''.join(words[ne_start:ne_end + 1])
        res.append((start, end, ne_words, ne_type))
    cur_index += len(words[i])
return res
```

例如, 输入问句 "中国工商银行在北京的总部地址?", 会返回如下结果:

```
分词结果: ['中国', '工商', '银行', '在', '北京', '的', '总部', '地址']
词性标注结果: ['ns', 'n', 'n', 'p', 'ns', 'u', 'n', 'n']
NER 结果: [(0, 6, '中国工商银行', 'Ni'), (7, 9, '北京', 'Ns')]
```

其中 "中国工商银行" 是一个机构名称, 属于 Ni 实体类型, 包含三个词语 "中国""工商""银行", 在句中的位置是 [0:6] (左边为闭区间, 右边为开区间), "北京" 为句中的第二个实体, 属于地名 Ns 实体类型, 在句中的位置是 [7:9]。

4. 依存句法分析

依存句法分析是获得句中词和词之间依存关系的任务, 其中关系可以是主谓关系 (SBV)、动宾关系 (VOB) 等。pyltp 内包含依存句法分析模块, 详细的文档⊖可参考官网, 依存标签如表 7-1 所示, 更多内容可参考相关网页⊜。依存分析有多套标注, 经典的还有 Stanford 依存分析参考的宾州树库的依存标注。依存标签与 pyltp 的有所不同, 本文不再展开详细介绍, 感兴趣的读者可以参考 Stanford NLP 依存分析任务的官方网站⊜自行研究。

⊖ https://pyltp.readthedocs.io/zh_CN/latest/api.html#id15。
⊜ https://ltp.readthedocs.io/zh_CN/latest/appendix.html#id5。
⊜ https://nlp.stanford.edu/software/stanford-dependencies.shtml。

表 7-1   pyltp 依存标签体系

关系类型	标签	描述	示例
主谓关系	SBV	subject-verb	我送她一束花（我 <- 送）
动宾关系	VOB	直接宾语，verb-object	我送她一束花（送 -> 花）
间宾关系	IOB	间接宾语，indirect-object	我送她一束花（送 -> 她）
前置宾语	FOB	前置宾语，fronting-object	他什么书都读（书 <- 读）
兼语	DBL	double	他请我吃饭（请 -> 我）
定中关系	ATT	attribute	红苹果（红 <- 苹果）
状中结构	ADV	adverbial	非常美丽（非常 <- 美丽）
动补结构	CMP	complement	做完了作业（做 -> 完）
并列关系	COO	coordinate	大山和大海（大山 -> 大海）
介宾关系	POB	preposition-object	在贸易区内（在 -> 内）
左附加关系	LAD	left adjunct	大山和大海（大山 <- 大海）
右附加关系	RAD	right adjunct	孩子们（孩子 -> 们）
独立结构	IS	independent structure	两个单句在结构上彼此独立
核心关系	HED	head	指整个句子的核心

下面介绍 pyltp 的句法分析的实现。引入 Parser 类：

```
from pyltp import Parser
```

在 __init__() 函数中加载 parser 模型并创建命名实体对象 self._parser。

```
# 依存句法分析模型路径，模型名称为 parser.model
self._par_model_path = os.path.join(self.LTP_DATA_DIR, 'parser.model')
# 初始化实例
self._parser = Parser()
```

对于依存句法分析方法 parser()，需要将分词和词性标注的结果作为输入，依存句法分析器 self._parser 的输入的具体实现如下：

```
def parser(self, sent):
    '''
    Root 结点索引为 0，第一个词开始索引为 1、2、3……
    arc.relation 表示依存弧的关系
    arc.head 表示依存弧的父结点词的索引
    :param sent: 输入句子
    :return: [( 父结点逻辑索引，当前结点的父结点词，当前结点逻辑索引，当前结点词，依存关系），
        ……]
    '''
    words = self.segment(sent)
    postags = self.pos_tag(sent)
    arcs = self._parser.parse(words, postags)   # 句法分析
    # 打印结果
```

```
# print "\t".join("%d:%s" % (arc.head, arc.relation) for arc in arcs)
parser_words = ['ROOT'] + words
res = [(arc.head, parser_words[arc.head], idx+1, parser_words[idx+1], arc.
    relation) for idx, arc in enumerate(arcs)]

return res
```

parser 函数将依存分析结果封装成一个 list 返回，list 中每个元素是一个五元组——（当前结点的父结点逻辑索引，当前结点的父结点词，当前结点逻辑索引，当前结点词，依存关系），核心调用的是依存句法分析器 self._parser 的 parser 方法。

7.2.3　意图理解

意图理解是整个问答对话系统中重要的任务之一，具体是指对用户输入的句子进行语义理解，进而识别出用户的真实意图，再进入对应的处理模块分别进行处理。本文将系统核心意图分为打招呼意图（hello）、问答意图（qa）和闲聊意图（chat）三种，下面将介绍意图识别的三种实现方法。

1. 相似度检索

对于一些已知意图的问句，最基本的意图识别方法是全串匹配，即可得到精准的意图标签，如 full_match() 函数所示方法。然而该方法的召回率必然很低，所以我们可以做一些改进，主要从增加检索库数据和优化相似度检索方式两个角度出发。

```
def full_match(sent):
    # 全匹配意图识别方法
    intent = ''
    if sent == '你好':
        intent = 'hello'
    if sent == '姚明的身高是多少？':
        intent = 'qa'
    ......
    return intent
```

基于有限的问句数据，我们可以通过数据泛化的方式增加同一个问题的多样化表述的语料，提升对相似问句的匹配召回率。常用的数据泛化方法有以下几种。

（1）机器翻译方法

机器翻译方式的基本思想是通过多家翻译接口，将初始问句翻译到多种目标端语言再翻回中文，由于经历了回翻的过程，可以得到语义相似但表述不同的新的问句，但是该方法产生的新的问句可能会有一些不通顺的情况，此时可以结合语言模型对多个翻译结果进行排序选优。

（2）同义词替换

通过同义词库、WordNet、HowNet、同义词林、大辞林、词向量获取相似词语等方法可以替换掉句中的一些部分，泛化出新的意图数据。为了提升替换的准确性，也可以结合基础 NLU 模块中获得的词性、依存关系等特征来为句中词语赋予不同的替换权重，还可以结合 TF-IDF、TextRank 等算法算出句中词语的权重，有选择地替换重要或者不重要的词汇。

（3）加减词

加减句中一些不重要的词，例如标点、助词、语气词、副词等。除此以外，还可以随机添加一些用户在问答时可能会说的插入语信息，例如"我想知道……""请问一下……""能不能告诉我……"等，这些可以基于用户问答的历史数据进行统计和搜集。

（4）同义句式改写

在问答中，有很多类型的问题可以有多种常用表述，例如 isA 问题就可以用以下几种句式来询问：

```
"xx 是一种 yy 吗 "
"xx 是 yy 中的一种吗 "
"xx 属于 yy 吗 "
```

那么对于任何一个查询三元组问题，则都可以通过问题的句式进行数据泛化。相似的句式还可以结合依存句法分析，提取出句式模板进行构建。

（5）生成式改写

当相似语义数据积累到一定量时，即可训练生成式改写模型，将任意两个语义相似的数据分别作为源和目标端，训练文本生成模型，对原语料做语义泛化，增加语料的多样性。

除了增加检索数据的多样性，提升相似度检索能力也是一种重要方法。可以将意图数据存入一些数据检索引擎，例如 Elasticsearch 就是一款可以高效实现相似文本检索的数据库，其内置多种文本相似度匹配算法，包括 TF-IDF 相似度模型、Okapi BM25 相似度模型、DFR 相似度模型和 IB 相似度模型等。根据问答对话系统问句的特点，BM25 算法通常更适合短文本相似度的匹配。

2. 模板匹配

基于全句匹配方法，还可以将常见句式、关键词等抽象成模板，通过模板匹配的方法进行意图识别。下列代码展示了基于关键词的模板匹配方法。

```
ques_expr_reg = re.compile(" 什么 | 啥 | 多少 | 何 | 怎么 | 怎样 | 吗 | 哪 | 谁 | 什么地方 " \
                " | 多大 | 多高 | 多细 " \
```

```
                    "| 几月 | 几号 | 几岁 | 几种 " \
                    "| 是男是女 | 好不好 | 是不是 " \
                    "|（是 .+ 还是 .+)")
hello_intent_reg = re.compile('你好 |hello|hi| 早上好 | 中午好 | 晚上好 ')

def reg_match(sent):
    # 基于正则模板的意图识别方法
    intent = ''
    if ques_expr_reg.search(sent):
        intent = 'qa'
    elif hello_intent_reg.search(sent):
        intent = 'hello'
    else:
        intent = 'chat'
    return intent
```

将用户输入的问句分别与各类意图的正则模板进行匹配，命中则返回对应的意图。当模板数量积累到一定量时，可以参考 6.3 节问答系统中的模板管理方法，将句式模板以特定的 JSON 格式存放，例如：

```
{
    "qa": {
        "regex": [
            [
                "(?P<subject>.+) 的 (?P<predicate>.+)（是 | 为 | 称 | 叫 | 在 | 属于 | 属）
                    ({what}|{which})",
                "例句：姚明的身高是多少 "
            ],
            [
                "(?P<subject>.+) 的 (?P<predicate>.+)（是 | 为 | 称 | 叫 | 在 | 属于 | 属）
                    (?P<object>.+)",
                "例句：阿里巴巴的总部在杭州吗 "
            ],
            [
                "(?P<object>.+)（是 | 为 | 属于 | 称 | 叫）(?P<subject>.+)（的）
                    (?P<predicate>.+)",
                "例句：深圳是腾讯的总部地点吗 "
            ],
            [
                "(?P<subject>.+)（和）(?P<object>.+) 的 ({attributes_list})
                    ({which})({compare_how})",
                "例句：北京和上海的面积哪个更大 "
            ]
        ]
    },
    "hello": {
        "regex": [
            [
                "({morning}|{noon}|{afternoon}|{hello})({modal_
                    particle})?({punc}*)?$",
                "你好 / 早上好 / Hi"
```

```
            ]
        ]
    }
}
```

在模板中还可以预设一些槽位信息，例如 <subject>、<predicate> 和 <object>，在后续模块中进行消歧处理可进一步提升意图识别准确率。其中用到的变量的值如下：

```
{
    "basic": {
        "what": "咋样的|啥样的|什么东西|什么|什么样的|啥|嘛|多少年?的?|什么样|怎么样|多大|多高|几号|几|何种|多细|怎样|如何|几何|什么宗教",
        "which": "哪|哪些|哪个|哪支|哪项|哪只|哪种|哪家|哪部|哪类|哪款|哪所|哪(几|一)(种|类|些|部|行|位|个|本|首|门|款)|什么类别|哪个部位|哪种类型|几种|哪一|哪方面|哪些方面|哪个公司|哪个国家|哪国|哪个单位|哪个企业",
        "who": "谁|哪一?个人|哪些人|什么人|哪个家伙|哪--?个|哪一?位|哪几个",
        "morning": "早上好|早晨好|早安|上午好",
        "noon": "中午好|午安",
        "afternoon": "下午好",
        "hello": "你好|hello|Hello|hi|Hi|嗨|好久不见|你在吗",
        "night": "晚上好|晚安",
        "compare_how": "更?大|更?小|更?宽|更?窄|更?长|更?短|更?高|更?矮|更?重|更?轻|更?早|更?晚|更?多|更?少|更?低",
        "punc": "[！？。。~！？。。…．＿.!,.?~]",
        "modal_particle": "的|阿|啊·|啦|唉|呢|吧|了|哇|呀|吗|哦|噢|喔|呵|嘿|哎|嘛|哟|呗|噢|呐|罢",
        "attributes_regex": "性别|年龄|年纪|岁数|生日|出生日期|逝世日期|忌日|去世时间|星座|工作|职业|工种|血型|血液|祖国|国籍|国家|老家|祖籍|出生地|身高|高度|体重|重量|成就|父母|朋友|小名|别名|代称|别称|民族|毕业学校|毕业院校|学历|教育|最高学历|信仰|户口|籍贯|户籍|父亲|母亲|户口所在|职称|官职|作品|职务|三围|腰围|臀围|胸围|总部地点|总部地址|总部所在地|总部|经营范围|经营的范围|性质|口号|员工数量|员工人数|年营业额|注册资本|注册资金|董事长|创始人|总资产|股票代码|证券代码|品牌|法定代表人|法人代表|上线|发布|经营理念|产品|企业精神|公司精神|企业类型|公司类型|类型|作者|写的|类别|书名|出版社|出版时间|特点|特色|特征|优点|优势|开本|装帧|页数|译者|字数|纸张类型|版本|版次|楼盘名称|楼盘名|定价|价格|面积|开发商|楼盘|物业|地址|城市|城区|学科|绿化率|建筑形式|容积率|物业费|户数|房价|交房|分布区域|生活区域|区域|科目|纲目|目的|属性|简称|全称|地点|所在地|定义|含义|概念|简介|释义|意思|功效|效果|作用|官网|官方网站|行政区域|领域|隶属|内容|组成|本质|实质|宗旨|应用|前身|用途|网站名称|来源|词性|词性|原因|人口|背景|实施|理念|职能"
    }
}
```

模板解析的方法可参考 6.3 节中的 build_regexes() 方法，后续的消歧策略也可参考 6.3 节，本节不再赘述。

3. 分类模型
意图识别还可以看作一个多分类任务，当意图数据积累到一定量时，可以采用分类模型来实现意图识别。传统基于机器学习的分类方法将文本分类任务拆分成特征工程构建和训练分类器两部分。特征工程构建通常需要包括文本预处理、特征提取、文本表示三个部分，其目的是将文本特征转换成计算机可理解的表示形式。特征工程的特征可以采用基础NLU方法提取的信息（如分词、词性、依存句法信息），还可以采用基于文本的统计信息等。文本表示可以采用 N-Gram 词袋模型、向量空间模型，以及根据每个特征的重要性进行加权的表示形式。常见的权重计算方法有布尔权重、TF-IDF 型权重以及基于熵的权重，其中布尔权重是指出现为 1，未出现则为 0，也就是词袋模型；TF-IDF 型权重是根据词频信息来定义权重的；基于熵的权重则是将出现在同一文档的特征赋予较高的权重。对于一个任务来说，特征工程构建的特征越能表征文本的信息，分类模型就越能获得较好的分类效果。主流的机器学习分类器有决策树、朴素贝叶斯、SVM 以及 GBDT/XGBOOST 等。传统分类方法存在的主要问题是文本表示是高纬度高稀疏的，特征表达能力很弱。随着神经网络研究的不断成熟，一些基于神经网络提取文本特征的方法涌现出来，例如利用 CNN、RNN 等网络结构自动获取特征表达能力，去掉繁杂的人工特征工程，从而端到端地解决分类问题。其中具有代表性的方法是 fastText 分类模型，核心采用层次 Softmax 方法以快速地进行模型的训练和预测，在多分类任务上表现优秀。本节将展示利用 fastText 训练文本分类的方法，完整代码在 ch7/nlu/intent_classification.py 中。

（1）数据准备

如表 7-2 所示，准备带有标签的若干数据，并做好分词。原始数据位于 ch7/nlu/data/intent_data.xlsx 中。

表 7-2　意图分类训练数据示例

sent	sent_cut	label
给我个乐子呗。	给 我 个 乐子 呗 。	chat
在风水学里吗？	在 风水学 里 吗 ？	chat
那么好的大学都不理解。	那么 好 的 大学 都 不 理解 。	chat
你给我变个人。	你 给 我 变 个 人 。	chat
发过来听听。	发 过来 听听 。	chat
打我呀。	打 我 呀 。	chat
起床步骤，再跟进一下出来吗？干净。	起床 步骤 ，再 跟进 一下 出来 吗 ？ 干净 。	chat
你穿这件衣服最好。	你 穿 这件 衣服 最好 。	chat
能做我女朋友吗	能 做 我 女朋友 吗	chat
同学你好啊。	同学 你好 啊 。	hello
你在吗？	你 在 吗 ？	hello
你好，你啊。	你好 ，你 啊 。	hello
你早。	你 早 。	hello
我问你在吗？	我 问 你 在 吗 ？	hello

（续）

sent	sent_cut	label
你早上好。	你 早上 好 。	hello
你好哇。	你 好 哇 。	hello
你在不。	你 在 不 。	hello
很高兴见到你。	很 高兴 见到 你 。	hello
安静的作曲人是那位?	安静 的 作曲 人 是 那位 ?	query
安全电压是多少?	安全 电压 是 多少 ?	query
床边故事是什么风格的	床边 故事 是 什么 风格 的	query
给我一首歌的时间是什么风格的歌曲	给 我 一首 歌 的 时间 是 什么 风格 的 歌曲	query
昨天下了一夜雨属于哪个专辑	昨天 下 了 一夜 雨 属于 哪个 专辑	query
杰克逊是哪国人?	杰克逊 是 哪 国人 ?	query
靳东和黄渤谁的年龄小	靳东 和 黄渤 谁 的 年龄 小	query
章子怡和张曼玉谁的年龄小	章 子怡 和 张曼玉 谁 的 年龄 小	query

（2）数据集拆分

dataset_split() 函数用于拆分训练集、验证集和测试集，核心调用了 sklearn.model_selection 中的 train_test_split 函数，实现对数据集的按比例划分，划分比例参数为 test_size。test_size=0.2 表示划分 20% 的数据用作测试，80% 的数据用于训练。

```python
from sklearn.model_selection import train_test_split

def write_list_into_file(object, filename):
    # 将 list 写入文件
    with open(filename, 'w', encoding='utf8') as outfile:
        for line in object:
            outfile.write(line + '\n')

def dataset_split(data_file):
    '''
    拆分 train_data、dev_data 和 test_data
    '''
    df = pd.read_excel(data_file)
    X = df['sent_cut'].tolist()  # 分好词的句子
    y = df['label'].tolist()
    # 拆分训练、测试、验证集
    X_train_dev, X_test, y_train_dev, y_test = train_test_split(X, y, test_size=0.2)
    X_train, X_dev, y_train, y_dev = train_test_split(X_train_dev, y_train_dev, test_size=0.2)
    # 将训练数据与标签组装
    train_data = train_data_format(X_train, y_train)
    test_data = train_data_format(X_test, y_test)
    dev_data = train_data_format(X_dev, y_dev)
    # 写入文件
```

```
write_list_into_file(train_data, 'train_data.txt')
write_list_into_file(test_data, 'test_data.txt')
write_list_into_file(dev_data, 'dev_data.txt')
```

其中的 train_data_format() 函数用于将 sent 和 label 组装成 fastText 训练的特定格式，例如分好词的 sent 为 "你好 呀 。"，对应的意图 label 为 "hello"，组装后的数据格式为 "__label__hello 你好 呀 。" 具体代码如下。

```python
def train_data_format(X, y, label='__label__'):
    '''
    :param X: 训练数据 [type:list]
    :param y: 训练数据的标签 [type:list]
    '''
    data_set = []
    for sent, lab in zip(X, y):
        try:
            data_set.append(label + str(lab) + ' ' + sent)
        except:
            print(sent, lab)
    return data_set
```

（3）模型训练

下面进行模型训练。

```python
from fasttext import train_supervised
from sklearn.metrics import classification_report

# 设置参数
kwargs = {'lr': 0.4, 'epoch': 10, 'wordNgrams': 4, 'dim': 300, 'minCount': 10,
    'minn': 1, 'maxn': 3, 'bucket': 500000, 'loss': 'softmax'}

def fasttext_train(train_data, test_data, model_path, **kwargs):
    '''
    训练模型、测试和输出各意图的 PRF 值
    :param train_data: 训练数据 .txt 文件
    :param test_data: 测试数据 .txt 文件
    :param model_path: 保存模型的名称
    :param kwargs: 训练参数列表
    '''
    # 训练
    clf = train_supervised(input=train_data, **kwargs)
    clf.save_model('%s.bin' % model_path)
    # 测试
    result = clf.test(test_data)
    precision = result[1]
    recall = result[2]
    print('Precision: {0}, Recall: {1}\n'.format(precision, recall))
    # 输出每类 PRF 值
    test_sents, y_true = split_sent_and_label(test_data)
```

```
y_pred = [i[0].replace('__label__', '') for i in clf.predict(test_sents)[0]]
print(classification_report(y_true, y_pred, digits=3))
```

其中 split_sent_and_label() 函数为 train_data_format() 的反函数，将 fastText 训练的数据格式拆分成句子和对应标签，实现代码如下。

```
def split_sent_and_label(filename):
    # 拆分带标签的数据为句子列表和标签列表
    sents, labels = [], []
    with open(filename, encoding='utf8') as infile:
        for line in infile:
            line = line.strip()
            label, sent = line.split(' ', 1)
            label = label.replace('__label__', '')
            sents.append(sent)
            labels.append(label)

    return sents, labels
```

（4）模型测试

按如下代码进行模型测试。

```
import fasttext as ft

def test(test_file, model_path):
    # 测试模型并输出各类意图的 PRF 值
    clf = ft.load_model(model_path)
    test_sents, y_true = split_sent_and_label(test_file)
    y_pred = [i[0].replace('__label__', '') for i in clf.predict(test_sents)[0]]
    # 输出各类标签的 PRF 值
    print(classification_report(y_true, y_pred, digits=3))
```

（5）模型预测

对模型进行预测，实现代码如下。

```
import fasttext as ft

def predict(sent_list, model_path, topN=3):
    # 预测句子 list 的结果
    clf = ft.load_model(model_path)
    # 预测结果
    res = clf.predict(sent_list, k=topN)
    # 预测标签
    y_pred = [[lab.replace('__label__', '') for lab in labs] for labs in res[0]]
    # 预测概率
    y_prob = [[p for p in probs] for probs in res[1] ]
    # 组装 topN 的预测结果
```

```
topN_pred = list(zip(y_pred,y_prob))
return topN_pred
```

基于以上代码就可以实现一个基于 fastText 文本分类模型的数据预处理、模型训练、测试和预测的全部功能了。

7.2.4 实体识别与链接

实体识别与链接（NERL）是识别问句中实体并将其与知识库中实体进行映射的过程，通常分为实体识别与实体链接两个步骤。主要难点在于：一个知识库的实体可以有多种表述，同一个表述也可以对应多个知识库实体，换句话说，自然语言表达存在多样性和歧义性。由于 NERL 的主要方法均可以参考前文内容，此节不再赘述。具体的，实体识别的主要方法具体可参考本书 7.2.2 节基础 NLU 部分的内容，如果待识别的实体并非通用命名实体，可以参考本书 5.3 节的相关内容。实体链接的方法则可以参考本书 6.2 节中介绍的实体链接的工具开展，如 Dexter[1] 和 AGDISTIS 等。

7.2.5 文本相似度与向量化

文本相似度方法，可以做意图识别，也可以为后续基于检索的 QA 做辅助。文本相似度的计算方法有字符串相似度和语义相似度两种。

1. 字符串相似度

常见的字符串相似度算法有编辑距离、最大公共子串等。本节以序列相似度 Sequence-Match 算法为例，介绍如何求两个字符串的相似度。Python 中有两个包都可以进行文本序列相似度的计算，difflib 和 fuzzywuzzy，但返回结果不同。difflib.SequenceMatcher() 返回的相似度是一个 0 ~ 1 之间的概率，0 表示两个句子完全不相似，1 表示两个句子完全相同；fuzzywuzzy 返回的是一个百分制分数，实际上结果与 difflib 一致，只是相差两个数量级。

```
import difflib
from fuzzywuzzy import fuzz
# 方法1
def similarity(sent1, sent2):
    '''
    使用 difflib 包计算序列相似度
    :param sent1:
    :param sent2:
    :return: 返回的是 0 ~ 1 之间的相似概率，0 为完全不相似，1 为完全相同
    '''
    score = difflib.SequenceMatcher(None, sent1, sent2).ratio()
    return score

# 方法2
```

```
def fuzz_similarity(sent1, sent2):
    '''
    使用 fuzzy 包计算序列相似度
    :param sent1:
    :param sent2:
    :return: 返回的是百分制的分值，0 为完全不相似，100 为完全相同
    '''
    return fuzz.ratio(sent1, sent2)
```

在一个句子中，不同的词有不同的重要性，本文将介绍一个基于对 SequenceMatcher()
算法做改进的加权版本的序列相似度算法供读者参考。采用 pyltp 的词性标注结果作为权重
的参考，例如可以使用 w_map 字典自定义权重，我们认为名词 n 比较重要、动词 v 其次，
而代词 r 相对不重要。通过 get_weight() 函数可以获得一个句子的权重向量。

```
def get_weight(sent):
    w_l = []
    w_map = {
        'v': 0.8,
        'r': 0.1,
        'n': 1.0
    } # 根据词性设定权重表
    pos1 = ltp.pos_tag(sent)
    for w in pos1:
        w_l.extend(len(w[0]) * [w[1]])
    w_l = [w_map[w] for w in w_l]
    return w_l
```

将权重向量作为计算相似度时的参考，则加权的序列相似度算法如下：

```
def weighted_match_similarity(sent1, sent2, w1=None, w2=None):
    '''
    计算两个字符串的加权相似度
    :param sent1:
    :param sent2:
    :param w1: w1 是一个与 sent1 长度相同的权重序列
    :param w2: w2 是一个与 sent2 长度相同的权重序列
    '''
    mb = difflib.SequenceMatcher(None, sent1, sent2).get_matching_blocks()
    if not w1 and not w2:  # 如果均不加权重
        matches = sum(triple[-1] for triple in mb)
        return calculate_ratio(matches, len(sent1) + len(sent2))
    else:
        if not w1:
            w1 = len(sent1) * [1.0]
        if not w2:
            w2 = len(sent2) * [1.0]
        # 校验权重序列是否和字符串等长
        assert len(sent1)==len(w1)
        assert len(sent2)==len(w2)
```

```
    matches = sum((w1[tri[0] + i] + w2[tri[1] + i]) / 2 for tri in mb for i
        in range(tri[-1]))
    return calculate_ratio(matches, sum(w1) + sum(w2))

def calculate_ratio(matches, length):
    if length:
        return 2.0 * matches / length
    return 1.0
```

本文仅提供一个基于词性的启发式句子向量加权方法，读者可以根据实际任务设计不同的权重获取算法，例如参考词频（TF）、逆文档频率（IDF）等其他信息。

2. 语义相似度

（1）词向量

可以采用 word2vec、GloVe 等主流词向量工具对自然语言进行向量化。近年来，随着神经网络研究的不断深入，fastText 可以进行快速的词向量训练，ELMo[2]、BERT[3] 等模型可以根据上下文语义获取动态的词向量表示。一般而言，需要基于大规模高质量的数据训练，才可以得到效果比较好的模型，可以使用腾讯 AILab 开源的中文词向量 [4]⊖。完整的文件较大，其压缩包为 Tencent_AILab_ChineseEmbedding.tar.gz，大小为 6.3G，解压后为 Tencent_AILab_ChineseEmbedding.txt 格式，大小为 16G，共 8824330 个词条，读者可以选取前 10w 行作为一个精简版本，记得将 .txt 文件第一行 "8824330 200" 改为 "100000 200"，否则会报解析错误。建议使用时将 .txt 文件格式转为二进制格式，这样可以极大地提升模型加载速度，转换代码如下：

```
from gensim.models.keyedvectors import KeyedVectors
def word_embedding_txt_to_bin():
    # 加载通常需要 25 分钟 ~30 分钟
    wv = KeyedVectors.load_word2vec_format(WORD_VECTOR_PATH,binary=False)
    wv.load_word2vec_format('/Users/winnie/software_package/Tencent_AILab_
        ChineseEmbedding.bin', binary=True)
```

加载模型时，可以直接通过 model[] 或者 model.wv[] 方式获取词的向量。注意，如有未登录词，则会报错。

```
WORD_VECTOR_PATH = 'Tencent_AILab_ChineseEmbedding.bin'
Model = KeyedVectors.load_word2vec_format(WORD_VECTOR_PATH, binary=True)
# 获取一个词的向量方式 1
print(model[' 中国 '])
# 获取一个词的向量方式 2
print(model.wv[' 中国 '])
```

⊖　https://ai.tencent.com/ailab/nlp/en/data/Tencent_AILab_ChineseEmbedding.tar.gz。

（2）句向量

句向量可以由句子中的词向量通过向量加和、向量加和平均、向量极值法等方法求得，改进的表示方法是向量加权平均方法。基于 word2vec 词向量模型表示句子时，会存在未登录词的问题，而词表中未出现的词的向量无法计算。一种解决方法是采用 fastText 训练包含 subword 的词向量模型。对于一个未登录词，如果其 subword 信息在训练语料中，则可以获取词向量。训练的代码如下。

```python
from gensim.models import FastText
def read_corpus(filename):
    '''
    读取语料并调用 ltp 分词工具
    :param filename: 语料文件
    :return:
    '''
    sent_list = []
    with open(filename, 'r', encoding='utf8') as fp:
        for line in fp:
            sent_list.append(ltp_seg_handler.segment(line.strip()))
    return sent_list

def train_fasttext_embedding(corpus_file):
    '''
    训练 fastText 基于 subword 信息的词向量模型
    :param corpus_file: 输入语料文本数据
    :return:
    '''
    sentences = read_corpus(corpus_file)
    model = FastText(sentences, size=200, sg=1, window=5, min_count=2, min_n=1,
        max_n=5, workers=4, iter=5)
    model.save('fasttext_wv_model.bin')
```

首先准备一个训练词向量的语料集，中文纯文本格式，调用 7.2.2 节中实现的 pyltp 分词接口进行分词。输入训练的语料格式如下：

```python
sentences = [['我', '是', '中国', '人'], ['我', '的', '家乡', '在', '北京']]
```

每个句子分词后以 list 格式存放，所有句子存放在一个大的 list 中。调用 gensim.models 中的 fastText 方法，传入训练语料与指定训练参数则可以进行词向量模型的训练，实际训练速度非常快。核心参数讲解如下。

- ❑ sg：训练算法，取值为 int 型 {1, 0}，取 1 时使用 Skip-Gram 模型，取 0 时使用 CBOW 模型，默认是使用 CBOW 模型训练。
- ❑ size：向量维度，int 型。
- ❑ window：训练时当前词和预测词在句中相隔的最大距离，int 型。
- ❑ min_count：词表的最低出现频次，int 型或 None，设置为 None 时，不做低频词裁剪。

❑ sample：高频词随机降采样的阈值设置，float 型，范围在 (0, 1e-5)。

❑ workers：多线程训练，线程数设置，int 型。

❑ iter：训练迭代次数，相当于 epochs，int 型。

❑ batch_words：一个 batch 的最大词数限制，int 型，默认为 10000。

❑ min_n：训练时，ngram 的最小字符长度，int 型，在中文训练时建议设置小一些，在英文训练时，默认为 3

❑ max_n：训练时，ngram 的最大字符长度，int 型，默认为 6，当设置为小于 min_n 时，不采用 ngram 的词向量表示

❑ word_ngrams：int 型，取值为 {1,0}，设置为 1 时，采用 subword(ngrams) 的信息，设置为 0 时则等价于 word2vec 算法，默认为 1

训练后，模型加载调用 FastText.load 方法。获取词向量方法有两种，model[] 和 model.wv[]，二者结果一致，采用 subword 模型训练的模型，当输入一个未登录词时，同样可以共享 subword 的向量信息获得未登录词的向量，例如"奥利给 222"。通过 model.wv.most_similar 方法可以获得一个与词最相近的 topn 个词的结果和对应概率。

```
# 模型加载
model = FastText.load('fasttext_wv_model.bin')
# 获取一个词的向量方式 1
print(model[' 中国 '])
# 获取一个词的向量方式 2
print(model.wv[' 中国 '])
# 获取一个 OOV 词向量的方式
print(model[' 奥利给 222'])
print(model.wv[' 奥利给 222'])
# 获取一个词最相近的 topn 个词
print(model.wv.most_similar(" 漂亮 ", topn=10))
```

本文提供两种实现方法计算两个词的相似度，分别是欧氏距离和余弦相似度。

```
def get_similarity(model, w1, w2):
    '''
    求 w1 和 w2 之间的相似度
    :param model: model 为加载进内存的词向量模型
    :param w1: 第一个词
    :param w2: 第二个词
    :return:
    '''
    try:
        sim = model.wv.similarity(w1, w2)
    except Exception as e:
        print(e)
        sim = 0
    return sim
```

```
def euclidean_distance(model, w1, w2):
    # 欧氏距离计算两个词相似度
    vec1 = model[w1]
    vec2 = model[w2]
    dis = np.sqrt(np.sum(np.square(vec1-vec2)))
    return dis
```

gensim 包已经封装了相似度计算方法，该方法计算两个向量的余弦相似度作为相似度分值，加载模型后可以直接通过调用 model.wv.similarity 来计算。若采用欧氏距离计算方法，则需要将两个向量之间的平方和开方后进行计算，具体参考 euclidean_distance 函数。

7.3　对话管理

7.3.1　概述

对话管理（Dialogue Management，DM）是整个知识图谱对话系统的总控部分，在前面的图 7-1 中可以看到，DM 接收 NLU 的结果，并进行用户意图判断，选择不同的服务模块进行调用。同时，DM 还需要管理多轮问答，并对最终结果进行排序输出。

DM 的主函数位于 ch7/dm/dm_handler.py，接下来我们按步骤分析一下具体的执行流程。

```
from loguru import logger
from qa import bot_qa, common_qa, medicine_qa, user_qa, ir_qa, mr_qa
from chat import hello_chat, association_chat
from dm.dst_manager import get_dst, add_dst
from util.multi_thread_util import thread_factory
```

其中，对于日志功能，我们直接调用了开源日志库 loguru ⊖ 中的 logger。从 qa 中引入知识问答模块，包括 4 个基于知识图谱的问答模块（分别是通用知识问答 common_qa、领域知识问答 medicine_qa、用户图谱问答 user_qa 和 bot 图谱问答 bot_qa），以及基于检索的问答模块 ir_qa 和基于机器阅读理解的问答模块 mr_qa。同时，引入了闲聊中的两个模块：打招呼模块 hello_chat 和联想模块 association_chat。另外，对于多轮问答，引入了调用多轮上下文模块 get_dst 以及添加多轮模块 add_dst。最后，引入了多线程模块 util.multi_thread_util 中的 thread_factory。

```
def dm_main_handler(user_id, nlu_dict):
    """
    对话管理主处理函数
    :param user_id: 用户 id
```

⊖　https://github.com/Delgan/loguru。

```
    :param nlu_dict: NLU 执行结果字典
    :return: 本轮对话执行结果
    """
```

在 DM 主处理函数 dm_main_handler 中，需要传入的参数是用户 id（user_id）和 NLU 的执行结果字典 nlu_dict，最终返回本轮对话的执行结果。

```
# 候选服务列表
candidate_service_list = []

# 从 dst 中获取前几轮的候选结果
dst_list = get_dst(user_id)
logger.info("DST Candidate: {}".format(str(dst_list)))

dst = multi_turn_policy(nlu_dict, dst_list)
logger.info("DST: {}".format(str(dst_list)))

# 加入多轮意图
if dst and dst["service"] == "qa":
    candidate_service_list.extend(["bot_qa", "common_qa", "medicine_qa", "user_
        qa"])
```

在这一段代码中，首先建立一个空的候选服务列表 candidate_service_list，然后根据意图将对应的服务存入列表中。同时，这里需要处理已有的多轮意图，一同添加至候选服务列表。dst_list = get_dst(user_id) 表示获取特定用户的多轮信息，并通过命令 dst = multi_turn_policy(nlu_dict, dst_list)，结合 NLU 的结果和前几轮的多轮信息，选出最后的多轮意图，并判断是否是 qa 意图，将可能的四种问答服务均加入候选服务列表。

其中，函数 get_dst 的代码位于 ch7/dm/dst_manager.py 中，如下所示：

```
def get_dst(user_id):
    """
    获取状态机中的 dst 信息，每个用户对应维护一个状态机
    :param user_id: 用户 id
    :return:
    """
    valid_dst_list = []
    dst_list = dst_dict.get(user_id, None)
    if dst_list:
        now_time = time.time()
        # 多轮窗口，轮数限制
        if len(dst_list) > 5:
            dst_list.pop(0)
        for dst in dst_list:
            dst_time = dst.get('time', 0)
            # 多轮时间窗口，单位 s，由远及近加入
            if now_time - dst_time <= 600:
                valid_dst_list.append(dst)
```

```
        valid_dst_list.reverse()
        return valid_dst_list
```

get_dst 函数用于获取状态机中的多轮信息，每一个用户对应维护一个状态机。在本文给出的策略中，将轮数窗口限制为 5 轮，时间窗口限制为 5 分钟，分别对应 len(dst_list) > 5 和 now_time - dst_time <= 600 这两个判断条件。如果满足，则将上下文信息加入列表 valid_dst_list 中。

```
    # 处理正常意图，添加至候选服务列表，不同意图，候选意图的选择策略也不同
        intent = nlu_dict['intent']
        if intent == 'hello':
            # 打招呼意图，不进行任何其他服务调用
            candidate_service_list.append("hello_chat")
        elif intent == 'qa':
            # qa 粗意图，遍历所有四个 qa 服务，ir_qa 和 mr_qa 作为补充
            candidate_service_list.extend(["bot_qa", "common_qa", "medicine_qa",
                "user_qa"])
            candidate_service_list.extend(["ir_qa", "mr_qa"])
        elif 'qa' in intent:
            # qa 细意图，仅执行细意图对应的服务，ir_qa 和 mr_qa 作为补充
            candidate_service_list.append(intent)
            candidate_service_list.extend(["ir_qa", "mr_qa"])
        elif intent == 'chat':
            # 闲聊意图，执行联想服务
            candidate_service_list.append("association_chat")
        logger.info("Candidate Services: {}".format(str(candidate_service_list)))
```

这段代码表示开始对正常意图进行处理。首先，从 NLU 字典中的意图里取出用户意图 intent，进行条件判断。对于打招呼意图 hello，仅调用一个服务即可，条件判断结束，进入后续的执行环节。注意，读者可以根据自己的需求，定义一些单独的意图类型，本文用打招呼作为示例。如果用户意图是 qa 粗意图，则将通用知识问答、领域知识问答、用户图谱问答和 bot 图谱问答均加入候选服务列表，同时，作为补充，将基于检索的问答和基于机器阅读理解的问答也加入列表。如果用户意图是特定的 qa 细意图，若 elif 'qa' in intent 判断条件成立，例如 common_qa，则仅将特定细意图加入候选服务列表，同时也将 ir_qa 和 mr_qa 作为补充加入列表。如果用户意图是闲聊意图 chat，则将联想服务加入列表，同时记录日志信息。

```
    # 执行候选服务
        rst_list = service_excute(candidate_service_list, user_id, nlu_dict, dst)
        logger.info("Candidate RST: {}".format(str(rst_list)))
        rst = service_rank(rst_list)
        logger.info("Service RST: {}".format(str(rst)))

        return rst
```

在 dm_handler.py 的最后，通过 service_excute 函数来执行候选服务，并记录日志。通

过 server_rank 函数（见下文详细介绍），选择最终的服务并返回，同时记录日志。

下面给出一个多轮问答的文本示例：

```
reg_multi_turn_qa = re.compile("(那么|那)?(.+?)(的)?(怎么样|好吗|怎样|如何|呢)")

def multi_turn_policy(nlu_dict, dst_list):
    """
    多轮策略选择器
    :param nlu_dict: NLU 执行结果字典
    :param dst_list: dst 候选列表
    :return:
    """
    dst = None
    text = nlu_dict["input"]

    match = reg_multi_turn_qa.search(text)
    if match and dst_list:
        multi_turn_slot = match.group(2)
        for candidate in dst_list:
            service = candidate["service"]
            # 只对 qa 进行多轮处理
            # 同一个 dst 意图，只取时间最近的一个
            if "qa" in service:
                dst = candidate
                dst["service"] = "qa"
                nlu_dict["slot"]["multi_turn_slot"] = multi_turn_slot
                break
    return dst
```

multi_turn_policy 函数是上文中提及的多轮策略选择器。假设用户在询问北京的天气，第二轮的问句是"那上海呢"，便可以匹配上示例代码中第一行的正则表达式，使得第二轮的多轮问句能够被正确识别和理解。本文示例中仅设置了非常简单的规则，对同一个 dst 意图，只取时间最近的一个，因此，如果 qa 在服务列表中，则将上轮的槽位信息集成下来，填入 nlu_dict 相应槽位，并返回最近的意图。

```
1.  def service_excute(service_list, user_id, nlu_dict, dst):
2.      """
3.      服务执行器，并行化执行任务列表 service_list，同步完成后，将服务结果打包返回
4.      :param service_list: 待执行的服务列表
5.      :param user_id: 用户 id
6.      :param nlu_dict: nlu 执行结果字典
7.      :param dst: 历史对话状态结果
8.      :return: 任务列表对应的执行结果
9.      """
10.     thread_task_list = []
11.     # 添加并行任务
12.     for service_name in service_list:
```

```
13.        # 当意图名称与服务名称一致时，也可以用 eval 方式执行对应服务
14.        # eval("thread_task_list.append(thread_factory.add_thread({}.
               handler, *(user_id, nlu_dict, dst)))".format(
15.        #      service_name))
16.        if service_name == "hello_chat":
17.            thread_task_list.append(thread_factory.add_thread(hello_chat.
                   handler, *(user_id, nlu_dict, dst)))
18.        elif service_name == "bot_qa":
19.            thread_task_list.append(thread_factory.add_thread(bot_
                   qa.handler, *(user_id, nlu_dict, dst)))
20.        elif service_name == "common_qa":
21.            thread_task_list.append(thread_factory.add_thread(common_
                   qa.handler, *(user_id, nlu_dict, dst)))
22.        elif service_name == "medicine_qa":
23.            thread_task_list.append(thread_factory.add_thread(medicine_
                   qa.handler, *(user_id, nlu_dict, dst)))
24.        elif service_name == "user_qa":
25.            thread_task_list.append(thread_factory.add_thread(user_
                   qa.handler, *(user_id, nlu_dict, dst)))
26.        elif service_name == "ir_qa":
27.            thread_task_list.append(thread_factory.add_thread(ir_qa.handler,
                   *(user_id, nlu_dict, dst)))
28.        elif service_name == "mr_qa":
29.            thread_task_list.append(thread_factory.add_thread(mr_qa.handler,
                   *(user_id, nlu_dict, dst)))
30.        elif service_name == "association_chat":
31.            thread_task_list.append(thread_factory.add_thread(association_
                   chat.handler, *(user_id, nlu_dict, dst)))
32.    # 获取并行任务的执行结果
33.    rst_list = []
34.    for thread_task in thread_task_list:
35.        rst = thread_factory.get_rst(thread_task)
36.        rst_list.append(rst)
37.    return rst_list
```

service_excute 是服务执行器，其并行化执行任务列表 service_list 中的服务，同步完成后，将服务结果打包返回。

```
def service_rank(candidate_list):
    """
    服务执行结果排序，优先选择 candidate_list 非空的第一个执行结果
    :param candidate_list:
    :return:
    """
    rst = None
    for candidate in candidate_list:
        if candidate:
            rst = candidate
            break
    return rst
```

最后是 service_rank 排序函数。本文示例也仅给出了一个最简单的排序策略，取

candidate_list 中非空的第一个执行结果。读者可以根据具体情况选择不同的策略进行排序。

7.3.2　知识问答

本节将详细介绍不同的知识问答模块，代码位于 ch7/qa 中。首先看一下问答主处理函数 qa_handler.py，代码位于 ch7/qa/qa_handler.py 中。

```python
import configparser
from qa import bot_qa, common_qa, medicine_qa, user_qa

__cf = configparser.ConfigParser()
__cf.read("./config.ini")
url_test = __cf.get("module", "url_test")

def qa_main_handler(sent, user_id, nlu_dict):
    """
    qa 主处理函数，按优先级访问问答接口，包括通用问答、医药问答、用户信息问答、bot 人设问答
    :param sent:
    :param user_id:
    :param nlu_dict:
    :return:
    """
    reply = common_qa.handler(sent, user_id, nlu_dict)
    if not reply:
        reply = medicine_qa.handler(sent, user_id, nlu_dict)
    if not reply:
        reply = user_qa.handler(sent, user_id, nlu_dict)
    if not reply:
        reply = bot_qa.handler(sent, user_id, nlu_dict)
    return reply
```

其中，问答主处理函数的传入参数包括用户的输入句子（sent），用户 id（user_id）以及 NLU 解析结果的字典（nlu_dict）。在函数内，按照优先级对不同的问答接口进行访问。顺序是通用问答 common_qa，领域（医药）问答 medicine_qa，用户信息问答 user_qa 和 bot 图谱（人设）问答 bot_qa。例如，首先判断通用问答，如果 common_qa.handlder 有返回值（若无返回，则是 None），则回复内容取 common_qa.handlder 的返回值。接下来将详细介绍这四类特定的问答。

1. 基于知识图谱的问答模块

通用知识问答、领域知识问答（医药知识图谱）、用户知识图谱问答以及 bot 图谱问答的四个函数分别位于 ch7/qa/common_qa.py、ch7/qa/medicine_qa.py、ch7/qa/user_qa.py、和 ch7/qa/bot_qa.py 中。由于具体函数细节较为类似，本小节仅展开介绍通用知识问答函数，对于其他函数处理流程，读者可以自行查阅。

```python
import re
```

```
# 百科图谱示例
common_kg = {
    " 周杰伦 ": {
        " 星座 ": " 摩羯座 "
    },
    " 韩寒 ": {
        " 星座 ": " 天秤座 "
    }
}

# 语义解析规则示例
reg = re.compile(u'(?P<subject>.+)( 的 )(?P<predicate>.+)( 是 | 为 | 称 | 叫 | 在 | 属 于 |
    属 )(?P<object>.+)')
```

代码中给出了一个简单示例，如果图谱中含有两条数据，分别是"周杰伦星座是摩羯座"，以及"韩寒的星座是天秤座"，则用正则表达式可以判断例如"韩寒的星座是天秤座?"或者"周杰伦的星座为狮子座?"这样的问句形式。

```
def handler(user_id, nlu_dict, dst):
    """
    基于百科图谱的问答处理函数
    :param user_id: 用户 id
    :param nlu_dict: NLU 执行结果字典
    :param dst: 历史对话状态结果
    :return:
    """
    text = nlu_dict["input"]
    rst = None
    s = None
    p = None
    ans = None

    # 多轮问答
    if dst:
        multi_turn_slot = nlu_dict["slot"]["multi_turn_slot"]
        # 图谱查询
        # 尝试替换 subject
        s = multi_turn_slot
        ans = common_kg.get(s)
        if ans:
            p = dst["slot"]["p"]
            ans = ans.get(p)
        # 尝试替换 predicate
        if not ans:
            s = dst["slot"]["s"]
            ans = common_kg.get(s)
            if ans:
                p = multi_turn_slot
                ans = ans.get(p)

    # 基于示例规则的语义解析、基于示例图谱的查询
```

```
        if not ans:
            match = reg.match(text)
            if match:
                s = match.group("subject")
                p = match.group("predicate")
                # 图谱查询
                ans = common_kg.get(s)
                if ans:
                    ans = ans.get(p)
    # 组装返回结果
    if ans:
        rst = {
            "service": "common_qa",
            "slot": {
                "s": s,
                "p": p,
            },
            "nlg": ans
        }
    return rst
```

在主处理函数中，首先获取用户输入 text，然后进行多轮判断。如果多轮中的槽位信息中包括可替换的 s 和 p，则直接获取 ans，否则，进行图谱查询。首先提取出用户问句中的 subject 和 predicate，分别存入 s 和 p 中。如果用户的输入句子是"韩寒的星座是天秤座么？"，则 s 为韩寒，p 为星座。此时，通过 common_kg.get(s) 可以获取 ans 为｛'星座'：'天秤座'｝，再通过 ans.get(p) 获取结果为天秤座。最后，返回 rst 的结果为｛'service'：'common_qa'，'slot'：｛'s'：'韩寒'，'p'：'星座'｝，'nlg'：'天秤座'｝。当然，返回值需要通过自然语言生成之后，以更自然的方式输出给用户，具体将在 7.4 节加以介绍。

2. 基于检索的问答

基于检索的问答是 QA 服务的补充。本节给出了基于 ES 和 HNSW 检索的两个示例。

```
from util.es_util import es_object
from util.hnsw_util import hnsw_object

# 示例检索库
ir_base = {
    "奥运会全称是什么": "奥林匹克运动会",
    "愚人节在几月几日": "四月一日",
    "焚书坑儒是谁干的": "秦始皇"
}
```

在以上代码中，我们先引入 ES 库和 HNSW 库，并给出一个示例检索库。包括 3 个问答对。

```
def handler(user_id, nlu_dict, dst, match_mode="full"):
    """
    基于检索的问答处理函数
```

```
        :param user_id: 用户 id
        :param nlu_dict: NLU 执行结果字典
        :param dst: 历史对话状态结果
        :param match_mode: 匹配支持三种方式，全串匹配、基于 ES 的字符相似度匹配、基于 Embedding
            的向量相似度匹配
        :return:
        """
        text = nlu_dict["input"]
        rst = None
        match = None

        if match_mode == "full":
            match = ir_base.get(text, None)
        elif match_mode == "es":
            match = match_by_es(text)
        elif match_mode == "embedding":
            match = match_by_embedding(text)
        if match:
            rst = {
                "service": "ir_qa",
                "nlg": match
            }
        return rst
```

如上述代码所示，如果参数 match_mode 的值是 full 则是全串匹配，如果是 es 则是基于 ES 的字符相似度匹配，如果是 embedding 则是基于 Embedding 的向量相似度匹配。将获取到的用户输入与示例检索库中的三个问答对做匹配，如果匹配，则返回结果。

```
    def match_by_es(text):
        """
        基于字符相似度进行检索，利用 ES 默认的 BM25 算法进行 KNN 查询
        :param text: 待匹配文本
        :return: 匹配上的文本
        """
        match_list = es_object.query(text, "ir_base")
        if match_list:
            return match_list[0]
        else:
            return None

    def match_by_embedding(text):
        """
        基于 Embedding 相似度进行检索，利用 HNSW 进行 KNN 查询
        :param text: 待匹配文本
        :return: 匹配上的文本
        """
        labels, distance = hnsw_object.query(text)
        if labels:
            return labels[0]
        else:
            return None
```

上述函数 match_by_es 和 match_by_embedding 分别是基于的字符相似度匹配和基于 Embedding 的向量相似度匹配，详细可参考 7.2.5 节，这里不再赘述。

3. 基于机器阅读理解的问答

基于机器阅读理解（MR）的问答，是 QA 服务的补充。这里基于百度公开的 DuReader [⊖] 中文阅读理解数据集，及相应的基线模型（BiDAF 和 Match-LSTM）作为示例，实现基于机器阅读理解的问答模块。

由于机器阅读理解属于深度学习模型，依赖于更大计算资源，适合单独微服务化运行，而不适合与问答系统服务集成部署。首先在 TensorFlow 环境中部署运行 DuReader 开源基线模型，这里可以选用 TensorFlow 官方推荐的模型服务化方式 TensorFlow Serving [⊖]。然后在问答服务中采用 POST 方式调用该模型服务，接口传入问句，返回满足置信度的答句。具体代码如下：

```
def handler(user_id, nlu_dict, dst):
    """
    基于机器阅读理解的问答处理函数
    :param user_id: 用户 id
    :param nlu_dict: NLU 执行结果字典
    :param dst: 历史对话状态结果
    :return:
    """
    text = nlu_dict["input"]
    try:
        body = {
            "question": text
        }
        r = requests.post('http://192.168.1.100:9000', data=json.dumps(body),
            timeout=2)
        rst = r.json()
        return rst["data"]["answer"]
    except Exception as e:
        return None
```

7.3.3 闲聊

本节给出闲聊的两个示例，分别是打招呼和联想，代码位于 ch7/chat/hello_chat.py 和 ch7/chat/association_chat.py 中。

打招呼处理函数如下所示。

```
def handler(user_id, nlu_dict, dst):
```

⊖ https://github.com/baidu/DuReader。
⊖ https://github.com/tensorflow/serving。

```
"""
打招呼处理函数
:param user_id: 用户 id
:param nlu_dict: NLU 执行结果字典
:param dst: 历史对话状态结果
:return:
"""
# 组装返回结果
rst = {
    "service": "hello_chat"
}
return rst
```

在联想处理函数中，根据用户的输入问句，调用第 6 章提到的联想功能，获取其处理结果，并组装成最后的返回结果。具体细节可以参照第 6 章的相关内容。

```
from ch6.association.main_handler import sent_handler

def handler(user_id, nlu_dict, dst):
    """
    联想闲聊处理函数
    :param user_id: 用户 id
    :param nlu_dict: NLU 执行结果字典
    :param dst: 历史对话状态结果
    :return:
    """
    text = nlu_dict["input"]
    rst = None
    ans = sent_handler(text, user_id)
    if ans:
        # 组装返回结果
        rst = {
            "service": "association_chat.py",
            "nlg": ans
        }
    return rst
```

7.4　自然语言生成

如上文所提到的，对于一个问答系统，根据用户问句获取数据库中的结果之后，需要对结果进行一定改写，让回复更加自然。在某些场景下，还可以加入对用户的理解，以及其他相关因素。比如，在询问天气时，如果气温比今天降低很多，还有暴雨预警，则可以根据用户的行程，主动加入一些关怀的句子，如 "明天暴雨，最高气温 11 度，最低气温 3 度。记得多穿点衣服，出门要带伞哦"。

本节给出的示例是基于模板的自然语言生成，读者可以根据具体需求，添加更为丰富的策略，生成其他种类的回复。本节代码位于 ch7/nlg/nlg_handler.py 中。

```
import random

hello_chat_template = [
    '你好',
    'hi',
    'hello',
    '很高兴见到你'
]

qa_template = [
    '答案是{}',
    '正确答案是{}',
    '{}'
]
```

以上代码给出的分别是打招呼的回复模板以及问答的回复模板。

```
def nlg_main_handler(dst, nlu_dict):
    """
    dst 为空表明可用服务无返回结果，进入兜底，否则根据不同的服务名称选择 NLG 模板
    :param dst: dst 结果
    :param nlu_dict: NLU 执行结果字典
    :return: 添加 NLG 的最终返回结果
    """
    if dst:
        service = dst["service"]
        if service == "hello_chat":
            nlg = random.choice(hello_chat_template)
        elif service in ["bot_qa", "common_qa", "medicine_qa", "user_qa"]:
            nlg = dst["nlg"]
            dst["nlg"] = random.choice(qa_template).format(nlg)
        rst = dst
    else:
        # 兜底安全回复
        rst = {
            "service": "no_service",
            "nlg": "这是兜底回复"
        }
    return rst
```

如果 dst 为空，则转为代码最后的安全回复。否则，根据不同的服务名称，如 hello_chat 对应的 NLG 内容是从打招呼回复模板中，随机选取一个模板进行回复。如果是 qa，则在问答的回复模板中，选取随机模板进行回复。

7.5 服务化

本节给出服务化代码，基于 tornado 服务框架构建后端应用，可简便地接入如微信公众

号等应用场景中,位置在 ch7/server.py。

```python
from loguru import logger
import tornado.web
from tornado.httpserver import HTTPServer
import main_handler

port = 19611


class BotHandler(tornado.web.RequestHandler):
    def set_default_headers(self):
        self.set_header("Access-Control-Allow-Origin", "*")
        self.set_header("Access-Control-Allow-Headers", "x-requested-with")
        self.set_header('Access-Control-Allow-Methods', 'POST, GET, OPTIONS')

    def post(self):
        logger.info('post in', datetime.datetime.now().strftime('%Y-%m-%d
            %H:%M:%S'))
        try:
            data = self.request.body
            logger.info(data)
            # 参数异常判断
            if data:
                dm_in_dict = json.loads(data)
                user_id = dm_in_dict['user_id']
                text = dm_in_dict['text']
                rst = main_handler.sent_handler(text, user_id)
                self.write({
                    "code": 0,
                    "message": "",
                    "data": rst,
                })
            else:
                self.write({
                    "code": 0,
                    "message": "para wrong",
                    "data": []
                })
        except Exception as e:
            self.write({
                "code": 0,
                "message": repr(e),
                "data": []
            })
        sys.stdout.flush()
```

定义继承 tornado.web.RequestHandler 的 BotHandler 类,用于处理传入的网络请求,并重写 POST 方法,以支持 POST 请求。其主要工作如下:

❏ 解析传入请求参数,判断参数是否合法;

- ❑ 调用 main_handler 处理请求，并获取返回结果；
- ❑ 将结果写回到返回请求中并发送给客户端；

将 BotHandler 类绑定到路由表中。

```
application = tornado.web.Application([
    (r"/bot", BotHandler)
],
    autoreload=True
)
```

在 main 函数中启动 tornado 服务，绑定端口，并设置进程数量。

```
if __name__ == "__main__":
    server = HTTPServer(application)
    server.bind(port)
    logger.info("bot demo is running!")
    server.start(num_processes=1)
    tornado.ioloop.IOLoop.current().start()
```

可以执行以下命令，发送 POST 请求，传递请求参数，以验证服务是否通畅，其中 host 更改为服务部署所在服务器的 ip 地址。

```
curl http://host:196111/bot -d '{"text":" 你好 ","user_id": "test_user"}'
```

参考文献

[1]   D. Ceccarelli, C. Lucchese,S. Orlando, R. Perego, S. Dexter: an Open Source Framework for Entity Linking[C]. Trani Sixth International Workshop on Exploiting Semantic Annotations in Information Retrieval (ESAIR), San Francisco, 2013.

[2]   Peters M E, Neumann M, Iyyer M, et al. Deep Contextualized Word Representations[J]. arXiv preprint arXiv:1802.05365, 2018.

[3]   Devlin J, Chang M W, Lee K, et al. Bert: Pre-training of Deep Bidirectional Transformers for Language Understanding[J]. arXiv preprint arXiv:1810.04805, 2018.

[4]   Song Y, Shi S, Li J, et al. Directional skip-gram: Explicitly Distinguishing Left and Right Context for Word Embeddings[C]. Proceedings of the 2018 Conference of the North American Chapter of the Association for Computational Linguistics: Human Language Technologies, Volume 2 (Short Papers). 2018: 175-180.

第 **8** 章

总结与展望

在本书前面的章节中，我们介绍了知识图谱的基础理论与技术，并通过代码实战，让读者了解如何从零构建一个完整可用的知识图谱，以及如何利用知识图谱进行上层应用。

随着大数据红利的消失，以深度学习为基础的感知智能逐步达到"天花板"，而知识图谱是人工智能发展阶段中，从感知智能通往认知智能的重要基石之一。由 Gartner 在 2020年 7 月发布的 AI 技术成熟度曲线（图 8-1）可以看出，通用人工智能处于创新和启动的阶段，且成熟时间要大于 10 年，而知识图谱虽然处于高原期，但其成熟时间也需要 5 ～ 10年。而且，构建及应用知识图谱是一个系统性工程，其中，构建过程涉及的技术包括知识

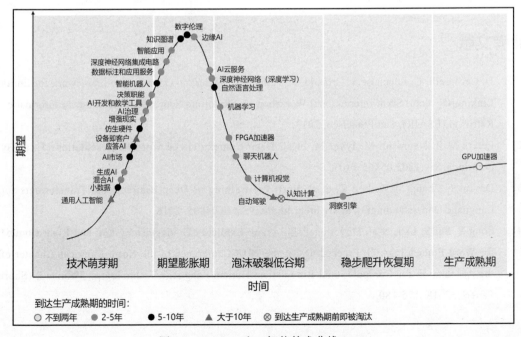

图 8-1　Gartner 人工智能技术曲线 2020

表示、关系抽取、图数据存储、数据增强等各个方面，而应用则涉及知识问答、自动推理、自然语言理解、语义搜索等方面。虽然一些单点技术已经取得了长足进步，但很多方法不能直接应用，特别是在知识图谱的自动构建、规则推理以及实际应用方面的工作才刚刚起步，也缺乏一个坚实的理论基础。

知识图谱的技术，在数据来源方面，从单一来源变为结构化、半结构化、文本、传感器等多来源，多任务融合实现知识获取；在构建方面，从专家系统、群体智能（众包），发展为统计机器学习自动化获取的路径；在应用方面，也从单语言、单领域，不断扩展到多语言、多领域；同时，在涵盖范围方面，也从实体类型的知识图谱，扩展到场景知识图谱、事件知识图谱、常识知识图谱以及多模态知识图谱等。

在知识图谱的应用方面，我们也看到了一些成果。例如，2019 年，曾完胜以色列辩论冠军的 AI 辩手——IBM Project Debater 再次出马，对战曾经世界辩论决赛选手、毕业于牛津大学的 Harish Natarajan。虽然 Project Debater 惜败于人类选手，但知识图谱在推理和决策中体现出的强大作用，也促进了认知技术的进一步发展。而且，Project Debater 被认为是 IBM 的 AI 三大突破之一，与 Deep Blue ⊖（1996/1997）和 Waston ⊖（2001）比肩。

在知识图谱的应用中，仍然有一部分开放问题亟待解决。

首先，如何高效从大数据中自动获取知识，是一个亟待解决的问题。虽然大数据时代带给我们海量的数据，但这些数据来源不一，而且在发布时通常缺乏规范，数据质量参差不齐。从这些数据中获取知识，构建高质量知识图谱，就必须在处理过程中的每个环节，包括多源异构数据获取、知识融合、知识补全、知识更新等，做好质量控制，处理数据噪声，避免错误传递。

另外，针对大规模自动化知识获取，也包括几个主要的发展趋势，包括：①融合深度学习与远程监督，降低自动化抽取对特征工程和监督数据的依赖；②通过强化学习降低抽取的噪声，减少对标注数据的依赖；③融合多种类型的数据通过多任务学习进行联合知识抽取；④有机地结合人工众包提高知识抽取的质量和加强监督信号。较好地平衡人工和自动化抽取，尽可能降低机器对标注数据和特征工程的依赖，并综合多种来源的知识进行联合抽取，特别是发展少样本、无监督和自监督的方法，是未来实现大规模知识获取的关键因素。

其次，如何构建大规模常识知识图谱也是一个重要研究方向。人工智能的认知能力中的核心问题之一是常识理解，但常识知识往往由于显而易见，很少会出现在正式文本中[1]，另外，常识知识往往数量众多，涵盖范围广，结构不明确，并且存在长尾问题。例如"杯

⊖　曾击败人类国际象棋世界冠军卡斯帕罗夫。
⊖　在危险边缘的游戏中击败人类选手。

子掉在地上很可能会碎"，"大象比马大"，"考试成绩差会被老师批评"等，很难从非结构化文本中进行抓取。因此，众包方式往往是进行常识获取的一个有效方式，例如第 1 章提到的 CYC 就是一个非常典型的众包项目。但由于需要专家参与，成本往往会非常高，所以通过在线游戏等低成本的方式来搜集信息，同时做好质量控制，是扩充常识知识图谱的一个可行路径。

第三，缺乏高效构建高质量的垂直领域知识图谱的方法。领域知识通常是样本稀疏的，虽然高频知识很容易获取，但长尾知识获取的难度较高。同时，由于领域知识图谱通常需要在实际工程中使用，因此对质量和构建的速度都有很高的要求，由于自然语言处理技术的掣肘以及词典的匮乏，在垂直领域构建知识图谱的代价一直居高不下。如何使用迁移学习等方法，将已有的成熟的模型迁移到新领域，是一个重要的研究方向。

第四，知识图谱开源工具和平台的构建需要进一步发展。知识图谱作为一种新兴技术领域，还非常缺乏开源平台及工具。由于学术研究中的 demo 系统不能够直接应用于工程实践，随着一批知识图谱应用公司的兴起，这些公司在特定领域也各自开始构建具有针对性的工具，但仍旧缺乏通用的知识图谱构建平台。开放知识图谱联盟 [footnoteRef:1]（OpenKG）在知识库、工具整合方面也做了不少尝试，涵盖了包括常识、金融、农业、地理、医疗等近百个知识图谱以及几十种知识图谱应用工具。

第五，知识图谱存储及应用效率仍需提升。知识相比数据而言，结构更为复杂，而且要考虑到应用中跨域推理和高效查询等需求，对存储的要求也较高。其数据类型通常包括三元组、事件、时态等，应用包括知识推理、快速查询、图实时计算等。因此，在实践中多使用混合存储方法，同步使用基于关系数据库和基于原生图的存储，而且需要综合考虑图的特点、复杂的知识结构存储、索引和查询（支持推理）的优化等问题。

最后，知识图谱最新的前沿研究方向还包括如何从多模态数据中提取结构化知识，以更好的支撑多模态知识图谱的构建；如何让知识图谱增强深度学习的理论可解释性；如何在低资源情况下进行交互式知识推理和知识补全；如何将知识图谱融入预训练语言模型等。

知识图谱技术方兴未艾。无论是学术界还是工业界都有许多新的尝试。相信未来在知识图谱理论和应用方面还会有更多令人激动的突破。我们也期待知识图谱能够真正成为从感知智能到认知智能的桥梁。

参考文献

[1] Jonathan Gordon, Benjamin Van Durme. Reporting Bias and Knowledge Acquisition[C]. In Proceedings of The 3rd Workshop on Automated Knowledge Base Construction (AKBC). ACM Press. 2013.

推荐阅读

推荐阅读